1+X职业技能等级证书（人机对话智能系统开发）配套教材

人机对话智能系统开发
（中级）

腾讯云计算（北京）有限责任公司
智赢未来教育科技有限公司
组 编

李国燕 陈 静 孙光明 周彬彬
王 盟 刘 佳 王彧欣
编 著

机 械 工 业 出 版 社

本书为1+X职业技能等级证书（人机对话智能系统开发）中级配套教材。本书共8个单元，21个任务，包括自然语言处理技术初探、语料数据加工处理、序列标注——词法分析、语音交互界面VUI设计、人机对话系统中的自然语言处理、基于腾讯云小微的人机对话系统实战、基于模块的人机对话系统实战及人机对话系统测评实战。书中案例基于腾讯云等企业、行业应用场景，适配岗位需求，注重对学生动手能力和解决实际问题能力的培养。采用逆向课程设计，通过任务驱动讲解知识点和技能点，使用“任务描述→任务目标→任务分析→知识准备→任务实施”方式使读者在学习知识时能够融会贯通、举一反三。

本书可用于1+X人机对话智能系统开发职业技能等级证书的教学和培训，也可作为各类职业院校人工智能技术应用及相关专业的教材，还可作为语音处理、人机对话系统开发、管理与测试等技术人员和爱好者的参考书。

本书以“互联网+”实现终身学习为理念，配套PPT、拓展源代码、教学视频、相关案例及素材等资源，凡选用本书作为授课教材的教师可以登录机械工业出版社教育服务网（www.cmpedu.com）免费注册后下载，或联系编辑（010-88379194）咨询。

图书在版编目（CIP）数据

人机对话智能系统开发：中级 / 腾讯云计算（北京）有限责任公司，智赢未来教育科技有限公司组编；李国燕等编著．—北京：机械工业出版社，2022.7

1+X职业技能等级证书（人机对话智能系统开发）配套教材

ISBN 978-7-111-70968-8

Ⅰ．①人…　Ⅱ．①腾…　②智…　③李…　Ⅲ．①人—机对话—系统开发—职业技能—鉴定—教材　Ⅳ．①TP11

中国版本图书馆CIP数据核字（2022）第099116号

机械工业出版社（北京市百万庄大街22号　邮政编码100037）

策划编辑：李绍坤　　　　责任编辑：李绍坤　张星瑶

责任校对：史静怡　贾立萍　　封面设计：鞠　杨

责任印制：郜　敏

中煤（北京）印务有限公司印刷

2022年8月第1版第1次印刷

184mm×260mm・18.35印张・424千字

标准书号：ISBN 978-7-111-70968-8

定价：59.00元

电话服务　　　　　　　　网络服务

客服电话：010-88361066　　机　工　官　网：www.cmpbook.com

010-88379833　　机　工　官　博：weibo.com/cmp1952

010-68326294　　金　书　网：www.golden-book.com

　　机工教育服务网：www.cmpedu.com

前言 PREFACE

人机对话是人工智能领域最具挑战性的任务之一，也是构建未来人机共融社会的重要基础和支撑。随着人工智能的发展，人机对话系统在智能家居、智能客服等领域得到长足的发展。它不仅能给人们日常生活带来直接便利，还可以弥补使用者的情感空洞。

目前人机对话智能系统开发相关技术人才紧缺，院校相关课程开设不足，培养的人才不能有效匹配市场的岗位需求，阻碍了产业经济的升级发展。为填补人机对话智能系统开发技术应用领域复合型人才缺口，保证教学内容与岗位职业能力实现有效衔接，保证产业的发展与人才培养紧密对接，编者联合企业，结合多年的教学和工程实践经验编写了本书。

本书特色

1. 以书证融通为出发点，对接行业发展。本书根据《国家职业教育改革实施方案》等政策文件，落实“1+X”证书制度，深化“三教”改革要求，围绕书证融通模块化课程体系，对接行业发展的新知识、新技术、新工艺、新方法，聚焦人机对话系统开发的岗位需求，将职业技能等级证书中的工作领域、工作任务、职业能力融入课程中。

2. 本书坚持以“学生为中心”，以项目为导向，将知识讲解和技能训练设计在同一教学单元，融“教、学、做”于一体，体现“做中学、学中做，学以致用”的教学理念。本书采用单元任务式编写模式，每个单元包含多个任务，每个任务包含任务描述、任务目标、任务分析、知识准备和任务实施模块。内容包含人机对话智能系统开发所需的理论知识和大量实践案例，内容通俗易懂，实用性强。同时在微课中融入爱国教育、文化自信、服务意识、大局意识、科技强国等课程思政元素，增强学生的使命、责任与担当意识。

3. 以立体化资源为辅助，驱动课堂教学效果。本书借助网络技术、多媒体技术等现代信息技术，将PPT课件、源代码、题库、教学视频、相关案例及素材等教学资源立体化。

4. 校企合作开发。本书由天津城建大学、山东劳动职业技术学院、河北交通职业技术学院、天津中德应用技术大学等院校与腾讯云计算（北京）有限责任公司、智赢未来教育科技有限公司联合开发，充分发挥校企合作优势，利用企业对于岗位需求的认知及培训评价组织对于专业技能的把控，同时结合院校教材开发与教学实施的经验，保证本书的适应性与可行性。

主要内容

本书为1+X职业技能等级证书（人机对话智能系统开发）中级配套教材，主要内容如下：

单元1重点介绍了自然语言处理技术的原理、发展历史及应用，还介绍了自然语言理解和自然语言生成技术实现的主要方法，同时对人机对话平台进行了介绍。

单元2详细介绍了语料库基础知识及常用的语料采集方式，通过爬虫技术实现对腾讯云小微平台数据采集；同时介绍了语料预处理技术，重点介绍了NLTK工具的使用；还详细介绍了语料数据标注的流程及方式，并通过YEDDA软件实现语料数据标注。

单元3详细介绍了自然语言处理中的序列标注、中文分词技术以及jieba分词工具的使用，还详细介绍了词性标注及命名实体识别技术的概念及常用方法。

单元4详细介绍了语音交互界面VUI设计的流程、MockingBot设计工具，并实现对Android和H5界面的设计；还详细介绍了腾讯云小微技能UI模板的数据协议及常用模板，实现对技能UI模板的调用。

单元5详细介绍了人机对话管理系统的概念，包含自然语言理解、对话状态追踪、对话策略学习、自然语言生成模块的原理及在腾讯云小微平台的实现。

单元6通过案例重点介绍了基于腾讯云小微平台创建知识问答系统和自定义技能。

单元7介绍了Rasa开源机器学习框架，重点介绍了Rasa-NLU模块、Rasa-Core模块的功能和消息处理流程，通过Rasa搭建聊天机器人。

单元8介绍了人机对话系统测评标准，通过腾讯云小微实现对人机对话系统的测评；详细介绍了常用的Unittest测试框架技术，实现对自然语言处理技术内容的测试；详细介绍了VUI测试概念及常用的“绿野仙踪测试”方法，实现对腾讯云小微的语音VUI交互测试。

编写团队

本书由腾讯云计算（北京）有限责任公司和智赢未来教育科技有限公司组编，由李国燕、陈静、孙光明、周彬彬、王盟、刘佳、王彧欣共同编著，另外，感谢逄锦梅、王学军、吕彦霏、柳英吉、王同梅、王英、潘春旭、张艳辉、单绍隆、方明为本书的编写提供指导和技术支持。本书依托腾讯云计算（北京）有限责任公司的云小微对话机器人产品，基于云小微开放平台及企业、行业人机对话应用案例编写而成。

由于编者水平有限，书中难免存在不足之处，恳请读者批评指正。

编　者

二维码索引
Scan QR code

CONTENTS

UNIT 1

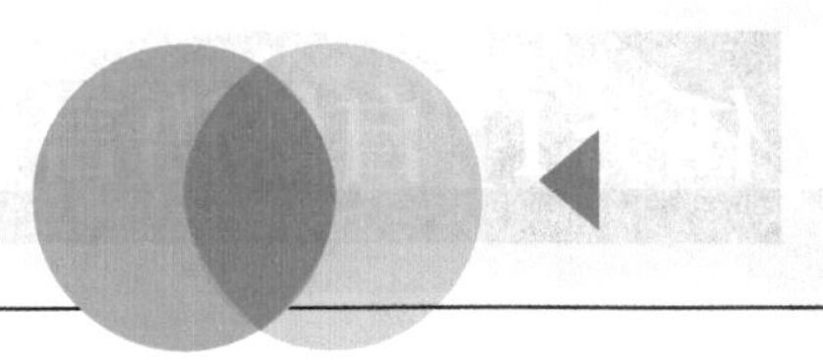

单元 1 自然语言处理技术初探

学习目标

⇨知识目标

- 了解自然语言处理基本概念和发展现状
- 了解自然语言处理的常见应用
- 掌握自然语言理解的基本概念、技术和方法
- 掌握自然语言生成的基本概念和方法

⇨技能目标

- 掌握使用腾讯云自然语言处理接口实现文本分类功能
- 能够使用腾讯云小微开放平台创建技能并测试

⇨素质目标

- 培养学生文化自信和社会责任感
- 培养理论与实操的结合能力
- 具有社会责任感、职业责任感

任务1 自然语言处理基础

任务描述

自然语言处理（Natural Language Processing，NLP）是人工智能领域中的一个重要方向。它研究能实现人与计算机之间用自然语言进行有效通信的各种理论和方法。本任务旨在让学员了解自然语言处理的概念、自然语言的两大任务即自然语言理解和自然语言生产的基本技术及方法，了解自然语言处理的发展历程及应用，并使用腾讯云的NLP接口实现文本分类功能。

任务目标

通过本任务的学习掌握自然语言处理的基本概念、发展历史及应用，掌握自然语言处理的基本技术和常用方法，学会使用腾讯云的NLP接口实现文本分类功能。

任务分析

使用腾讯云的NLP接口实现文本分类功能的思路如下：

第一步：注册登录腾讯云平台，进入自然语言处理NLP模块。

第二步：调用“在线调试及代码生成工具”。

第三步：获取密钥及填写“输入参数”。

第四步：生成代码。

知识准备

一、自然语言处理概述

1．自然语言处理

自然语言是随着人类社会的发展而自然产生的语言，而不是由人类所特意创造的语言，就是大家平时在生活中常用的表达方式。比如大家熟知的甲骨文，是我国已发现的古代文字中时代最早、体系较为完整的文字，汉字即是由其演变发展而来，如图1-1所示。

语言是人和人之间交流的载体，是人们表达情感、交流思想的最自然、最直接、最方便的工具。人们用语言来传递知识，人类历史上80%以上的知识都是以语言文字的形式来记载和流传的。

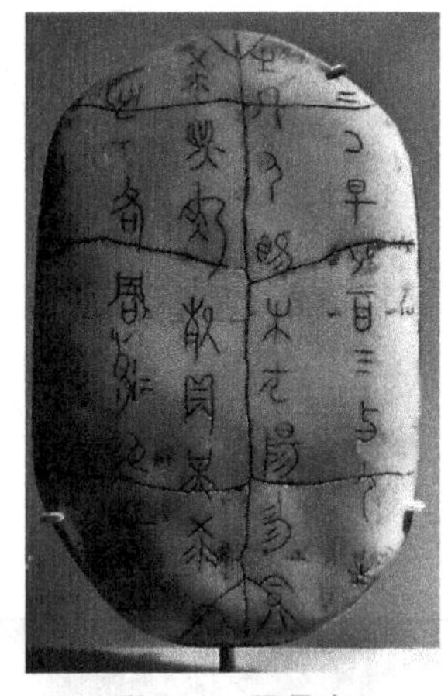

图1-1 甲骨文

自然语言是区别于人工语言的一门独特的语言，人工语言如计算机语言的C语言、Java等有着严格的格式，与人类的语言有着本质的区别。

简单来说，自然语言处理就是研究如何用计算机来处理、理解以及运用人类语言（如中文、英文等）的一门技术。它是一门融合了计算机科学、人工智能和语言学的交叉学科，如图1-2所示。

图1-2 自然语言处理融合的学科

人类每时每刻都在使用自然语言，好像吃饭睡觉一样自然，并没有感到其复杂程度。但是我们或许都看到过外国人参加汉语考试时候的一脸疑惑的神情。对于人类来讲，掌握一门非母语的自然语言尚且困难重重，对于计算机来说，要能够理解、处理和运用人类语言，更是极其困难的。

整体来看，自然语言处理主要包括两大核心任务，即自然语言理解（Natural Language Understanding, NLU）与自然语言生成（Natural Language Generation, NLG）。

NLU主要解决的问题是理解自然语言是如何组织起来传输信息，人是如何从一连串的语言符号中获取信息的，即通过语法、语义、语用的分析，将自然语言文本转换成机器可以理解的语义表示。

NLG主要解决的问题是如何让计算机具有与人一样的对自然语言的运用能力，使计算机能够根据某些关键信息以及它们在机器内部的表达形式，经过规划后自动地生成能够为人类理解的质量较高的自然语言文本，如图1-3所示。

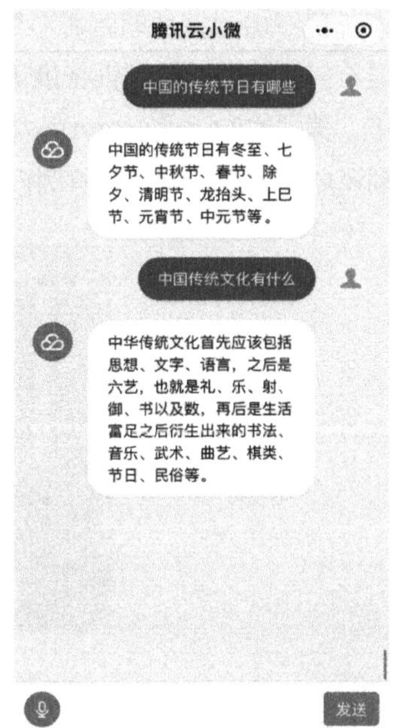

图1-3 NLU和NLG在腾讯小微智能对话中的体现

2．自然语言处理发展史

自然语言处理的发展大致可以划分为三个阶段，即萌芽期、发展期及复兴融合期，如图1-4所示。

图1-4　自然语言处理发展的三个阶段

（1）萌芽期

1956年以前的时期可认为是自然语言处理的萌芽期。“图灵机”和赫赫有名的“图灵测试”就是在这一时期提出的。萌芽期进行了一些重要的基础性研究工作，见表1-1。

表1-1　萌芽期一些重要的基础性研究

时　间	人　物	研究内容
1936年	A. M. Turing	图灵机，算法计算模型
1946年	Köenig等	声谱研究
1948年	C. E. Shannon	离散马尔可夫过程的概率模型，应用于描述语言的自动机
1952年	Bell实验室	语音识别系统
20世纪50年代初	S. C. Kleene	有限自动机和正则表达式的相关研究
1956年	N. Chomsky	提出了上下文无关语法，应用于自然语言处理 引起了基于规则和基于统计两种不同的自然语言处理技术的产生
1956年	美国达特茅斯学院	历史上第一次人工智能研讨会，被认为是人工智能诞生的标志

自然语言处理的起源可以追溯到第二次世界大战刚结束之时。那时计算机刚刚发明，美国希望能够借助计算机将俄语材料自动地翻译成英语，从而了解苏联科技的进展情况。1954年，美国的Georgetown大学和IBM公司共同完成了实验，利用机器将60多个俄语句子自动翻译成了英语，完成了首例机器翻译的IBM 701计算机如图1-5所示。

图1-5　IBM 701计算机

然而，这些先驱者们的预期都太乐观了，实际上自然语言处理比预期要复杂得多，所以进展非常缓慢。同时由于支持资金迅速缩减，使得自然语言处理的研究进入了较为缓慢的发展期。

（2）发展期

自然语言处理的发展期在1957～1993年期间。

20世纪80年代之前自然语言处理的主流方法都是规则系统，规则集由专家们手工编写。20世纪80年代之后，统计模型给自然语言处理带来了革命性进展。人们通过标注语料库来开发和测试NLP模块。比如，1988年隐马尔可夫模型用于词性标注，1990年IBM公司公布了第一个基于统计的机器翻译系统，1995年第一个基于统计的健壮的句法分析器出现。随着对准确率的不断追求，更大的语料库逐渐被标注。

语料库即经科学取样和加工的大规模电子文本库。如BCC现代汉语语料库，总字数约150亿字，包括：报刊（20亿）、文学（30亿）、微博（30亿）、科技（30亿）、综合（10亿）和古汉语（20亿）等多领域语料，是可以全面反映当今社会语言生活的大规模语料库。BCC语料库首页如图1-6所示。

图1-6　BCC语料库首页

（3）复兴融合期

1994年到现在为自然语言处理的复兴融合期。

1994年之后的五年间，自然语言处理的研究空前繁荣，这期间，各种技术呈现融合发展之势。基于统计和数据驱动的方法几乎成了自然语言处理的标准方法，人们通过标注语料库开发和测试NLP模块；随着计算机的存储容量和计算速度大幅增加，语音和语言处理呈现商品化开发趋势；Web的兴起使得基于自然语言的信息检索和信息抽取的需求变得更加突出。人工智能、机器学习和深度学习发展时期如图1-7所示。

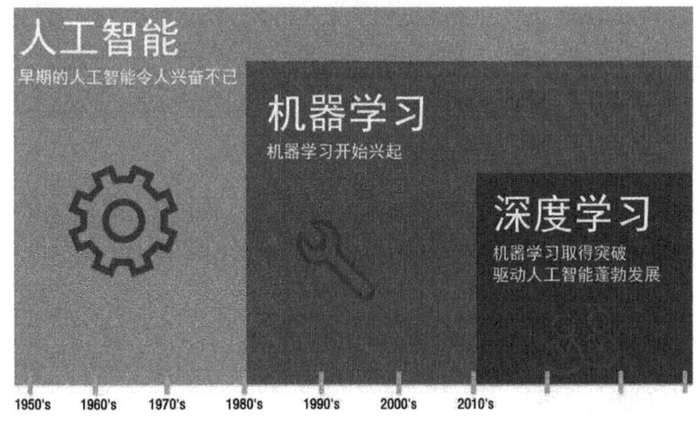

图1-7　人工智能、机器学习和深度学习发展时期

进入21世纪，机器学习兴起，更大的语料库和性能更好的硬件使得大量机器学习模型被广泛使用，自然语言处理迎来了持续的发展与繁荣。2010年以后，随着语料库规模和硬件算力的持续提升，神经网络复兴。神经网络作为统计模型的一种，由于硬件算力和数据量的限制之前一直未能得到广泛应用。直到2010年前后，伴随着“深度学习”的新术语才逐渐被广泛地应用。

3．自然语言处理应用

信息时代，随着硬件算力和数据规模的不断拓展，自然语言处理的应用场景也越来越广泛，如机器翻译、文本分类与文件整理、智能摘要、垃圾邮件处理、情感分析、观点挖掘等与文本处理相关的应用，也有语音识别、聊天机器人、问答系统、机器同声传译、智能解说等与语音处理相关的应用。下面简要地介绍一些常见的应用。

（1）聊天机器人

聊天机器人指的是通过对话或文字进行交谈的计算机程序，一般通过聊天APP、语音唤醒APP或者聊天窗口来进行交流，其功能覆盖了从简单的聊天交流到智能化、个性化的服务。比如腾讯的小微、小米的小爱等都是常见的聊天机器人。

如图1-8所示，用户可通过语音唤醒音箱（或其他硬件设备，此处以音箱为例），并说出具体的指令；音箱将语音内容传送到云端；云端对用户的语音进行识别与语义分析；识别用户意图后，云端调用对应资源并将内容传输回音箱；音箱播放或呈现最终结果给用户。

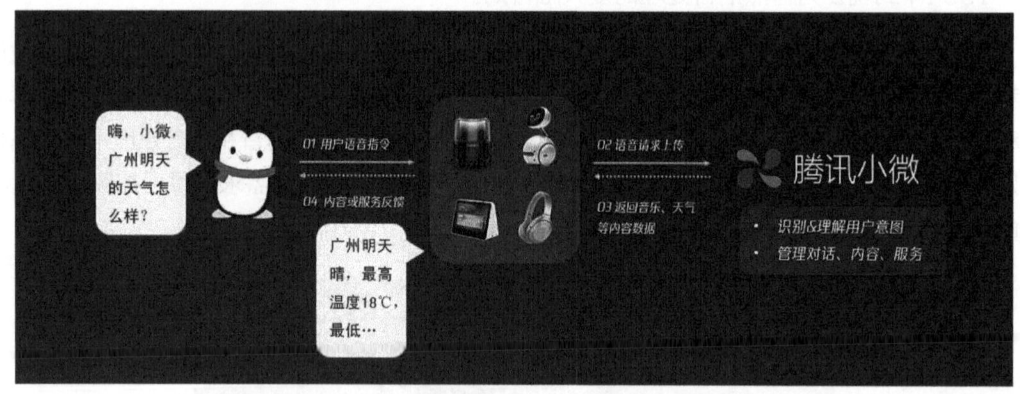

图1-8　腾讯小微交互流程

在企业运营方面，聊天机器人也发挥着重要的作用。聊天机器人能够作为提供信息、完成任务和处理交易的助手，自动执行既定的任务。比如腾讯小微智能服务机器人，能够为厂商的产品提供自动化售前售后咨询，减少客服人力成本。再如人们使用淘宝的小蜜或者京东的JIMI来完成基本的商品查询、物流查询等程式化任务，提高员工的工作效率。同时机器人之间能够互相联网，更好地应对客户提出的问题，为顾客或网站访客提供个性化的服务，提高客户获得率和留存率。

（2）搜索引擎

人们每天都在享受着搜索引擎带来的便捷，比如使用百度搜索“阴历”，搜索引擎即会自动将今天的阴历日期进行显示，无须写明“今天是阴历的哪一天”。或者，使用搜索引擎搜索某个关键词时，输入几个字符后，搜索引擎会自动显示出一些可能的搜索词。还有，如果不小心写了错别字，如图1-9所示，搜索引擎会更正它们，仍然会找到需要的相关结果。

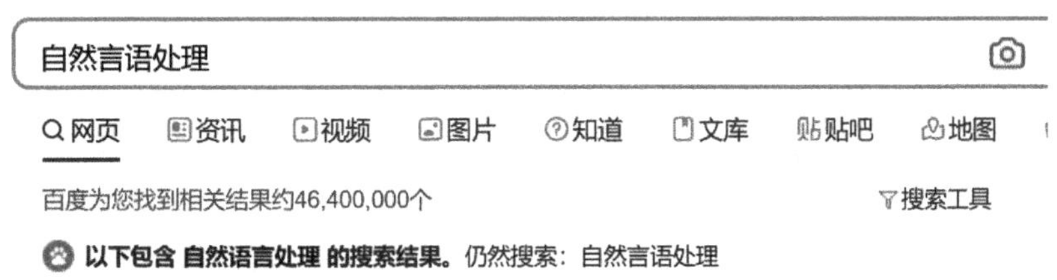

图1-9　搜索引擎自动修搜索关键字

搜索引擎并非一开始就这么智能，这些贴心的服务和自然语言处理技术的不断发展是分不开的，其中运用了词义消歧、指代消解、句法分析等自然语言处理技术。

（3）机器翻译

翻译是把一种语言文字的意义用另一种语言文字表达出来。那么机器翻译，顾名思义，就是由机器来完成这样的工作。我们都用过百度翻译等类似的应用来查找特定单词或短语在英语或其他语言中的含义，这背后的技术就是机器翻译，如图1-10所示。

图1-10　机器翻译示例

早期的机器翻译系统是基于规则的系统，在应对自然语言翻译方面差强人意，随着神经网络领域的发展，可用的数据量越来越庞大，硬件性能也越来越强大，现阶段的机器翻译已经相当准确。机器翻译也被作为某个应用的组成部分以完成诸如跨语言的搜索引流等业务。并结合语音识别技术，完成口语自动翻译等应用。

（4）垃圾邮件过滤

垃圾邮件指的是未经过用户许可强行发送的电子邮件，电子邮件中包含广告、病毒等内容。垃圾邮件有很大危害，对于用户来说，垃圾邮件会影响正常的邮件阅读，并且可能包含病毒等有害信息；对于邮件服务提供商来说，大量的垃圾邮件可能造成邮件服务器拥塞，影响网络运行效率，黑客也可能利用垃圾邮件来对邮件服务器发起攻击。因此，有效地进行垃圾邮件过滤非常重要。

自然语言处理通过分析邮件中的文本内容和邮件意图，能够相对准确地判断邮件是否为垃圾邮件。例如贝叶斯算法。基于统计方法，可以通过学习大量的垃圾邮件和非垃圾邮件，对邮件内容进行分析和统计，收集邮件中的特征词生成垃圾词库和非垃圾词库，根据词库中的词语统计频数，计算新收到的邮件是垃圾邮件的概率，进一步可生成过滤规则。

（5）舆情分析、营销决策

主要运用评论观点抽取和文本情感分析技术。评论观点抽取通过自动抽取和分析评论观点，了解大众舆论对于某一事件或产品的看法。文本情感分析，即是对带有情感色彩的主观性文本进行分析、处理、归纳和推理的过程，对文本进行情感倾向性判断，从大量文本数据中识别和吸收相关信息，甚至理解其中更深层次的含义。腾讯云情感分析示例如图1-11所示。

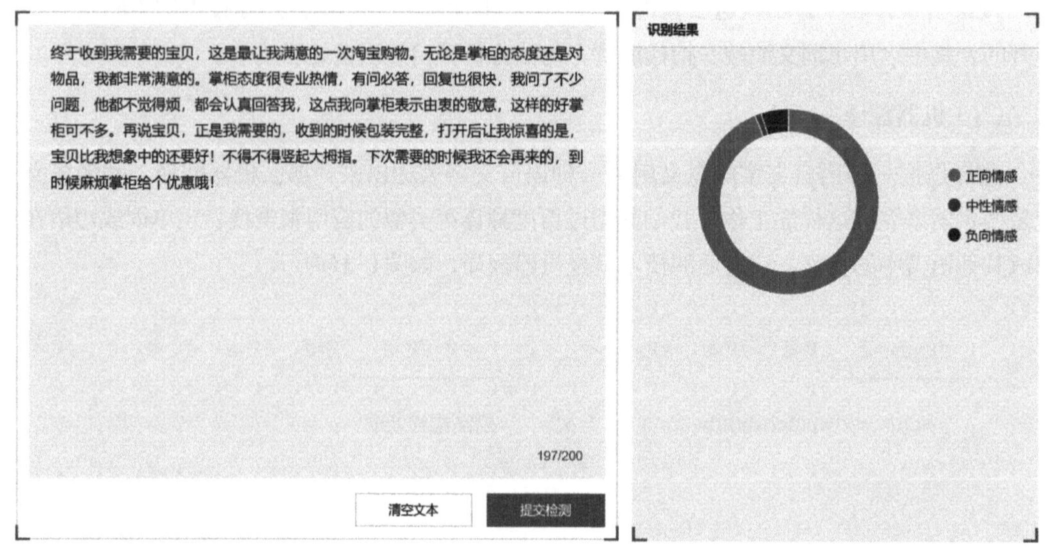

图1-11　腾讯云情感分析示例

互联网中大量的博客、论坛以及服务性网站上产生了大量用户参与的、对于诸如人物、事件、产品等有价值的评论信息，人们在评论中表达了各种情感色彩和情感倾向性，如好评、差评等。企业通过分析这些内容，了解用户对自己的产品或服务的意见，包括检测在线评论中的差评信息等，从而发现产品的问题或者服务的改进空间，实现舆情分析、口碑分析、话题监控、用户理解，支持产品优化和营销决策等。

（6）个性化推荐系统

推荐系统依赖于数据、算法、人机交互等环节的相互配合。自然语言处理利用大数据和历史行为记录，借助数据挖掘、信息检索和计算统计学等技术，能够学习出用户的兴趣爱好，预测出用户对特定物品的偏好，实现对用户意图的精准理解，同时对语言进行匹配计算，实现精准匹配。

比如，在新闻服务领域，通过分析用户阅读的内容、阅读时长、评论情况、使用的社交网络甚至是使用的移动设备型号等，综合分析用户所关注的信息源及核心词汇，进行专业的细化分析，从而完成个性化的新闻推送，提升用户黏性。图1-12所示为某新闻软件的个性化推荐设置按钮。

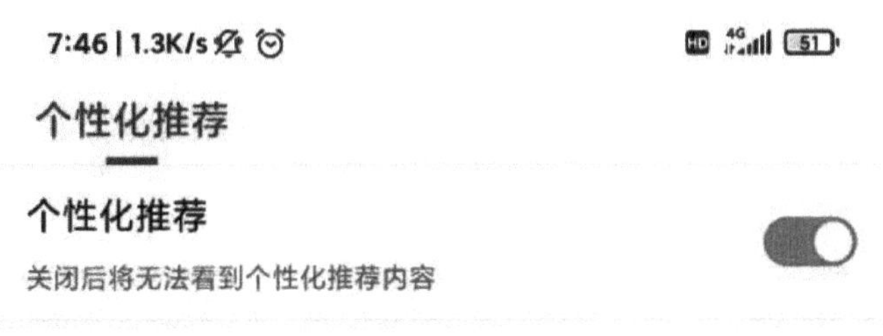

图1-12　某新闻软件的个性化推荐设置按钮

二、自然语言理解

1. 什么是自然语言理解

自然语言理解是所有支持机器理解文本内容的方法模型或任务的总称。通俗来讲，自然语言理解就是希望机器像人一样，具备正常人的语言理解能力。NLU在文本信息处理系统中扮演着非常重要的角色，是推荐、问答、搜索等系统的必备模块。

完美的自然语言理解等同于实现了人工智能。为什么自然语言理解这么困难呢？首先来简要了解一下自然语言的特点。

（1）多样性

自然语言的词汇量大且持续更新。以汉语为例，2019年1月10日，《现代汉语应用规范词典》发布，词典收录《通用规范汉字表》全部汉字8105个，收释现代汉语常用词语约4万条。实际使用中，同样的字词组成的句子可以表示不同的含义，如图1-13所示，某网友跟妈妈说：“妈妈你帮我晒下被子，我觉得很潮”。谁知网友的妈妈也很潮，直接把女儿的被子拍了张照片晒到了社交软件里。

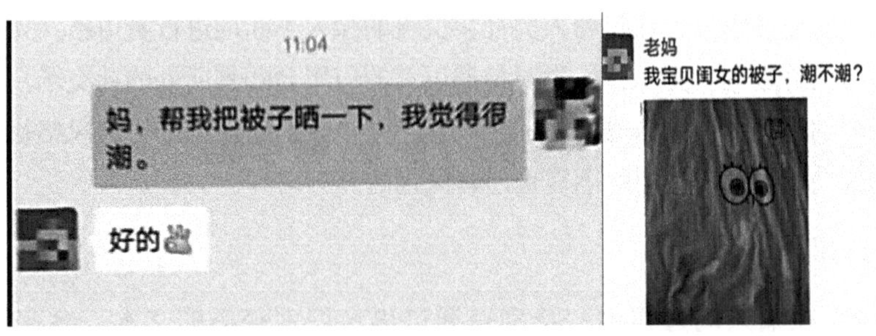

图1-13　不同的“晒”和“潮”

人们还会创造大量的新词词汇，也就是说可以使用的词汇还要更多。如最近兴起的网络用语“××它不香吗？”“爷青回”等，自然语言这一持续更新的特点也为自然语言理解带来挑战。

（2）非结构化

结构化语言就是适合进行结构化程序设计的语言，比如说面向过程的C语言。自然语言是非结构化的，是一个个线性的字符串。比如讲一句话“她是周某某的粉丝”，在计算机进行自然语言处理时需要分析出这里的粉丝不是食物粉丝，如图1-14所示。还要分析出周某某是一个人名，以及粉丝和周某某之间的关系等，这里面就会涉及中文分词、命名实体识别、关系抽取等任务。

图1-14 “粉丝”的不同含义

（3）歧义性

自然语言在使用中经常会发生歧义。仍然以汉语为例，“开刀的是他父亲”可以表达两种意思，“开刀的”可以是主刀做手术的大夫，也可以理解为“被做手术的患者”。所以，需要在具体语境中才能判定句子的真实表达。

（4）主观性和社会性

自然语言还具有主观性和社会性。主观性是指，对于自然语言的理解，会因理解语言的个体差异而产生不同。“一千个人眼中有一千个哈姆雷特”，即使对于已经消除歧义的同样的一句话，不同的人也会有不同的理解，这在一些文学作品或者诗词的欣赏时体现得尤其明显。

关于社会性这里简要介绍两个方面，第一，人类的社会性活动对自然语言的产生和发展有着深刻的影响，同时自然语言也在随着人类社会交流的深入不断地进行着更新，如汉语、日语中有很多英语音译的外来词；第二，人类对自然语言的应用会随其所处的社交场合不同而有所不同，比如在严肃的会议场合和家庭聚会的不同氛围中，我们所使用的语言风格肯定是不同的，跟不同身份的人谈话我们所使用的语言也是有区别的。

（5）上下文与知识依赖

另外，自然语言在输入的过程中，特别是通过语音识别获得的文本，会存在多字、漏字、错字、噪声等问题，如“我要看那个嗯熊大熊二”。由于语言是对世界的符号化描述，语言天然地与世界知识相连，因此自然语言理解需要联系到世界知识，有一定的知识依赖，如“我住7天酒店”，这里“7天”可以指酒店名称。语言的使用还要基于环境和上下文，比如“-你好，我买张火车票-请问你要去哪里？-成都”和“-放首歌听听吧-听什么歌？-成都”。

因此，自然语言理解是一个复杂的课题。可以将自然语言理解的过程划分为四个层次，即词法分析、句法分析、语义分析和语用分析。如果要处理的是语音流，那么在上述四个层次之前还应当加入一个语音分析层。进行这样的层次划分，一是因为自然语言本身即是由字成词、由词成句、由句成段、由段成篇的层次化结构，二是通过这样的层次划分，可以将自然处理过程中的问题研究层次化，从而更好地为自然语言的问题解决提供层次对应的专业指导。

2. 自然语言理解基本技术

基于以上自然语言理解过程的层次划分，自然语言理解的基本技术也可以划分为以下几种：

1）语音分析，即从语音数据中识别出人所说的话对应的文本信息。通过从语音数据中区分出独立的音节或音调，根据对应的发音规则找出不同音节对应的词素，再将多个词素组合起来成为一句完整的话并以文本的形式输出，就将语音数据转化为了文本数据，这样即可进行后续NLP任务，比如经常会用到的微信软件中的语音转文字功能，如图1-15所示。

图1-15　微信软件的语音转文字功能

2）词法分析，主要是围绕词语进行的分析，其任务包括将连续的自然语言文本切分成具有语义合理性和完整性的词汇序列，并为文本中的每个词汇赋予一个词性，如名词、动词、副词等，以及识别自然语言文本中的具有特定意义的实体，主要包括人名、地名、机构名等专有名词和时间日期等。也就是说，词法分析主要包括中文分词、词性标注和命名实体识别三个任务。腾讯云对句子“腾讯云自然语言处理深度整合了腾讯内部顶级的NLP技术。”的词法分析情况如图1-16所示。

图1-16　腾讯云词法分析示例

3）句法分析，即对句子的结构进行分析，确定句子中的词或短语在句中的作用及其在句子中的相互关系。上面的词法分析获取的是零散的词语信息，要想让计算机理解自然语言句子的含义，还需要计算机能够确认各个词语之间的关系，即完成句法分析。仍然以图1-22中的句子为例，其可能的句法分析结果如图1-17所示。

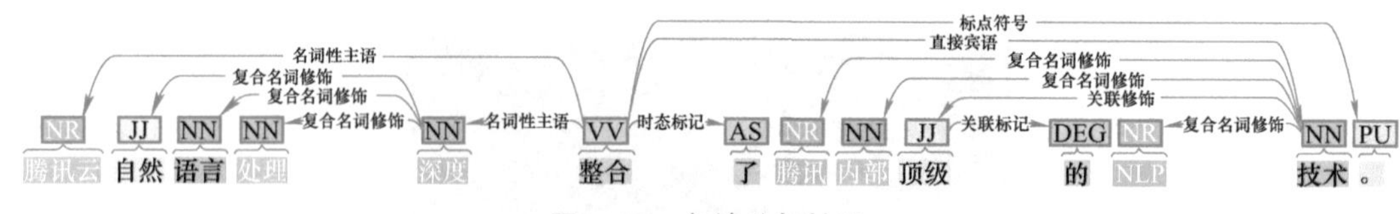

图1-17　句法分析结果

4）语义分析，就是要确定词的含义，并在此基础上确定整个句子或段落乃至完整语篇的含义。与上述句法分析对比，句法分析侧重于语法，而语义分析更侧重语义，包括对给定句子中的词语进行词义消歧、语义角色识别、分析句子中词语间语义的关系、语义依存分析。图1-18中显示了对上述句子的语义分析结果。

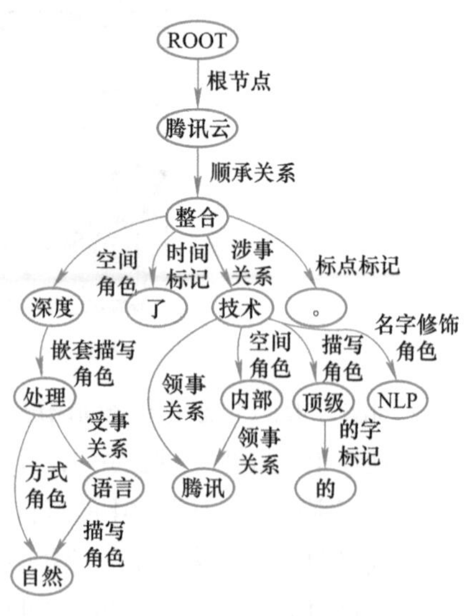

图1-18　语义分析结果

5）语用分析，即语言与语言使用环境的相互作用。主要研究语言所存在的外界环境对语言使用所产生的影响，是自然语言理解中更高层次的内容。

3．自然语言理解主要方法

人类语言经过了几千年的发展，要表达同样的意图可以有多种说法，同一种说法在不同的语境中又有不同的含义，有些时候并不能通过语法去解决所有问题，并且有的语言比如中文，也并不是一个语法严谨的语言。

两个人之间要进行有效的交谈尚且对两人的知识背景、对某事物的认知或者语境上下文有一定的要求，所以利用机器来进行的自然语言理解也通常都是限定领域的应用，如个人助理、智能音箱、智能客服、问答系统等。

自然语言理解的核心过程本质就是一个典型的文本分类问题。与整个人工智能的发展历史类似，自然语言理解的主要方法一共经历了3次迭代，基于规则的方法、基于传统机器学习的方法和基于深度学习的方法，后两种都是基于统计的方法。

（1）基于规则的方法

基于规则的方法即由专家来手工编写与领域相关的规则集，根据这些规则集来确定句子的语法结构，进而完成自然语言理解，常见的方法有：上下文无关文法（Context-Free Grammar，CFG）、JSGF（JSpeech Grammar Format）等。举一个简单的使用规则方法进行词法分析的例子，中文的人名=【姓氏】+【名字】，分别建立“姓氏”“名字”库，如果字串与库中内容匹配，则识别出包含人名的实体。

基于规则的方法好处是可以最大限度地接近自然语言的句法习惯，表达方式灵活多样，可以最大限度地表达研究人员的思想，定义各种规则，且不依赖训练数据；其缺点在于当场景非常复杂的时候就需要很多规则，而这些规则几乎无法穷举。

由于自然语言变化多端，同一句子在不同场景下都会有不同的意思，且存在词的多义性之类的问题，即使制定再多的规则，如制定出一套非常复杂的语法系统，也无法把语言的多样性分析透彻。所以基于规则的方法适合针对相对简单的场景快速完成一个简单可用的语义理解模块，后来基于规则的方法就慢慢被机器学习和深度学习取代了。

（2）基于统计的方法

基于规则的方法之后出现了基于统计的自然理解方法，基于统计的方法主要是通过对训练语料所包含的语言信息进行统计和分析，从许多语料中挖掘出特征。这种方法对语料库的依赖比较大，语料库的建设非常关键。

传统机器学习的方法常见的有支持向量机（Support Vector Machine，SVM）、经典算法条件随机场（Condition Random Fields，CRF）等。

再后来，随着深度学习的爆发，卷积神经网络（Convolutional Neural Networks，CNN）、循环神经网络（Recurrent Neural Network，RNN）、长短期记忆网络（Long Short-Term Memory，LSTM）也都应用到自然语言理解领域。图1-19显示了机器学习和深度学习的区别，深度学习将特征提取过程和分类过程整合到了一起。

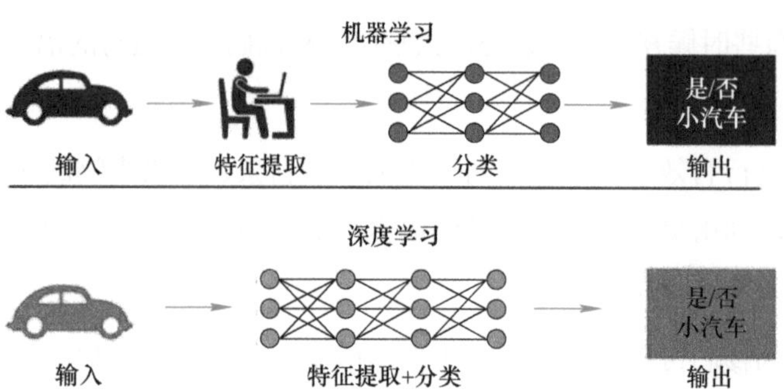

图1–19　机器学习和深度学习区别

与基于规则的NLU相比，基于统计的方法完全靠数据驱动，数据越多效果越好，模型也更加健壮，但缺点是需要训练数据，特别是应用深度学习方法更需要大量数据。所以在实际应用中，基于规则和基于统计的方法常结合起来使用，即在数据不足的时候先采用基于规则的方法，数据充分后逐渐转为基于统计的方法。绝大多数场景采用基于统计的方法，在一些极端的场景下为保证效果采用基于规则的方法。

三、自然语言生成

1．什么是自然语言生成

自然语言生成可以看作自然语言理解的逆过程，自然语言理解其实就是将自然语言翻译成机器能理解的语言，从而使机器具备正常人的语言理解能力；而自然语言生成则是将机器表述系统产生的非语言格式的数据转换成人类可以理解的语言。图1–20所示是将表格形式的数据生成自然语言的例子。

1	Company	Q1 Net Income	Earnings Per Share	Total Revenue
2	Nike Inc.	1,200,000,000	.013424	8,400,000,000
3	Apple, Inc.	18,020,000,000	.030643	74654284021
4	**Amazon.com**	**513,000,000**	**.010723**	**29,130,000,000**
5	AT&T	3,800,000,000	.006134	40,530,000,000
6	PepsiCo Inc.	2,010,000,000	.013825	15,400,000,000
7	Exxon Mobil	1,810,000,000	.004345	48,710,000,000
8	Microsoft Co	4,600,000,000	.005724	20,400,000,000
9	Facebook Inc	2,229,000,000	.007732	5,380,000,000

www.ap.org

Amazon posts 1Q profit

SEATTLE, Wash. (AP) - Amazon.com Inc. (AMZN) on Thursday reported first-quarter net income of $513 million, after reporting a loss in the same period a year earlier. The Seattle-based company said it had profits of $1.07 per share.

The results exceeded Wall Street expectations. The average estimate of 14 analysts surveyed by Zacks Investment Research was for earnings of 61 cents per share.

The online retailer posted revenue of $29.13 billion in the period, also exceeding Street forecasts. Ten analysts surveyed by Zacks expected $27.94 billion.

图1–20　表格形式的数据生成自然语言举例

自然语言生成按照输入数据形式的不同可以分为文本到文本的生成（text to text）和数据到文本的生成（data to text）。这里的输入数据不限于语义数据、图像数据等类型，输出文本可以是文章、报告等。举例来说，机器翻译、自动摘要都是文本到文本的应用，图像说明是数据到文本的应用。

自然语言生成涉及的主要任务包括：

1）机器翻译：即将输入的某种语言自动翻译成另外一种语言。按照输入媒介的不同，还可以细分为文本翻译、语音翻译、手语翻译等。

2）问答系统：根据知识库或者文本信息直接回答一个问题，如苹果的Siri和微软小娜。问答系统涉及问句理解、用户意图理解、文本信息抽取、知识推理、通用聊天引擎、问答引擎、对话管理等技术。

3）自动摘要：自动摘要即为一篇较长的文档生成较为简短的摘要，通常可分为两类，分别是抽取式摘要和生成式摘要。抽取式摘要通过抽取原文本中重要的句子成为一篇摘要，而生成式摘要则利用NLP算法及转述、同义替换、句子缩写等技术生成更简洁的摘要。与抽取式摘要相比，生成式摘要与人们进行摘要的过程更接近，并且随着深度神经网络的快速发展取得了不错的效果。

2．自然语言生成主要方法

自然语言生成的方法也经历了从基于规则的方法向基于统计的方法的过渡。在机器翻译领域，从最早的规则系统到1993年IBM的Peter F. Brown和Della Pietra将统计方法应用于机器翻译，提出了基于词对齐的翻译模型，被认为是现代统计机器翻译方法诞生的标志。虽然早在1948年，Shannon就把离散马尔科夫过程的概率模型应用于描述语言的自动机，但是商业自然语言生成技术实际上直到最近几年才普及起来。

自然语言生成的目标是通过预测句子中的下一个单词来传达信息。使用语言模型可以解决在数百万种可能性中预测出下一个出现的单词，即确认单词在序列中的概率分布。比如，想要预测“我想吃______”后面一个单词，语言模型会计算并分配给可能出现的词如“苹果”“鸡腿”等相应的概率。递归神经网络和长短期记忆网络等高级神经网络具备处理长句的能力，使得语言模型的正确率显著提高。

下面简要介绍基于统计的自然语言生成的几种方法。

（1）马尔可夫链（Markov Chains）

马尔可夫链作为用于语言生成最早的算法之一，其方式是使用当前单词来预测句子中的下一个单词。比如只使用“我想吃苹果”和“我想喝饮料”来对模型进行训练，那么该模型预测“吃”后面是“苹果”、“喝”后面是“饮料”的概率是100%，而“想”后面跟着“吃”的概率是50%，跟着“喝”的概率也是50%。这是因为马尔可夫链是以当前词来预测下一个单词出现的概率的，并不能得知当前词与句子中其他词的关系和句子的结构，所以该模型的预测结果准确性不佳，应用场景受限。一个常见的应用案例是智能手机输入法可以生成下一个单词的输入建议。图1-21所示即为智能手机的输入预测功能。

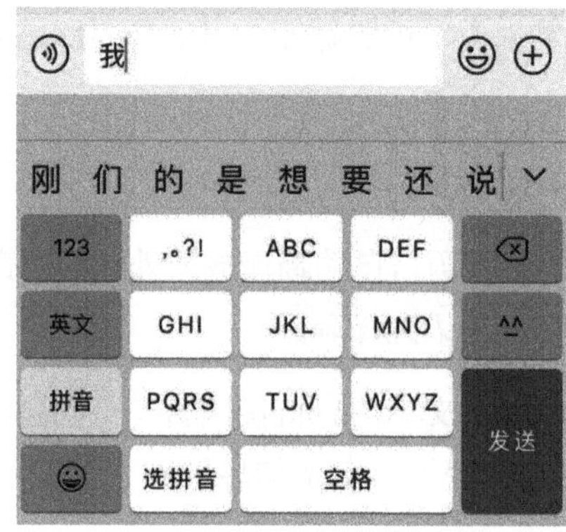

图1-21　智能手机输入预测

（2）递归神经网络

在递归神经网络模型进行迭代时，模型会在“记忆单元”中存储出现过的词并且计算下一个词出现的概率，模型通过记住词典中每个词跟随前一个词出现的概率来进行后续词的预测。比如，“我们得租个______”句子中下一个词是“房子”或“车子”的概率要高于“苹果”或“灯泡”，所以模型选择概率高的词排序后进行下一次迭代。

但是递归神经网络有一个重大的缺点——因其模型不能存储太久远的词而只能根据最近的单词进行预测，这使得递归神经网络不能用来生成连贯的长句。这一问题称为“梯度消失”。

（3）长短期记忆网络

长短期记忆网络模型及其变体可以解决上述递归神经网络存在的“梯度消失”问题，生成连贯的句子。

下面举例说明其工作原理。当输入为“他是一名长跑运动员，他很喜欢______”时，长短期记忆网络的“记忆单元”会存储句子中的信息并用于对下一个单词的预测，长短期记忆网络会更加关注“记忆单元”中存储的前一句中的“长跑运动员”以便准确预测下一个词“跑步”。当遇到句号时，模型判断出句子上下文出现变化，会忽略“记忆单元”中没有用到的信息。

虽然长短期记忆网络能够存储和利用的信息变多了，但是由于其能够记住的序列长度仍然有限，并且很久远的信息仍然会对后续词的预测有很大影响，所以训练难度较大，并且该模型对计算能力的要求较高。

（4）Transformer

2019年，自然语言预训练的语言表征模型BERT和GPT-2（GPT的2.0版本）的表现震惊了业界，它们都是采用Transformer作为底层结构。Transformer是一个叠加的“自注意力机制（Self Attention）”构成的深度网络，是目前自然语言处理中最强的特征提取器。

下面举例说明使用Transformer进行文本生成的原理。例如对于“她在茶几上摆好了苹果、橘子和______”来说，通过自注意力机制对前面出现的“苹果”“橘子”分析后理解需要预测的词语也是一种水果，所以模型输出“香蕉”。自注意力机制不只是记住一些特征，而是能够使模型选择性地关注每一个词在句子中的角色。

将Transformer用于语言生成的语言模型，最著名的要数OpenAI提出的GPT-2了。GPT 2.0生成的内容质量非常高，因此也获得了广泛的关注。GPT 2.0文本生成示例如图1-22所示。

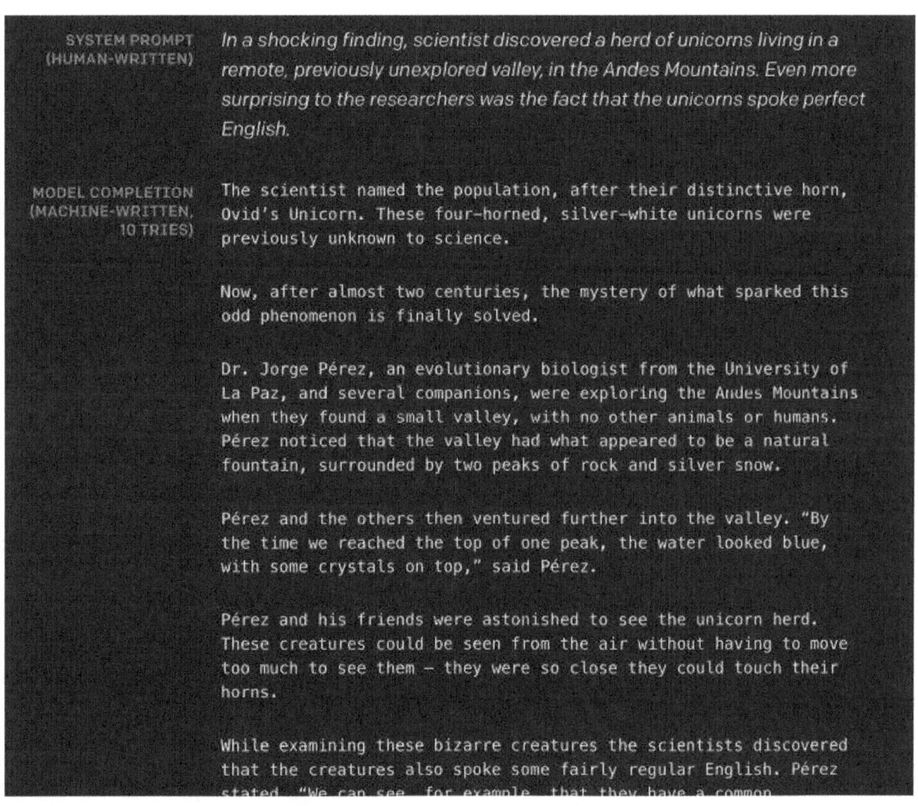

图1-22　GPT2.0文本生成示例

在图1-28中，系统提示出故事开头的几句话，GPT 2.0语言模型就可以逐字地补充后续的故事内容，并且补充的内容具有很好的语法、可读性和语义一致性。当前，Transformer已经到了无处不在的状态，预计会逐步替代RNN和CNN。

3. 自然语言生成主要步骤

自然语言生成主要包括以下6个步骤，如图1-23所示。

图1-23　自然语言生成主要步骤

（1）内容确定

自然语言生成系统第一个要决定的就是构建的文本中应该包含哪些信息，不应该包含哪些信息。一般来说，通常输入数据中包含的信息比最终输出的信息要多。比如一个订酒店的系统，查询酒店得到的酒店信息就应该包含在最终的输出文本中。

（2）文本结构

在确定了需要传达哪些信息之后，自然语言生成系统需要合理地组织文本的顺序，换句话说，就是要合理地安排先出现哪些信息，再出现哪些信息。比如在报道一场球赛时，会优先表达比赛时间、比赛地点、参赛队伍，接着表达比赛概况，最后表达比赛结果。

（3）句子聚合

考虑到并不是每一条信息都需要单独一句话来表达，所以可以将多个信息合并到一个句子里，对信息进行类聚，用一句话来进行表达，会起到更易于阅读、流畅性更好的效果。

（4）语法化

当每一句的内容确定下来后，就可以将这些信息组织成自然语言了。这个步骤会在各种信息之间加一些连接词，看起来更像是一个完整的句子。

通过上面三个步骤，已经确定好要生成几句话，每句话包含哪些信息以及信息表达时是什么样的顺序，下一步就是语法化。通过引入一些连接词，让组成句子的各个信息看起来更像是一个自然语言的完整的句子。

（5）参考表达式生成

参考表达式生成和语法化类似，也是选择一些词汇或者短语来构成一个完整的句子，不过，这时需要识别出内容的领域，选择内容领域相关的词汇来完成对句子的修饰和调整。这时的句子仍然是一个个词汇的集合，并未构成真正的自然语言的句子。

（6）语言实现

最后一步是语言实现，在确定好所有相关的词汇和短语之后，需要将它们组合起来形成一个完整的结构良好的句子。

任务实施

本任务基于腾讯云的NLP接口实现文本分类功能。

第一步：注册并登录腾讯云平台，单击“免费体验”按钮进入自然语言处理NLP模块，如图1-24所示。

图1-24　注册登录腾讯云平台

腾讯云自然语言处理已于2020年1月1日结束免费公测。目前用户每天拥有50万次免费调用，免费调用次数使用完后需付费才能使用。打开“资源管理”，可以看到已使用的调用次数，如图1-25所示。

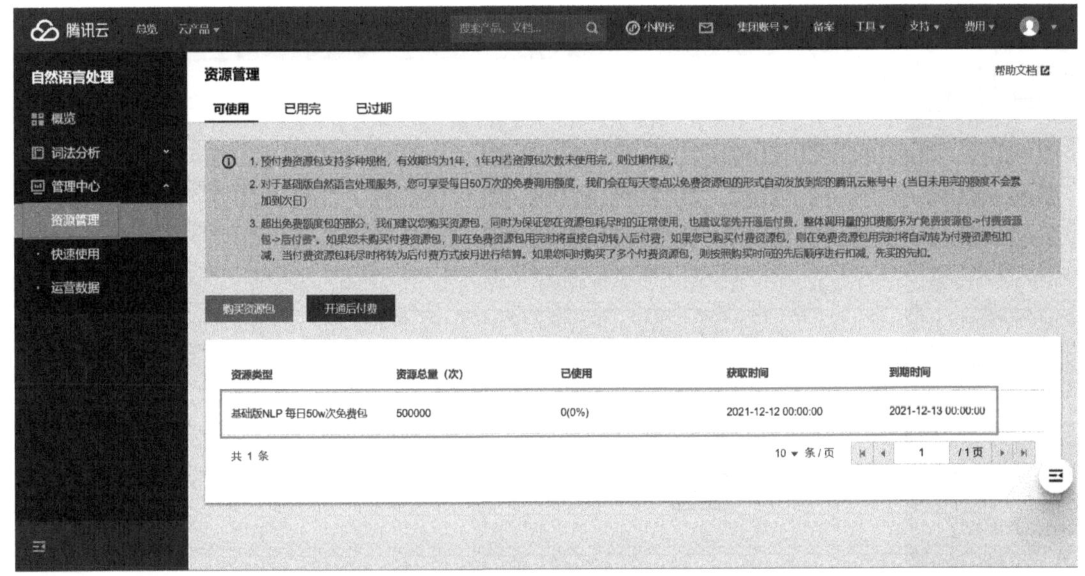

图1-25　50万次免费包

第二步：在自然语言处理模块下单击“快速使用”，可指引快速使用腾讯云的NLP接口的调用。腾讯云提供“在线调试及代码生成工具”，单击“打开工具”按钮可以进入此工具，如图1-26所示。

图1-26　使用NLP接口调用方式

第三步：获取密钥。单击“个人中心”中的“访问管理”，打开“访问管理”，单击“访问密钥”，在“API密钥管理”页面单击“新建密钥”按钮，即可获取调用接口必需的验证参数：Secretid和Secretkey，如图1-27所示。

图1-27　获取密钥

第四步：打开“API Explorer”选择需要调试的NLP接口，这里以调用自然语言处理模块中“篇章分析相关接口”的“文本分类”为例，如图1-28所示。

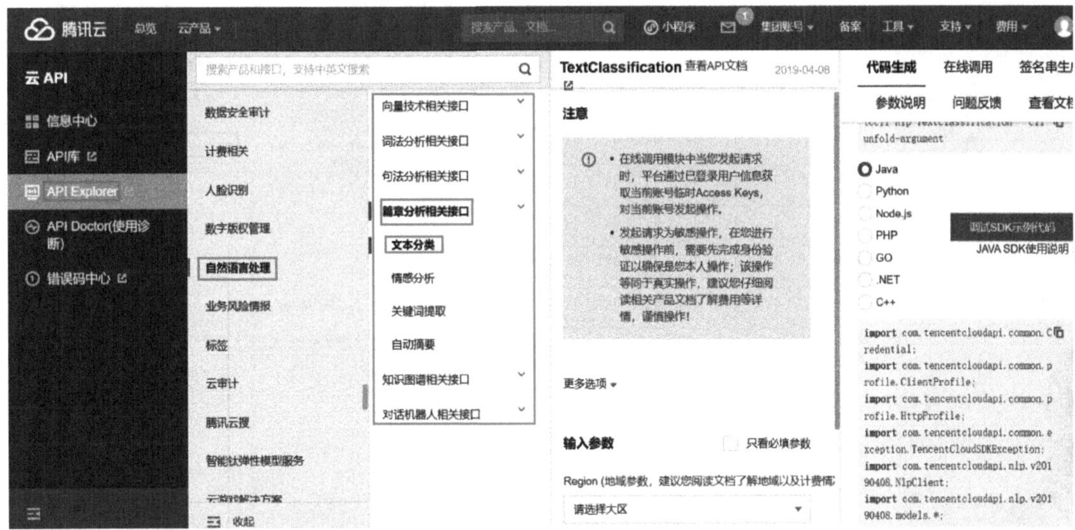

图1-28　调用“文本分类”接口

第五步：填写输入参数，必填参数为“Region”和“Text”。“Region”指地域参数，默认选择“华南地区（广州）ap-guangzhou”；“Text”即为待分类的文本（仅支持UTF-8格式，不超过10 000字），此处以“欢迎学习自然语言处理课程”为例，如图1-29所示。

图1-29　填写输入参数

第六步：使用Python语言生成代码，第五步填写的输入参数将自动加载到代码栏中，如图1-30所示。可以单击“调试SDK示例代码”按钮在线调试运行，也可以复制“生成代码”及密钥到PyCharm开发工具中运行。

图1-30　代码生成

采用“调试SDK示例代码”窗口进行在线运行，具体如图1-31所示。

```
Installed /usr/local/lib/python3.6/dist-packages/tencent_cloud_sample-1.0.0-py3.6.egg
Processing dependencies for tencent-cloud-sample==1.0.0
Searching for tencentcloud-sdk-python==3.0.545
Best match: tencentcloud-sdk-python 3.0.545
Adding tencentcloud-sdk-python 3.0.545 to easy-install.pth file

Using /home/cloudshell/.local/lib/python3.6/site-packages
Finished processing dependencies for tencent-cloud-sample==1.0.0

Type 'python3 ./tencent_cloud_sample/sample.py' to run.

[cloudshell@TencentCloudshell ~/data/sample_python_c37d3a84/python-sdk]$ python3 ./tencent_cloud_sample/sample.py
{"Classes": [{"FirstClassName": "教育", "SecondClassName": "教育", "FirstClassProbability": 0.93106127, "SecondClassProbability": 0.
hirdClassProbability": null, "FourthClassName": null, "FourthClassProbability": null, "FifthClassName": null, "FifthClassProbability
89-46e9-bde6-a2e11b1d681d"}
[cloudshell@TencentCloudshell ~/data/sample_python_c37d3a84/python-sdk]$
```

图1-31　调试SDK运行结果

同时，也可以使用PyCharm开发工具调试运行，首先采用“pip install tencentcloud-sdk-python”命令安装腾讯云开发者工具套件SDK。安装过程如图1-32所示。

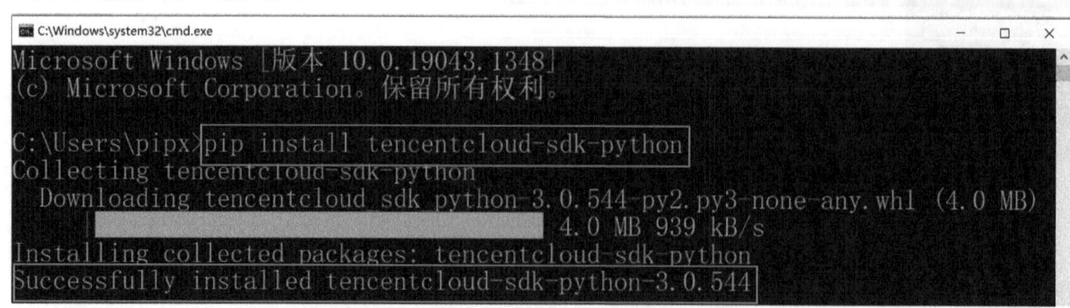

C:\Windows\system32\cmd.exe
Microsoft Windows [版本 10.0.19043.1348]
(c) Microsoft Corporation。保留所有权利。
C:\Users\pipx>pip install tencentcloud-sdk-python
Collecting tencentcloud-sdk-python
Downloading tencentcloud_sdk_python-3.0.544-py2.py3-none-any.whl (4.0 MB)
4.0 MB 939 kB/s
Installing collected packages: tencentcloud-sdk-python
Successfully installed tencentcloud-sdk-python-3.0.544

图1-32　安装腾讯云开发者工具套件SDK

使用PyCharm开发工具运行的文本分类结果如图1-33所示，可以发现同“调试SDK示例代码”窗口运行结果一致。

```
D:\Tools\anaconda3\python.exe E:/Data/pycharmprojects/face_check/f1.py
{"Classes": [{"FirstClassName": "教育", "SecondClassName": "教育", "FirstClassProbability":
 0.93106127, "SecondClassProbability": 0.93106127, "ThirdClassName": null,
 "ThirdClassProbability": null, "FourthClassName": null, "FourthClassProbability": null,
 "FifthClassName": null, "FifthClassProbability": null}], "RequestId":
 "abc7b0fa-616d-4bcb-b9b9-853f0e6b50bd"}

Process finished with exit code 0
```

图1-33　文本分类结果

任务2　认识人机对话平台

任务描述

基于领先的语音及NLP技术，现有的人机对话平台提供了各类垂直领域的专业化智能客服，打造场景丰富、功能完善的智能客服解决方案，覆盖金融、航空、能源、电商、汽车、教育、企业服务、医疗等众多行业。本任务旨在让学生了解常见的人机对话开发平台，并通过腾讯云小微开放平台完成简单的自然语言处理技能实操。

任务目标

通过本任务的学习，了解常见的人机对话系统开发平台。掌握腾讯云小微开放平台的基本应用，能够进行简单的自然语言处理技能的搭建与测试。

任务分析

自然语言处理技能的搭建与测试思路如下：

第一步：利用腾讯云小微开放平台新建技能。

第二步：选择合适的技能类型并进行技能的添加和编辑。

第三步：利用腾讯云小微开放平台或者真机完成技能测试，检验技能的实现效果。

知识准备

人机对话开发平台简介

随着AI技术和理念的兴起，很多产品都希望采用对话式的人机交互方式，而对话系统的研发对技术和数据都有很高的要求，所以对大多数的开发者而言并不容易。且对大多数的小企业及个人来说，如果从头进行研发也意味着很高的时间和资金成本，基本没有这个必要。因此，很多大型企业为企业及个人用户提供了平台化的工具来降低开发的门槛，让用户能够专注于业务的开发。

当前，国内外有很多大型企业提供了开放的人机对话系统开发平台，如腾讯云小微开放平台、百度的UNIT、微软的LUIS. AI等。下面简要介绍这三个平台。

1. 腾讯云小微开放平台

腾讯云小微开放平台是腾讯面向企业及个人开发者提供智能对话服务的开放平台，包含设备开放平台和技能开放平台。腾讯云小微开放平台首页如图1-34所示。

图1-34 腾讯云小微开放平台首页

设备开放平台是为企业客户及个人开发者提供设备解决方案的开放平台。支持智能音箱、智能电视、智能穿戴、语音助手、智能汽车等解决方案。

技能开放平台为各类开发者提供一整套语音技能开发、训练、测试、发布的工具，帮助打造智能对话技能，其组成如图1-35所示。通过腾讯自研的对话引擎技术，支持对话意图识别、上下文理解、多轮对话管理、知识图谱、知识问答、开放域闲聊等能力，可针对车载、智能音箱、机器人、智能家居等场景进行识别效果定制优化，并且定制开发了针对儿童群体的儿童模式，支持儿童内容检测、儿童闲聊等。

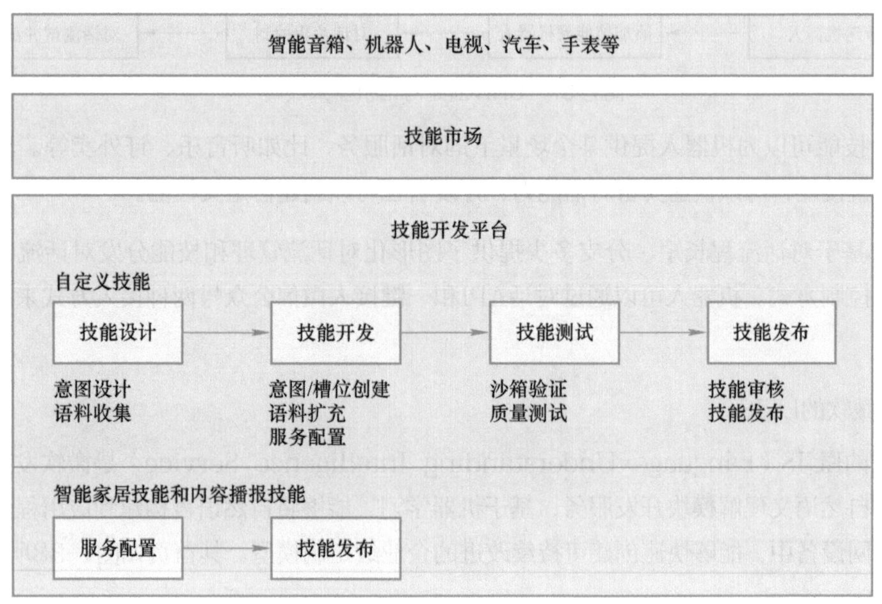

图1-35　腾讯云小微技能开放平台组成

2．百度UNIT

UNIT（Understanding and Interaction Technology）是百度推出的智能对话定制与服务平台，开发者可以基于UNIT高效、低成本地搭建对话系统，从而为用户提供智能客服、智能家居等场景下的服务咨询、业务办理等服务。百度UNIT首页如图1-36所示。

图1-36　UNIT首页

UNIT创建对话机器人的流程如图1-37所示。其中，机器人是业务系统中与用户进行对话交互的模块，开发者可创建多个机器人，每个机器人中都可以添加不同的技能从而让机器人具备不同场景下的对话能力。

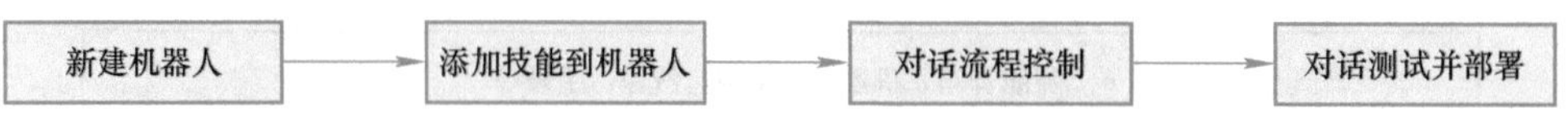

图1-37　UNIT创建对话机器人流程

每个技能可以为机器人提供某个场景下的对话服务，比如听音乐、订外卖等。通过平台提供的预置技能，可以快速具备对话能力；开发者也可以创建自定义技能。

平台基于对话流程长短、分支多少提供了图形化对话流管理和技能分发对话流管理两种对话流程控制方式。机器人可以通过对话API和一键接入微信公众号两种接入方式来接入业务系统。

3．微软的LUIS

微软的LUIS（Language Understanding Intelligence Service）是微软发布的面向开发者的自然语义理解模块开发服务，基于机器学习，能够将自然语言构建到应用程序、机器人和物联网设备中，能够快速创建可持续改进的企业级定制模型。其首页如图1-38所示。

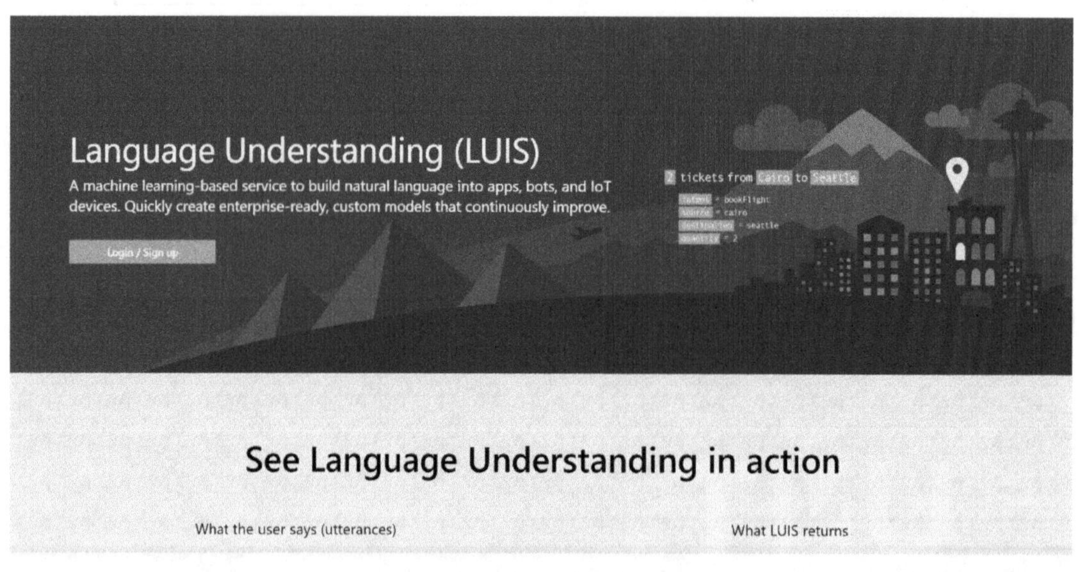

图1-38　LUIS首页

利用LUIS平台，开发者可轻松创建一个LUIS应用，通过标注所期望的输入和输出来进一步“培养”它，这里的“输入”即自然语言指令，“输出”即意图和实体。开发者在开发的整个过程中，只需要清晰地定义需要让机器理解的用户意图和实体，而无须了解背后算法的细节。

LUIS开发的简要流程如图1-39所示，先要标注一定量的初始数据，对初始数据训练后得到语义理解模型，模型如果能够通过测试则可以被发布并应用到真实场景中，发布之后的应用会逐渐积累真实用户的请求日志，然后通过主动学习从日志中甄选对于模型更为有益的语句让开发者标注。

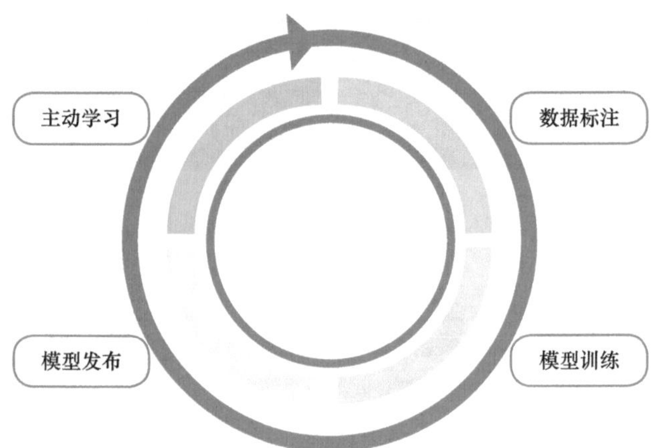

图1-39　LUIS开发的简要流程

LUIS应用开发的整个过程是一个“训练+实践”的闭环，是一个不停迭代的过程。通过不停地增加标注数据来使其变得更加智能，越来越接近人类的理解能力。

任务实施

打开腾讯云小微开放平台网站（https://dingdang. qq. com/open#/），进入腾讯云小微开放平台首页，单击“技能开放平台”区域左下角红色框内的“点击进入”，如图1-40所示。

图1-40　进入技能开放平台

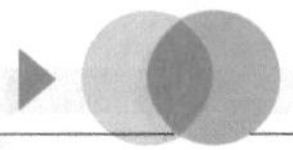

单击使用QQ或者微信账号进行登录，如图1-41所示。

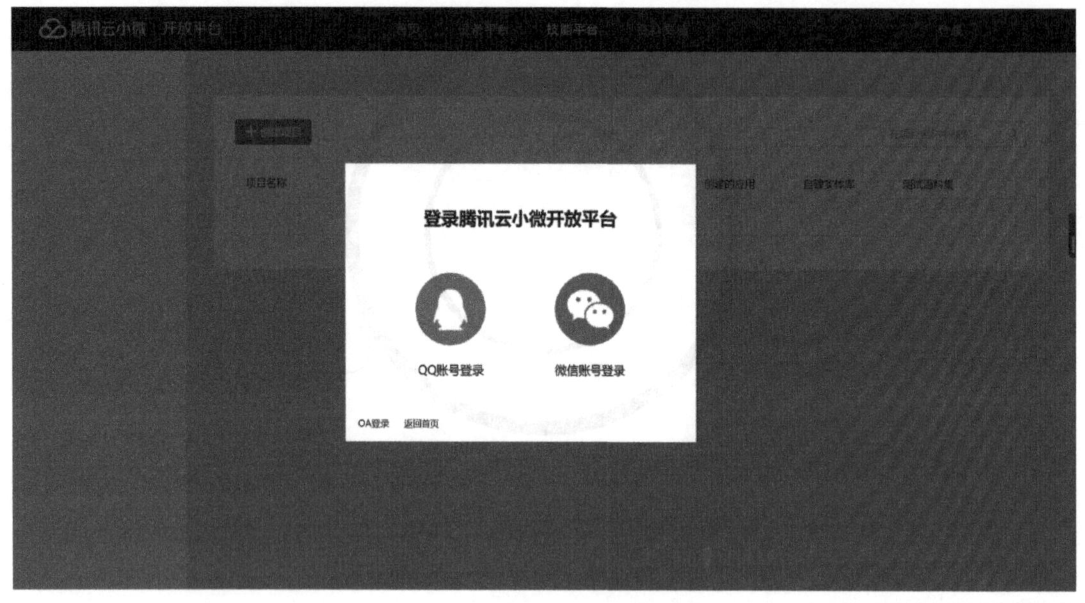

图1-41 技能开放平台登录界面

进入技能开放平台后单击左侧的“新建技能”按钮即可对要创建的技能进行配置，如图1-42所示。

图1-42 技能开放平台新建技能界面

第一步：选择要创建的技能类型。

选择想要创建的技能类型，其中包括自定义类、内容播报类、知识问答类、智能家居类、模板引用类，可根据实际需要来进行选择。

选择“知识问答类”并设置技能名称为“chatbot”，如图1-43所示，接着单击“选择模板”按钮。

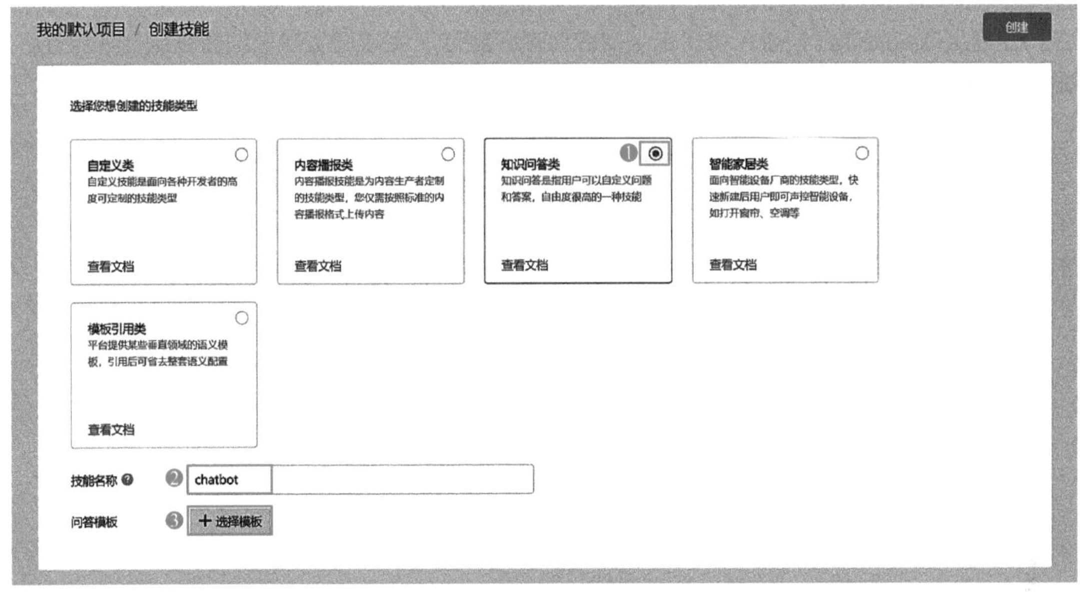

图1-43　技能配置界面

第二步：选择问答类型。

选择想要使用的问答模板类型，其中包括“问答对”和“行业问答”两类。问答对可以由用户自定义问题和答案，行业问答支持文物、植物、景点三种知识列表的一键导入。这里选择“问答对”类型，单击“确认”按钮后问答模板即选择成功，如图1-44所示。

图1-44　选择问答类型

如需更改或者删除模板，可单击“更改”或“删除”完成问答模板的替换或删除操作。如果没有问题则单击右上角的“创建”按钮完成技能的创建，如图1-45所示。

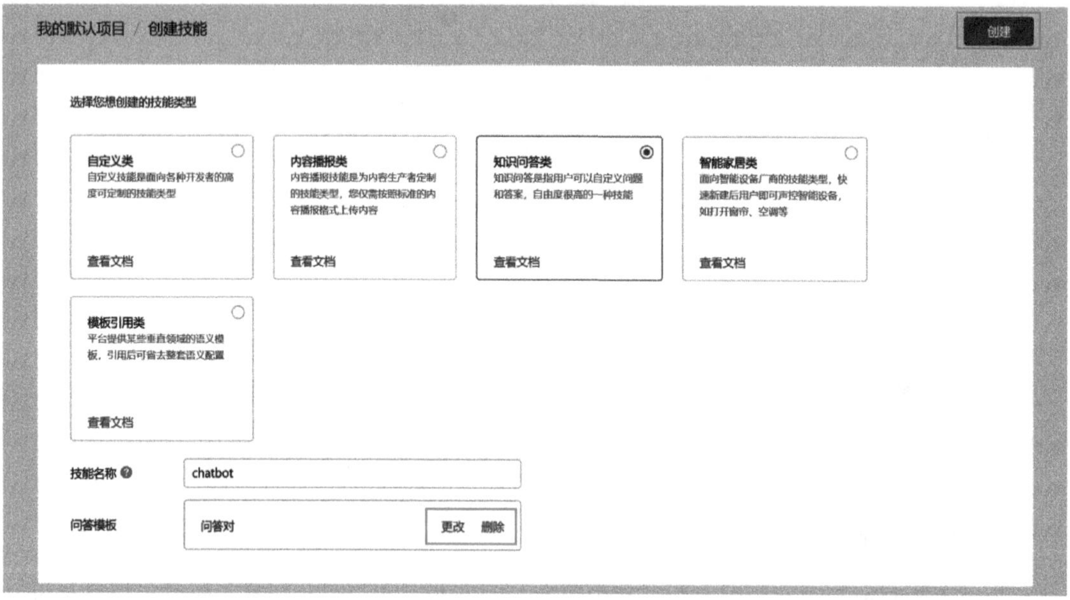

图1-45　更改或删除模板

第三步：添加问答。

一个知识问答技能可以包含很多组问题和答案。每组问题和答案组成一个对，称之为问答对。每个问答对内的问题和答案可以是一对一、一对多或多对多。

通过单击“添加问答”按钮，完成对问题和答案的编辑添加，添加后出现问题和答案列表。如果想一次性添加多个问答对，可以选择“批量导入”，节约操作的时间。在平台上单击任何问题或答案，都可以直接进入编辑状态，如图1-46所示。

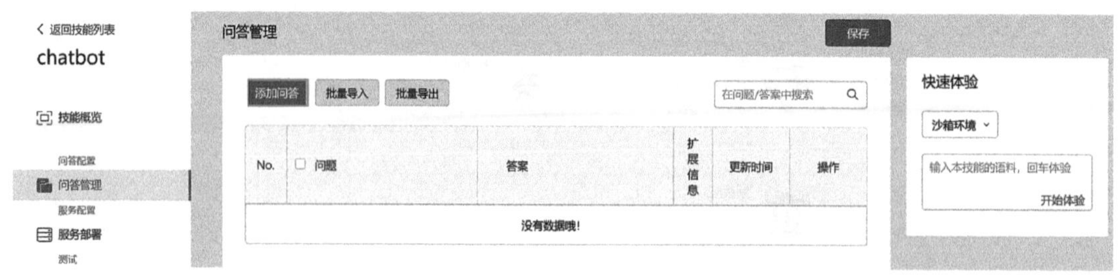

图1-46　添加问答

腾讯云小微技能平台支持为一个问答对添加多个相似的问题和答案，可通过单击问题或者答案右侧的加号或者垃圾桶标志进行新增或者删除操作。添加多个问答对后，页面上将会呈现每组的问答对情况，如图1-47所示。

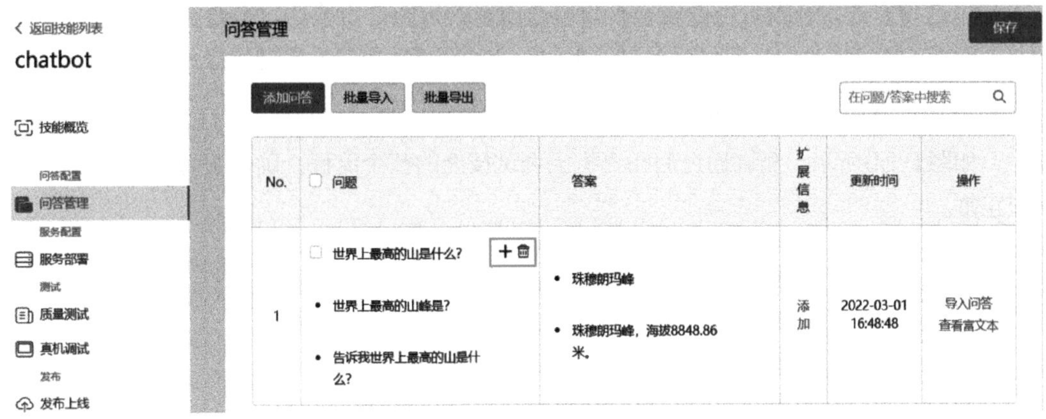

图1-47 添加或删除问答

全部完成后单击右上角的“保存”按钮，对当前的工作进行保存，如图1-48所示。

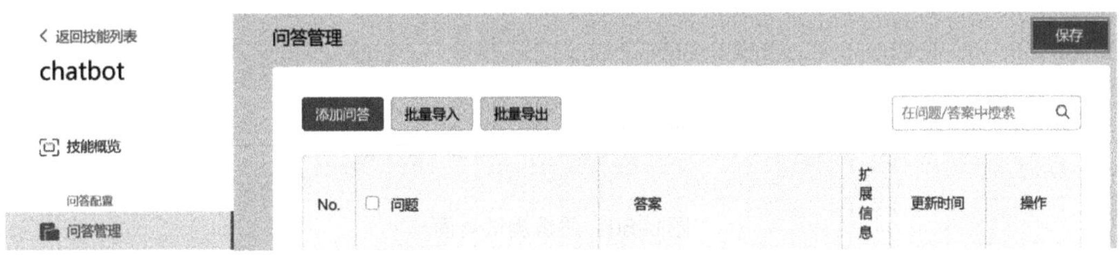

图1-48 保存问答

第四步：技能测试。

保存成功后即可在页面右侧的“快速体验”区输入本技能的语料后按<Enter>键体验效果。当输入“世界上最高的山是什么？”时，技能会回答预设的答案“珠穆朗玛峰，海拔8848.86米。”，如图1-49所示。

图1-49 技能快速体验

通过这种方式，开发者可以轻松检验自己创建的技能是否成功。需要注意的是，快速体验并不是在正式环境生效，而是后台自动生成一个沙箱环境供开发者使用。

经过快速体验的技能，可以通过创建测试任务利用测试语料集来对技能进行“质量测试”，如图1-50所示。测试通过后在真机上调试技能的整个流程，确认服务返回在真机上的效果正常。

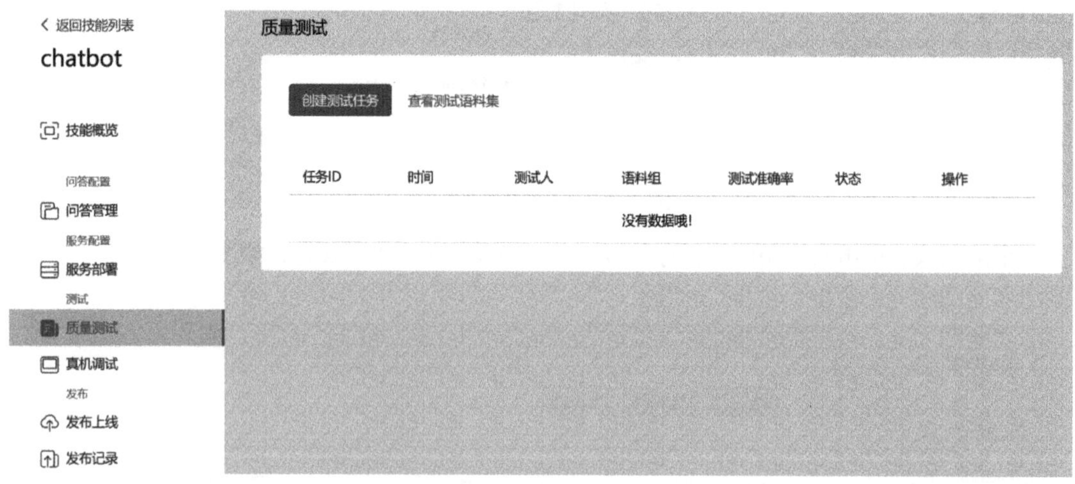

图1-50 质量测试页面

如果真机调试通过，要在正式环境生效，需要开发者到“发布上线”页面上提交技能发布，技能就可以进入待发布状态，如图1-51所示。

返回技能列表
chatbot
技能概览
问答配置
问答管理
服务配置
服务部署
测试
质量测试
真机调试
发布
发布上线
发布记录
工具
线上学习
技能访问数据
发布上线
技能名称 * chatbot
技能标识 chatbot-1386964401985073152
技能场景 normal
调用名称 （选填）按回车键输入多个调用名称
其他信息 长度为1~255个字符
技能亮点 * 长度为1~255个字符
开发者名称 * 多个使用英文分号（;）分割
适配类型 * 无屏设备（如手环、耳机、无屏音箱等） 有屏设备（如电视、有屏音箱等）
停止供新端使用

图1-51 发布上线页面

单元小结

通过本单元内容的学习，我们掌握了自然语言处理的发展史和应用情况，以及自然语言处理的两大方面——自然语言处理和自然语言理解领域涉及的关键技术和主要方法。了解了常用的人机对话开发平台并使用腾讯云小微平台搭建基本的人机对话技能，掌握了人机对话平台的基本应用。

单元评价

通过学习以上任务，看自己是否掌握了以下技能，在技能检测表中标出已掌握的技能。

评 价 标 准	个 人 评 价	小 组 评 价	教 师 评 价
能够掌握自然语言处理的常见应用			
能够掌握自然语言理解基本技术和方法			
能够掌握自然语言生成的主要方法和步骤			
能够使用腾讯云小微技能开发平台进行技能的创建、配置及测试			

备注：A为能做到；B为基本能做到；C为部分能做到；D为基本做不到。

素质拓展学习

扫码观看

课后习题

一、单项选择题

1．下列哪一项不属于自然语言处理的发展阶段（　　）。

A．萌芽期　　B．倒退期　　C．发展期　　D．复兴融合期

2．下列哪一项人机对话系统开发平台的信息有误（　　）。

A．腾讯-云小微　　B．腾讯-云小薇　　C．微软-LUIS. AI　　D．百度-UNIT

3．利用腾讯云小微技能开发平台进行自定义技能开发流程是（　　）。

①技能开发　②技能设计　③技能发布　④技能测试

A．①②③④　　B．①③②④　　C．②①④③　　D．②①③④

二、填空题

1．一般来讲，自然语言理解的过程可以划分为＿＿＿＿、＿＿＿＿、＿＿＿＿和＿＿＿＿四个层次。

2．自然语言理解的主要方法可以分为基于＿＿＿＿的方法和基于＿＿＿＿的方法两类。

3．自然语言生成主要包括＿＿＿＿、＿＿＿＿、＿＿＿＿、＿＿＿＿、＿＿＿＿、＿＿＿＿六个步骤。

三、简答题

1．除了本单元中提到的人机对话系统开发平台以外，你还知道其他的平台吗?

2．有人说，基于规则的自然语言理解方法已经落后了，应该被淘汰，对此你有什么看法?

3．你接触过哪些自然语言生成的实例吗？举例说明。

4．请利用腾讯云小微开放技能平台设计一个智能对话技能，并说明主要操作步骤。

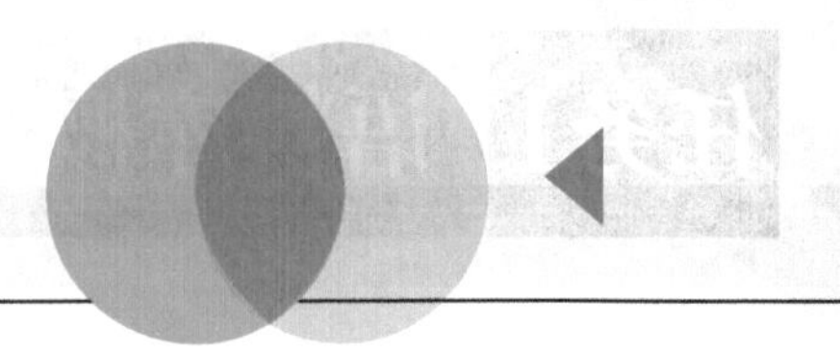

UNIT 2

单元 2 语料数据加工处理

学习目标

⇨知识目标

- 了解语料库的概念、分类及构建原则
- 了解语料库的发展史
- 了解国内外常见的开源语料库
- 掌握语料库的预处理技术
- 了解语料数据标注的概念和工具
- 熟悉语料数据标注的流程

⇨技能目标

- 掌握语料库的采集方法
- 掌握Python网络爬虫的使用
- 能够使用NLTK库处理语料数据
- 掌握YEDDA语料数据标注的方法

⇨素质目标

- 培养理论与实操的结合能力
- 培养法律意识和信息素养
- 具有质量意识、工匠精神和创新思维

任务1 语料库概述与采集

任务描述

通过对自然语言的了解，可知自然语言的处理离不开语料库的采集。通俗地说，语料库就是存储语言材料的仓库。本任务主要了解什么是语料库、语料库的发展史以及语料库的采集方法。

任务目标

通过本任务了解语料库的概述、分类、构建原则、发展史，熟悉语料库的三种采集方法：自建语料库、开源语料库及爬取语料库，并能够学会用Python爬虫爬取语料数据。

任务分析

采用Requests库对腾讯云小微平台(https://xiaowei. qcloud. com)首页内容进行采集，使用该语料自建语料库的思路如下：

第一步：安装模块并导入。

第二步：获取网页中的html标签代码。

第三步：从html标签中获取需要的内容数据并写入txt文件。

第四步：将采集结果导入腾讯云小微开放平台，建成“小微语料库”。

知识准备

一、语料库概述

1．什么是语料库

所谓语料库（corpus）是指一个由大量实际使用的语言信息组成的专供语言研究、分析和描述的语言资料库。可以把它看作存储语言材料的仓库。语料库是在随机采样的基础上通过收集人们实际使用的、有代表性的、真实的语言材料创建起来的。它是语言研究与教学的重要基础，同时也是编写词典、语法书和教材的重要源泉。

语料库语言学（corpus linguistics）是在语料库的基础上对语言进行分析和研究的科学。语料库语言学为语言研究与教学提供了一种全新的方法和思路。它以真实的语言数据为研究对象，对大量的语言事实进行系统分析。语料库在语言学上是指大量的文本，通常经过整理，具有既定的格式和标记。其具有三个显著的特点：

1）语料库中存放的是在语言的实际使用中真实出现过的语言材料，因此例句库通常不应算作语料库。

2）语料库以计算机为载体承载语言知识的基础资源，但并不等于语言知识。

3）真实语料需要经过加工（分析和处理），才能成为有用的资源。

2. 语料库的分类

语料库根据不同的划分方式有不同的划分结果，具体的划分方式有：语料用途的划分、语料语种的划分、语料语体的划分和语料选取时间划分等。具体分类见表2-1。

表2-1 语料库的分类

划分方式	划分结果		
用途	通用语料库	专用语料库	
语种	单语语料库	双语语料库	多语语料库
语体	书面语料库	非书面语料库	
选取时间	共时语料库	历时语料库	
介质	文字语料库	声音语料库	
状态	静态语料库	动态语料库	
加工深度	标注语料库	非标注语料库	

3. 语料库构建原则

语料库的构建并不是随意的，也需要遵循一定的原则。通常情况下，构建的语料库应具有代表性、结构性、平衡性、规模性等。除此之外，还需要包含元数据，具体介绍如下：

1）代表性：在应用领域中，语料是在一定的抽样框架范围内采集而来，在此范围中具有代表性和普遍性。

2）结构性：语料以电子形式存在，具备一定的表示形式。比如数据类型、数据宽度、取值范围等。

3）平衡性：语料库的代表性和平衡性都是一个多维度筛选的过程，样本要注意随机抽样，语域分布尽可能全面合理。常见的平衡因子有学科、年代、文体、地域等。

4）规模性：语料库的规模越大对自然语言的研究处理越有用，但并不是越大越好。随着语料库的增大，垃圾语料越来越多，语料达到一定规模以后，语料库功能不能随之增长，语料库规模应根据实际情况而定。

5）元数据：元数据对于研究语料库有着重要的意义，可以通过元数据了解语料的时间、地域、作者、文本信息等。

通过语料库的构建原则可以看出：构建具备一定规模的语料库固然重要，但更为重要的是注重语料库的代表性和平衡性。

二、语料库的发展史

语料库的发展史可分为两个时期：计算机化以前的时期，可称为传统语料库时期，计算机化之后的时期，可称为现代语料库时期。

1. 传统语料库时期

传统的语言材料的搜集、整理和加工完全是靠手工进行的，这是一种枯燥无味、费力费时的工作。主要目的是为词典编撰、语法研究收集语料；为教学编制书面语料库和词表；为语言调查收集方言库。19、20世纪英、美等国都做过大型方言调查，调查的结果形成几个大规模的方言库。

早期的语料库多数不含口语材料，而口语是语言的重要部分。20世纪50年代Quirk收集了新型的《英语用法调查》（Survey of English Usage）语料库，将口语加了进去，并实现了计算机化，标志着语料库从计算机化之前到计算机化之后的过渡。

2. 现代语料库时期

现代语料库是基于大规模真实文本的语料库，是对语言文字的使用进行动态追踪的语料库，是对语言的发展变化进行监测的语料库。现代语料库有两大特色：

1）语料的动态性：语料是不断动态补充的。

2）语料的流通性：语料又多了一种新的“流通度”属性，这是一种具有量化的属性值的属性。

现代语料库可以分为三个层次：第一代是未加分析与标注的语料库，如《布朗大学当代美国英语标准语料库》，含100万1961年前后的书面英语。第二代是标注的语料库，如英国国家语料库（British National Corpus），含书面语语料库9千余万词，口语语料库1千余万词。第三代是特大型语料库和监控语料库，如语言资源联盟（Linguistic Data Consortium），于1992年在美国宾夕法尼亚大学建立，其目的在于构建、收集和发布用于研发的语音和文本数据库、词典及其他资源。语料库的发展史如图2-1所示。

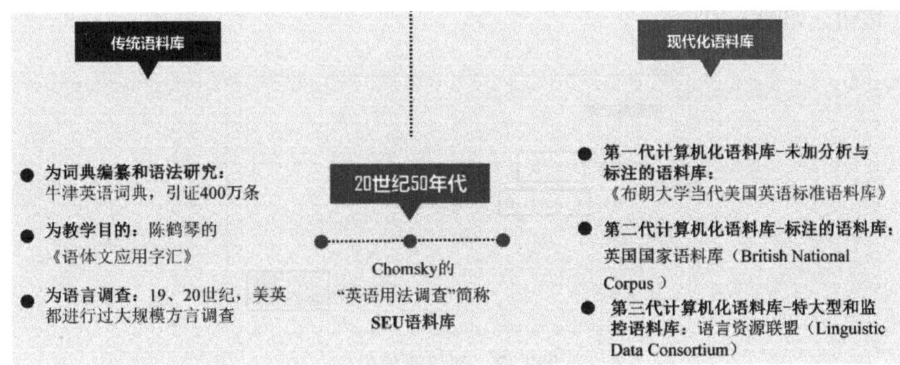

传统语料库
现代化语料库
为词典编纂和语法研究：
牛津英语词典，引证400万条
为教学目的：陈鹤琴的
《语体文应用字汇》
为语言调查：19、20世纪，美英
都进行过大规模方言调查
20世纪50年代
Chomsky的
"英语用法调查"简称
SEU语料库
第一代计算机化语料库-未加分析与
标注的语料库：
《布朗大学当代美国英语标准语料库》
第二代计算机化语料库-标注的语料库：
英国国家语料库（British National
Corpus）
第三代计算机化语料库-特大型和监
控语料库：语言资源联盟（Linguistic
Data Consortium）

图2-1　语料库的发展史

三、常见的语料采集方式

在语音数据的处理中，语料的采集是现今面临的最大问题。比如词向量、知识库难以获取等。随着人工智能的发展，语料的采集也逐渐趋于智能化。常见的语料采集有三种方式：自建语料库、开源语料库和爬取语料库。

1. 自建语料库

腾讯云小微开放平台对外输出腾讯在AI领域、特别是人机对话场景中的各项领先技术，分别为服务开发者和设备厂商提供全链路可视化开发和接入工具，并通过丰富的流量渠道帮助开发者触达海量的终端用户。自建语料库是指在腾讯云小微开放平台上根据实际需要，自己创建实例并测试语料集，形成自定义的语料库。在腾讯云小微开放平台（https://dingdang.qq.com/open#/）自建语料库的流程如下：

第一步：登录腾讯云小微开放平台，在“设备平台”下的“测试语料集”中单击“添加测试集”按钮，如图2-2所示。

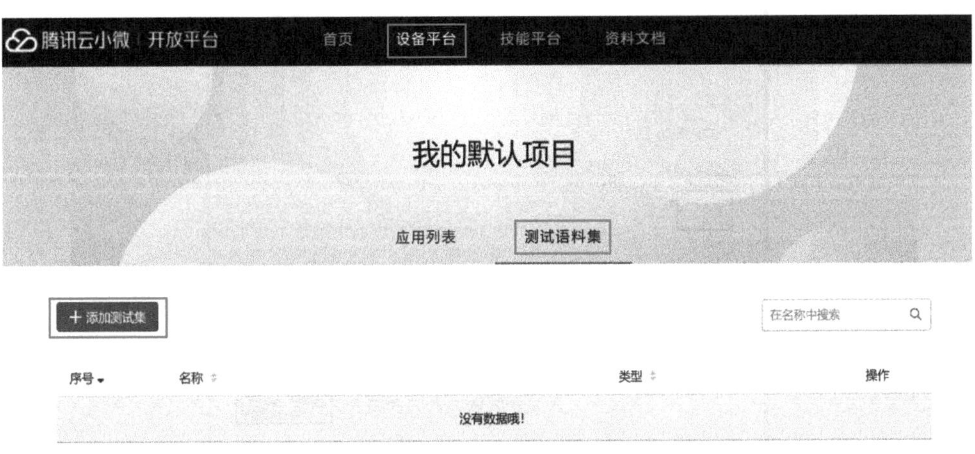

图2-2　添加测试集

第二步：在打开的“创建测试集”中填写“标题”，并选择“普通预料集”，之后单击

“添加”按钮，如图2-3所示。

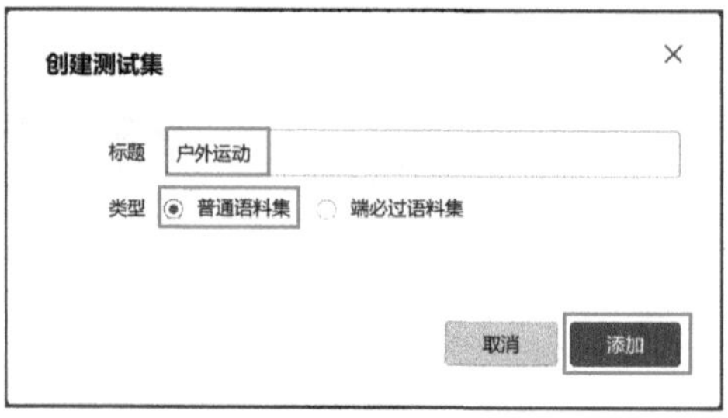

图2-3　创建测试集

第三步：双击创建成功的语料库的名称，如“户外运动”，在双击后的页面上单击“添加语料”，如图2-4所示。

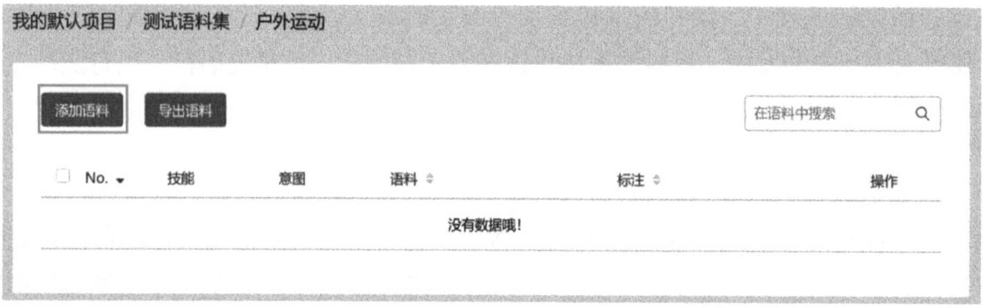

图2-4　测试集界面

第四步：在“添加语料”页面填写“技能”“意图”“语料”和“标注”内容，如图2-5所示。

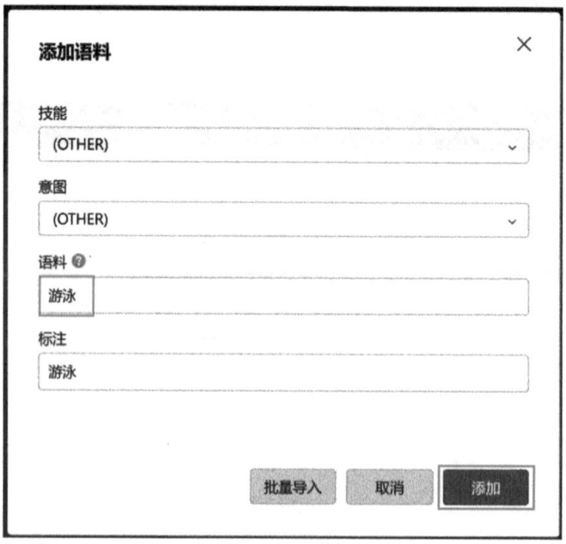

图2-5　添加测试语料

第五步：测试语料添加成功，如图2-6所示。

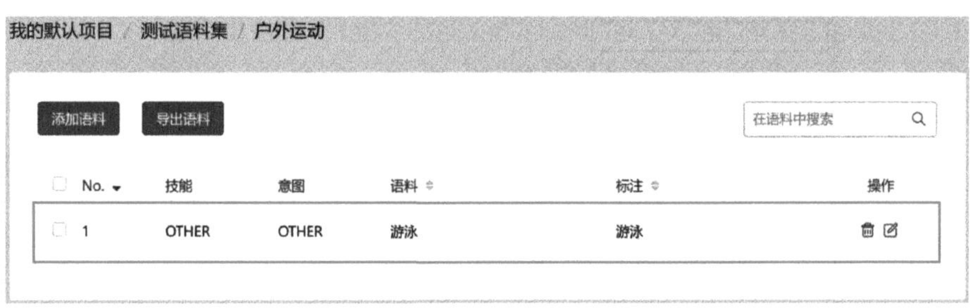

图2-6　测试语料添加成功

第六步：添加语料时，如果语料数量较多，可采用“批量导入”方式。单击“添加语料”按钮后，在页面下方单击“批量导入”按钮，如图2-7所示。

图2-7　批量导入

第七步：单击“批量导入”后，可以看到有“模板文件”字样，接着单击“模板文件”可以查看模板的格式，如图2-8和图2-9所示。按模板格式对语料进行调整，调整后“选择文件”提交即可。

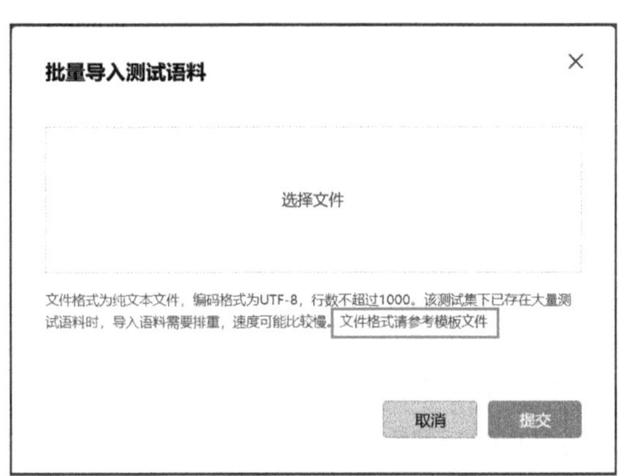

图2-8　模板文件

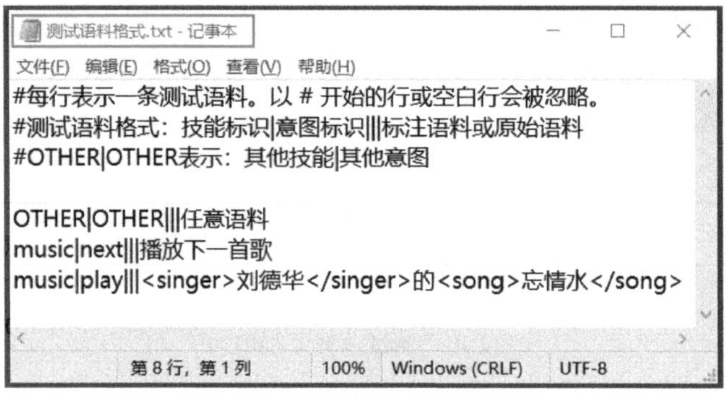

图2-9　测试语料格式

第八步：提交后，文件中的测试语料已成功地导入腾讯云小微平台上，如图2-10所示。

添加语料　导出语料　在语料中搜索

No.	技能	意图	语料	标注	操作
1	音乐(music)	播放(play)	刘德华的忘情水	<singer>刘德华</singer>的<song>忘情水</song>	
2	音乐(music)	下一首(next)	播放下一首歌	播放下一首歌	
3	OTHER	OTHER	任意语料	任意语料	
4	OTHER	OTHER	游泳	游泳	

图2-10　模板导入成功

2. 开源语料库

开源语料库是指直接使用公开的采集好的语料。目前国内外已经建立了许多丰富的开源语料库供用户使用，可以直接选择这些开源的语料库作为语料的来源。国外常见的开源语料库有英国国家语料库（British National Corpus）和美国当代英语语料库（Corpus of Contemporary American English）等。国内常见的开源语料库有中文语言资源联盟（Chinese Linguistic Data Consortium）和人民日报语料库等。

（1）英国国家语料库

英国国家语料库是目前世界上最具代表性的当代英语语料库之一。该语料库书面语与口语并重，其光盘版次超过一亿，其中书面语语料库9千余万词，口语语料库1千余万词。在应用方面，该语料库既可用其配套的新型SAIRA检索软件，也可支持多种通用检索软件。英国国家语料库的官方网站如图2-11所示。

About

What is the BNC?
Creating the BNC
BNC Products
Copyright
Contact Us
Contents A-Z

Using the BNC

What can I do with the BNC?
FAQ

Obtaining

How to download

Search the British National Corpus online

Various online services offer the possibility to search and explore the BNC via different interfaces. Some of the most notable are listed below:

- Audio BNC - access the digital audio files from the spoken corpus
- BNCWeb at Lancaster University (registration required - sign up here)
- BYU-BNC (Brigham Young University)
- Intellitext (University of Leeds)
- Phrases in English

Please note that we cannot answer queries about using any of these services, which are provided by other institutions. If you have a service for querying the BNC online, get in touch and we'll consider adding it to the list.

About the BNC

The British National Corpus (BNC) is a 100 million word collection of samples of written and spoken language from a wide range of sources, designed to represent a wide cross-section of British English, both spoken and written, from the late twentieth century. [more]

Here are some of the most popular links to information about the BNC:

- Download the full BNC (XML edition) from the Oxford Text Archive
- Download the BNC Baby (4m word sample) from the Oxford Text Archive
- Reference Guide for the BNC (XML edition)
- BNC User Licence
- Citation and references

图2-11　英国国家语料库

（2）美国当代英语语料库

美国当代英语语料库是全球最大的免费英语语料库，包含文本小说、口语、杂志、报纸、学术文章等文体。其时效性很强，一些新词也会收录在内。可以作为平时词典的补充，把不确定的表达可以放到语料库里验证，确认是否地道或者获取更多的信息。美国当代英语语料库的官方网站如图2-12所示。

English-Corpora.org

home corpora users related resources my account upgrade help

The most widely used online corpora: guided tour, overview, search types, variation, virtual corpora (quick overview). BYU

The links below are for the online interface. But you can also download the corpora for use on your own computer.

Corpus (online access)	Download	# words	Dialect	Time period	Genre(s)
iWeb: The Intelligent Web-based Corpus		14 billion	6 countries	2017	Web
News on the Web (NOW)		13.3 billion+	20 countries	2010-yesterday	Web: News
Global Web-Based English (GloWbE)		1.9 billion	20 countries	2012-13	Web (incl blogs)
Wikipedia Corpus		1.9 billion	(Various)	2014	Wikipedia
Coronavirus Corpus		1.16 billion+	20 countries	Jan 2020-yesterday	Web: News
Corpus of Contemporary American English (COCA)		1.0 billion	American	1990-2019	Balanced
Corpus of Historical American English (COHA)		475 million	American	1820-2019	Balanced
The TV Corpus		325 million	6 countries	1950-2018	TV shows
The Movie Corpus		200 million	6 countries	1930-2018	Movies
Corpus of American Soap Operas		100 million	American	2001-2012	TV shows

图2-12　美国当代英语语料库

（3）中文语言资源联盟

中文语言资源联盟是由中国中文信息学会语言资源建设和管理工作委员会发起，由中文语言（包括文本、语音、文字等）资源建设和管理领域的科技工作者自愿组成的学术性、公益性、非盈利性的社会团体，其宗旨是团结中文语言资源建设领域的广大科技工作者，建成代表中文信息处理国际水平的、通用的中文语言语音资源库。中文语言资源联盟的官方网站如图2-13所示。

图2-13　中文语言资源联盟

（4）人民日报语料库

人民日报语料库对600多万字节的中文文章进行了分词及词性标注，被作为原始数据应用于大量的研究和论文中。且该语料库中一半的语料(1998年上半年)共1300万字已经通过《人民日报》新闻信息中心公开提供许可使用权。其中一个月的语料(1998年1月)近200万字在互联网上公布，供自由下载。人民日报语料库的官方网站如图2-14所示。

《人民日报》标注语料库

该语料库对600多万字节的中文文章进行了分词及词性标注，其被作为原始数据应用于大量的研究和论文中。且该语料库中一半的语料(1998年上半年)共1300万字已经通过《人民日报》新闻信息中心公开提供许可使用权。其中一个月的语料(1998年1月)近200万字在互联网上公布，供自由下载。

类型	语料库	发布者	北京大学中国语言学研究中心
发布者邮箱		访问方式	在线访问

图2-14　人民日报语料库

国内对于英语和汉语研究的开源语料库有很多，比如面向英语学习者的语料库有中国学习者语料库（CLEC）、中国英语专业语料库（CEME）、中国英语学习者口语语料库（SECCL）和香港科技大学学习者语料库（HKUST Learner Corpus）等。面向汉语的语料库有汉语现代文学作品语料库、现代汉语语料库、汉语新闻语料库和生语料库等。

3. 爬取语料库

爬取语料库是指使用网络爬虫爬取互联网上的语料而形成的语料库，也是目前最常用的语料采集方式之一。由于Python语言具有简洁性、易读性以及可扩展性等特性，大多数网络爬虫都是采用Python语言编写。基于Python的网络爬虫主要包括两个部分，分别是网络爬虫的基本原理和网络爬虫的常用技术。

（1）网络爬虫的基本原理

网络爬虫是一种按照一定规则自动地抓取互联网信息的程序或者脚本。可以把互联网比作一张大的蜘蛛网，数据便是存放于蜘蛛网的各个节点，而爬虫就是一只小蜘蛛。爬虫通过程序模拟浏览器请求站点的行为，把站点返回的HTML代码/JSON数据/二进制数据（图片、视频）爬到本地，进而提取自己需要的数据，存放起来使用。一个通用的网络爬虫的基本流程如图2-15所示。

1）获取初始的URL。

2）根据初始的URL爬取页面并获得新的URL。

3）将新的URL放到URL队列中。

4）从URL队列中读取新的URL，并依据新的URL爬取网页，同时从新网页中获取新URL，并重复上述爬取过程。

5）设置爬虫系统的停止条件，满足停止条件时，停止爬取。最后将爬取的数据保存到文本或数据库中。

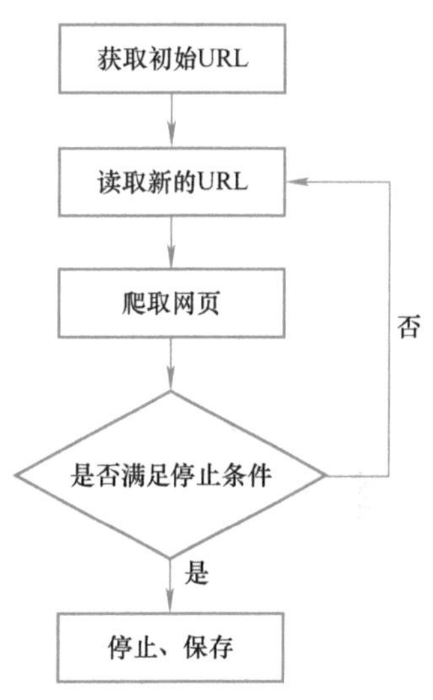

图2-15　网络爬虫的基本流程

网络爬虫只是一种技术，当使用其爬取目标数据时，需要遵守一定的规则。每个网站的根目录下都会存在一个robots.txt（爬虫协议）文件，规定了哪些网页可以被访问。当爬取公开的信息数据时，不可以对目标系统造成严重破坏，务必要符合各项技术规定和制度规范。

（2）Python爬虫常用技术

在前面几节中多次提到URL地址和下载网页，因此网络爬虫必然与HTTP相关。这里将介绍在Python中实现HTTP网络请求的三种方式：Urllib、Requests和Selenium。

1）Urllib。

Urllib模块是Python自带的请求库，不需要额外安装。该模块中提供了一个urlopen()的方法，通过这种方法指定URL发送网络请求来获取数据。本书主要介绍Python3的Urllib。Urllib提供了多个子模块，具体的模块名称及含义见表2-2。

表2-2 Urllib中的子模块

模块名称	描　述
urllib.request	HTTP请求模块，可以用来模拟发送请求，只需要传入URL及额外参数，就可以模拟浏览器访问网页的过程
urllib.error	异常处理模块，检测请求是否报错，捕捉异常错误，进行重试或其他操作，保证程序不会终止
urllib.parse	工具模块，提供许多URL处理方法，如拆分、解析、合并等
urllib.robotparser	解析网站的robots.txt文件，判断哪些网站可以爬，哪些网站不可以爬，使用频率较少

urllib. request是使用最多的子模块，它定义了一些打开URL的函数和类，包含授权验证、重定向、浏览器cookies等。它还可以模拟浏览器的一个请求发起过程。可以使用urllib. request 的 urlopen 方法来打开一个URL，语法格式如下：

```
urllib.request.urlopen(url, data=None, [timeout, ]*, cafile=None, capath=None, context=None)
```

其中url指URL地址；data指发送到服务器的其他数据对象，默认为None；timeout指设置访问超时时间；cafile为CA证书，capath为证书的路径，使用HTTPS时需要用到；context指ssl. SSLContext类型，用来指定SSL设置。

下面是通过urllib. request模块下urlopen方法实现发送请求并读取百度网页内容的实例，代码如下：

```
import urllib.request
response = urllib.request .urlopen('http://www.baidu.com ') #打开指定爬取网页
print(response.read().decode('utf-8')) #打印出响应内容
```

读取结果如图2-16所示。

```
</script>
    <script src="http://ss.bdimg.com/static/superman/js/s_super_index-2ee596efbb.js"></script>
    <script src="http://ss.bdimg.com/static/superman/js/min_super-da64662b20.js"></script>

            <script>
      if(navigator.cookieEnabled){
          document.cookie="NOJS=;expires=Sat, 01 Jan 2000 00:00:00 GMT";
      }
      </script>
```

图2-16 网页内容的读取

2）Requests。

Requests是Python中实现HTTP网络请求的一种方式。它是一个基于Apache2协议开源的HTTP库，号称是“为人类准备的HTTP库”。它比Urllib更加方便，使用更加灵活，是Python实现的最简单易用的HTTP库。同时Requests也是一个第三方库，它依赖于Urllib3，并做了一些封装。所以默认安装好Python之后是没有Requests模块的，需要单独通过pip安装。Requests库在Windows系统下的安装方式如下：

Windows系统下，在cmd命令行界面输入命令pip install requests进行安装，当出现Requirement already satisfied即表示安装成功，安装过程如图2-17所示。

```
C:\Users\whm>pip install requests
Looking in indexes: https://mirrors.aliyun.com/pypi/simple
Requirement already satisfied: requests in d:\tools\python\python\lib\site-packages (2.26
.0)
Requirement already satisfied: charset-normalizer~=2.0.0; python_version >= "3" in d:\too
ls\python\python\lib\site-packages (from requests) (2.0.6)
```

图2-17　Windows下Requests模块安装

对于HTTP请求，Requests库能够实现下载并解析，灵活性高，同时具有高并发与分布式部署的特性。Requests模块下主要方法有七个，见表2-3。

表2-3　Requests的主要方法

方　法	描　述
requests.request()	构造一个请求，支持以下各种方法
requests.get()	获取HTML的主要方法
requests.head()	获取HTML头部信息的主要方法
requests.post()	向HTML网页提交post请求的方法
requests.put()	向HTML网页提交put请求的方法
requests.patch()	向HTML提交局部修改的请求
requests.delete()	向HTML提交删除请求

Requests库有很多优点，它继承了Urllib的所有特性，支持HTTP连接保持和连接池，支持使用cookie保持会话，支持文件上传，支持自动确定响应内容的编码，支持国际化的URL和POST数据自动编码。

最常见的HTTP请求方式是GET和POST。GET方式表示请求指定的页面信息，并返回实体主体。如果要发送GET请求，需要调用requests. get () 方法。POST方式表示请求服务器接受所指定的文档作为所标识URI的新的从属实体，需要调用requests. post () 方法。

以下是采用GET请求方式使用requests. get () 方法的获取丁香园新型冠状疫情实时动态首页内容的示例代码：

```
import requests
response = requests.get('https://ncov.dxy.cn/ncovh5/view/pneumonia')
print(response.content.decode()) #以字节流形式打印网页源码
```

获取结果如图2-18所示。

```
area__index_en~p__Pneumonia__index_en.async.72f0956a.js"></script><link rel="stylesheet"
t/p__Pneumonia.async.5cef6c52.css"><script charset="utf-8" src="//assets.dxycdn
cript><meta name="description" content="丁香园、丁香医生整合各权威渠道发布的官方数据，通过疫情地图直观
 content="最新疫情、实时疫情、疫情地图、疫情、丁香园"><meta name="baidu-site-verification"

nceName":"台湾","provinceShortName":"台湾","currentConfirmedCount":1570,
eadCount":840,"comment":"","locationId":710000,"statisticsData":"https://file1.dxycdn
":0,"midDangerCount":0,"detectOrgCount":0,"vaccinationOrgCount":0,"cities":[],
建","currentConfirmedCount":433,"confirmedCount":1213,"suspectedCount":15,"curedCount":779,
```

图2-18　Requests库GET方式请求结果

3）Selenium。

Selenium最初是一个自动化测试工具，而爬虫中使用它主要是为了解决Requests无法执行JavaScript代码的问题。它还可以驱动浏览器自动执行自定义的逻辑代码，通过代码完全模拟成人类使用浏览器自动访问目标站点并操作。Selenium自动化测试工具的使用方法将在高级教材中进行介绍。

任务实施

本任务采用Requests库对腾讯云小微平台(https://xiaowei. qcloud. com)首页内容进行采集，并使用该语料在腾讯云小微开放平台上自建语料库。腾讯云小微首页内容如图2-19所示。

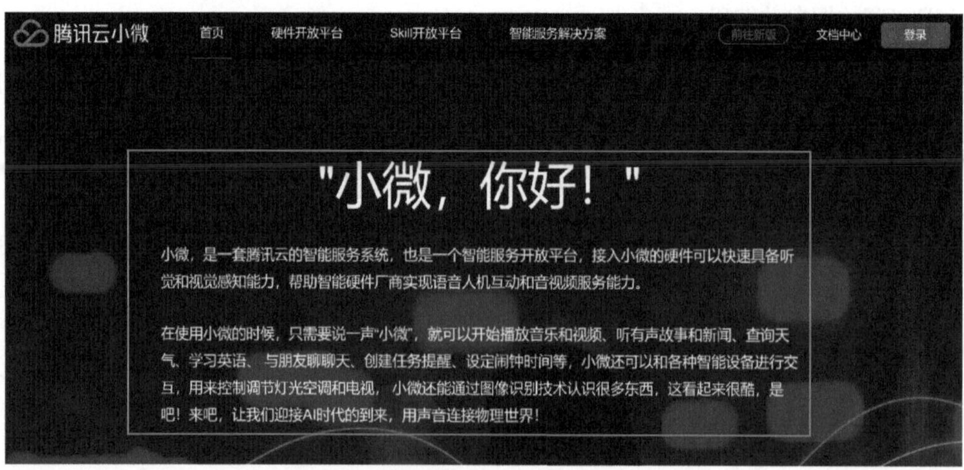

图2-19　腾讯云小微首页内容

第一步：安装模块并导入，代码如下：

```
import requests
import re
```

第二步：获取网页中的HTML标签代码，代码如下：

```
def get_content(url):
    header = {
        'Accept': 'image/webp,image/apng,image/*,*/*;q=0.8',
        'User-Agent': 'Mozilla/5.0 (Windows NT 10.0; Win64; x64) AppleWebKit/537.36 (KHTML,
like Gecko) Chrome/78.0.3904.108 Safari/537.36'
    }
    response = requests.get(url=url, headers=header)
    response.encoding = 'utf-8'
    return response.text
```

第三步：从HTML标签中获取需要的内容数据，其中title获取的是标题“小微，你好”，content获取中间内容，代码如下：

```
def get_data(text):
        title = re.findall('<div class="banner-title">(.*?)</div>', text, re.S)
        content = re.findall('<p class="banner-desc">(.*?)</div>', text, re.S)
        content = str(content).replace(" ", "")
        content = content.split('<pclass="banner-desc">')
        content[0] = content[0][content[0].find("\\n")+2:content[0].find("\\n</p>\\n")]
        content[1] = content[1][content[1].find("\\n")+2:content[1].find("\\n</p>\\n")]
        data = title + content
        for i in range(len(data)):
            if re.search('\n', data[i]):
                print(re.search('\n', data[i]))
            else:
                print(re.search('\n', data[i]))
            return data
```

第四步：将获取到的数据写入txt文件，代码如下：

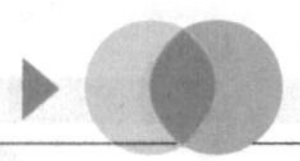

```
def save_text(location, text):
    with open(location, 'w', encoding='utf-8') as fp:
    fp.write(('\n').join(get_data(text)))
if __name__ == '__main__':
    save_text('D:/xiaowei.txt', get_content('https://xiaowei.qcloud.com/'))
#查询首页内容同时写入文件名字以及存放地址
```

第五步：采集结果如图2-20所示。

第六步：登录腾讯云小微开放平台，单击“设备平台”，添加“小微”测试集，如图2-21所示。

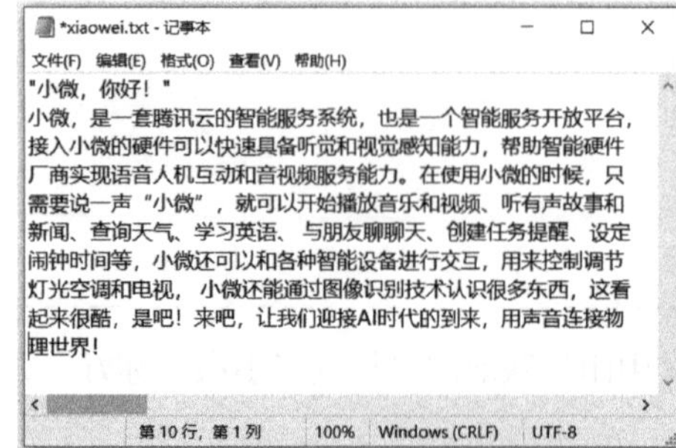
*xiaowei.txt - 记事本
文件(F) 编辑(E) 格式(O) 查看(V) 帮助(H)
"小微，你好！"
小微，是一套腾讯云的智能服务系统，也是一个智能服务开放平台，接入小微的硬件可以快速具备听觉和视觉感知能力，帮助智能硬件厂商实现语音人机互动和音视频服务能力。在使用小微的时候，只需要说一声“小微”，就可以开始播放音乐和视频、听有声故事和新闻、查询天气、学习英语、与朋友聊聊天、创建任务提醒、设定闹钟时间等，小微还可以和各种智能设备进行交互，用来控制调节灯光空调和电视，小微还能通过图像识别技术认识很多东西，这看起来很酷，是吧！来吧，让我们迎接AI时代的到来，用声音连接物理世界！
第 10 行，第 1 列　100%　Windows (CRLF)　UTF-8

图2-20　采集结果

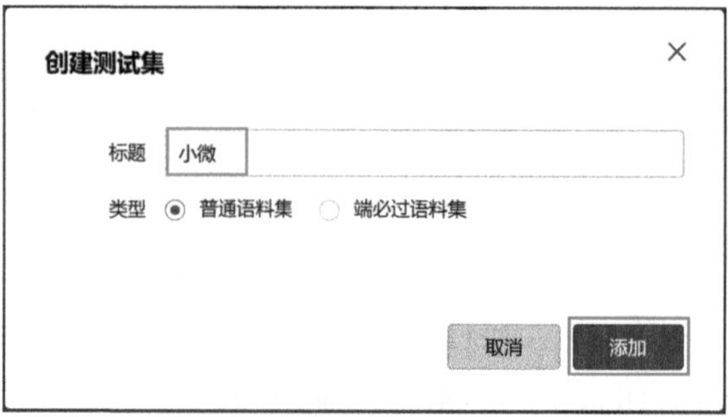

图2-21　添加“小微”测试集

第七步：单击“小微”测试集，再单击“批量导入”按钮，如图2-22所示。

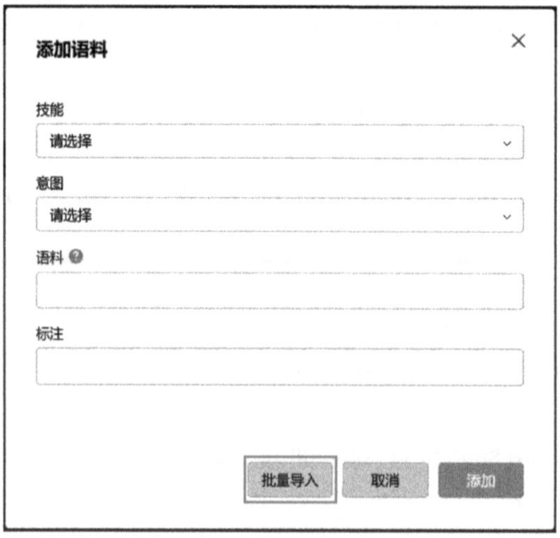

图2-22　批量导入

第八步：将采集到的“小微语料”调整成模板格式后“提交”，如图2-23所示。

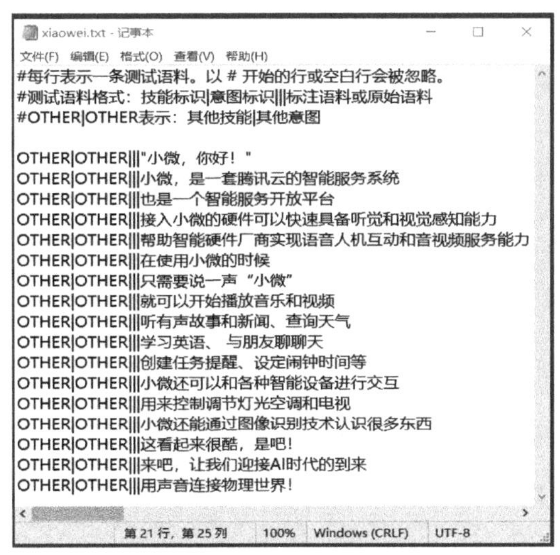
xiaowei.txt - 记事本
文件(F) 编辑(E) 格式(O) 查看(V) 帮助(H)
#每行表示一条测试语料。以 # 开始的行或空白行会被忽略。
#测试语料格式：技能标识|意图标识|||标注语料或原始语料
#OTHER|OTHER表示：其他技能|其他意图

OTHER|OTHER|||"小微，你好！"
OTHER|OTHER|||小微，是一套腾讯云的智能服务系统
OTHER|OTHER|||也是一个智能服务开放平台
OTHER|OTHER|||接入小微的硬件可以快速具备听觉和视觉感知能力
OTHER|OTHER|||帮助智能硬件厂商实现语音人机互动和音视频服务能力
OTHER|OTHER|||在使用小微的时候
OTHER|OTHER|||只需要说一声“小微”
OTHER|OTHER|||就可以开始播放音乐和视频
OTHER|OTHER|||听有声故事和新闻、查询天气
OTHER|OTHER|||学习英语、与朋友聊聊天
OTHER|OTHER|||创建任务提醒、设定闹钟时间等
OTHER|OTHER|||小微还可以和各种智能设备进行交互
OTHER|OTHER|||用来控制调节灯光空调和电视
OTHER|OTHER|||小微还能通过图像识别技术认识很多东西
OTHER|OTHER|||这看起来很酷，是吧！
OTHER|OTHER|||来吧，让我们迎接AI时代的到来
OTHER|OTHER|||用声音连接物理世界！
第 21 行，第 25 列 100% Windows (CRLF) UTF-8

图2-23 “小微”模板截图

第九步：“小微”语料库创建成功的部分截图如图2-24所示。

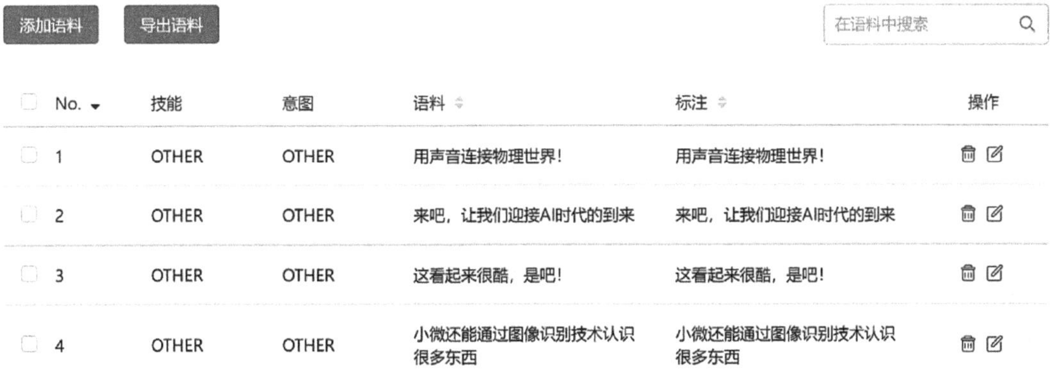

添加语料 导出语料 在语料中搜索

No.	技能	意图	语料	标注	操作
1	OTHER	OTHER	用声音连接物理世界！	用声音连接物理世界！	
2	OTHER	OTHER	来吧，让我们迎接AI时代的到来	来吧，让我们迎接AI时代的到来	
3	OTHER	OTHER	这看起来很酷，是吧！	这看起来很酷，是吧！	
4	OTHER	OTHER	小微还能通过图像识别技术认识很多东西	小微还能通过图像识别技术认识很多东西	

图2-24 “小微”语料库创建成功

任务2 语料库预处理技术

任务描述

经过任务1的学习，我们已经掌握了如何从网站上采集语料。任务2将完成对语料的预处理工作。语料预处理是自然语言处理的基础，主要用于文本的简单处理，如清洗、分词和标注等。任务2将详细介绍语料预处理的相关内容，主要通过使用NLTK制作语料库，掌握数据扩充和数据清洗的方法，最后对任务1采集的语料进行预处理。

任务目标

通过本任务的学习，应掌握NLTK库的安装和使用，学会制作语料库的方法，对数据扩充和数据清洗有初步了解，并能够对采集的语料进行预处理操作。

任务分析

NLTK处理中文语料的思路如下：

第一步：导入相关模块（re库、nlpcda库）。

第二步：使用NLTK载入语料。

第三步：使用正则表达式进行数据清洗。

第四步：调用nlpcda模块，输出数据扩充结果。

知识准备

语料库预处理

1. NLTK

在语料库预处理的学习过程中，主要用到的是免费、开源和社区驱动的自然语言处理工具包（Natural Language Toolkit，NLTK）。NLTK是在NLP领域最常使用的Python库，由Steven Bird和Edward Loper在宾夕法尼亚大学开发，是构建Python程序以处理人类语言数据的领先平台。NLTK包含了超过50个语料库和词汇资源，并提供了易于使用的接口，适用于Windows、Mac OS X和Linux等操作系统，NLTK的官网页面如图2-25所示。

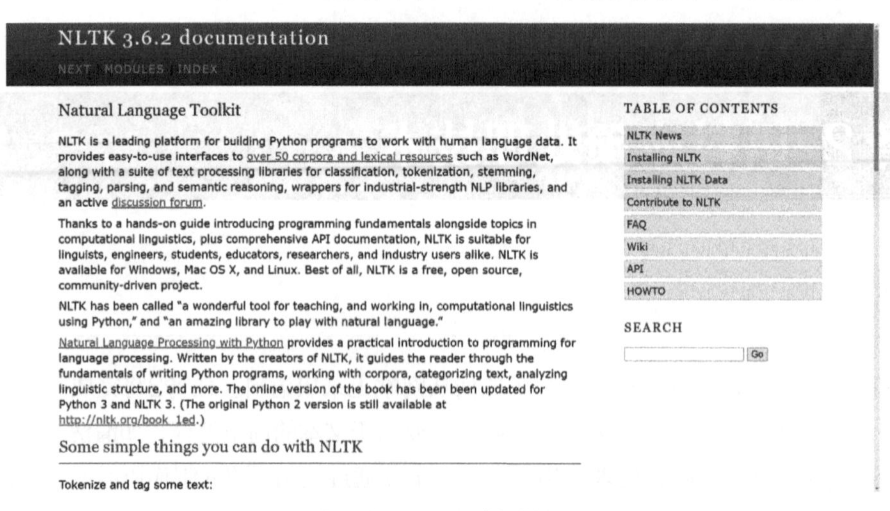

图2-25　NLTK官网页面

(1) NLTK安装

方法一：交互式安装。

配置好环境后，打开Anaconda Prompt运行Python，并输入图2-26所示的代码，进入语料库的下载页面，如图2-27所示。

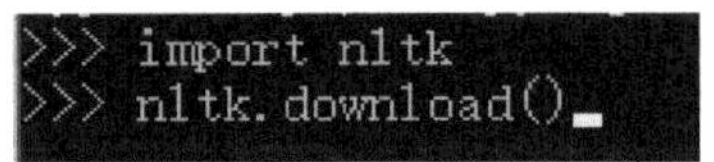

图2-26　下载代码

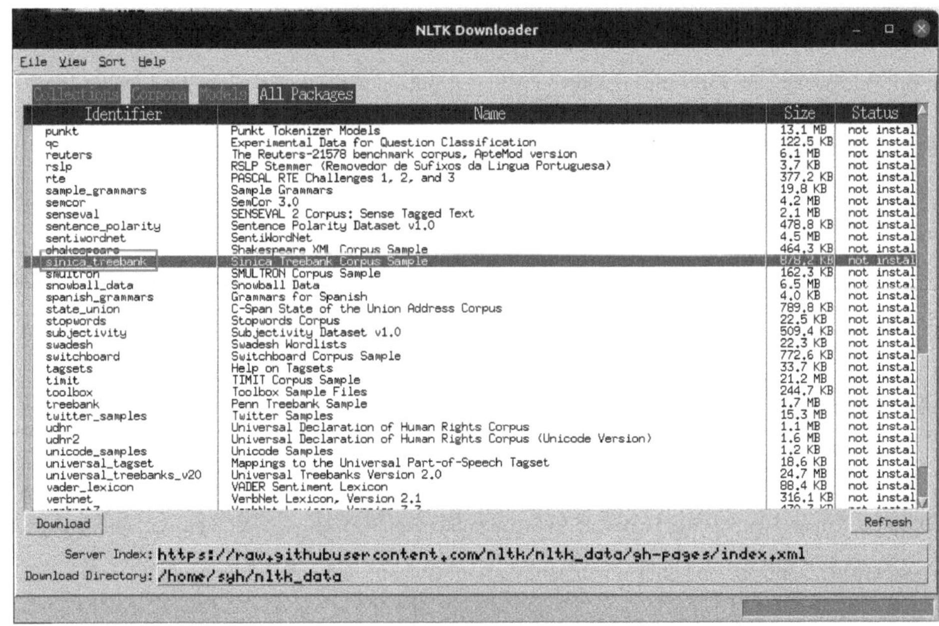

图2-27　语料库下载页面

语料库名称显示有颜色的为已经安装好的包，没有颜色的则可以选择下载使用。

方法二：手动安装。

第一步：创建一个名为“nltk_data”的文件夹，根据实际需要创建子文件夹chunkers、grammars、misc、sentiment、taggers、corpora、help、models、stemmers和tokenizers。记录好文件夹路径，如图2-28所示。

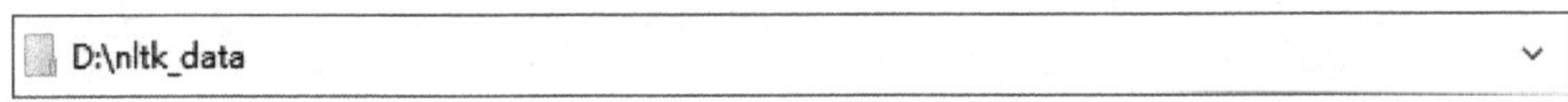

图2-28　nltk_data路径

第二步：从NLTK官网下载链接“http://nltk.org/nltk_data/”中下载所需的单个软件包，如图2-29所示。选择“Punkt”包下载，注意，Punkt后面的英文单词“Tokenizer”表示“punkt 属于 tokenizers”，因此要建立一个名为“tokenizers”的子文件夹。

NLTK Corpora

NLTK has built-in support for dozens of corpora and trained models, as listed below. To use these within NLTK we recommend

Please consult the README file included with each corpus for further information.

1. *perluniprops: Index of Unicode Version 7.0.0 character properties in Perl* [download | source]
   id: perluniprops; size: 100266; author: ; copyright: ; license: ;
2. *The monolingual word aligner (Sultan et al. 2015) subset of the Paraphrase Database.* [download | source]
   id: mwa_ppdb; size: 1594711; author: ; copyright: ; license: Creative Commons Attribution 3.0 Unported (CC-BY);
3. *Punkt Tokenizer Models* [download | source]
   id: punkt; size: 13707633; author: Jan Strunk; copyright: ; license: ;
4. *RSLP Stemmer (Removedor de Sufixos da Lingua Portuguesa)* [download | source]
   id: rslp; size: 3805; author: Viviane Moreira Orengo (vmorengo@inf.ufrgs.br) and Christian Huyck; copyright: ; license: ;
5. *Porter Stemmer Test Files* [download | source]
   id: porter_test; size: 200510; author: ; copyright: ; license: ;
6. *Snowball Data* [download | source]
   id: snowball_data; size: 6785405; author: ; copyright: ; license: ;

图2-29　NLTK Corpora页面

第三步：将下载好的语料包punkt. zip解压到nltk_data/tokenizers/中，如图2-30所示。

D:\nltk_data\tokenizers\punkt

图2-30　解压路径

第四步：将NLTK_DATA环境变量设置为指向顶级nltk_data文件夹，即将文件夹放在“lib”文件夹下，如图2-31所示。

D:\Anaconda\Lib\nltk_data\tokenizers\punkt

图2-31　设置环境变量

第五步：测试安装是否成功。打开Anaconda Prompt运行Python，输入代码，结果如图2-32所示即为安装成功。

```
>>> import nltk
>>> text=nltk.word_tokenize("The man-machine dialogue is great ")
>>> print(text)
['The', 'man-machine', 'dialogue', 'is', 'great']
>>>
```

图2-32　测试安装

（2）语料库导入

NLTK包含有众多的语料库（corpus），这些语料库可以通过nltk. package导入使用。

NLTK Downloader交互式界面显示了Corpora包下的相关内容，如图2-33所示。

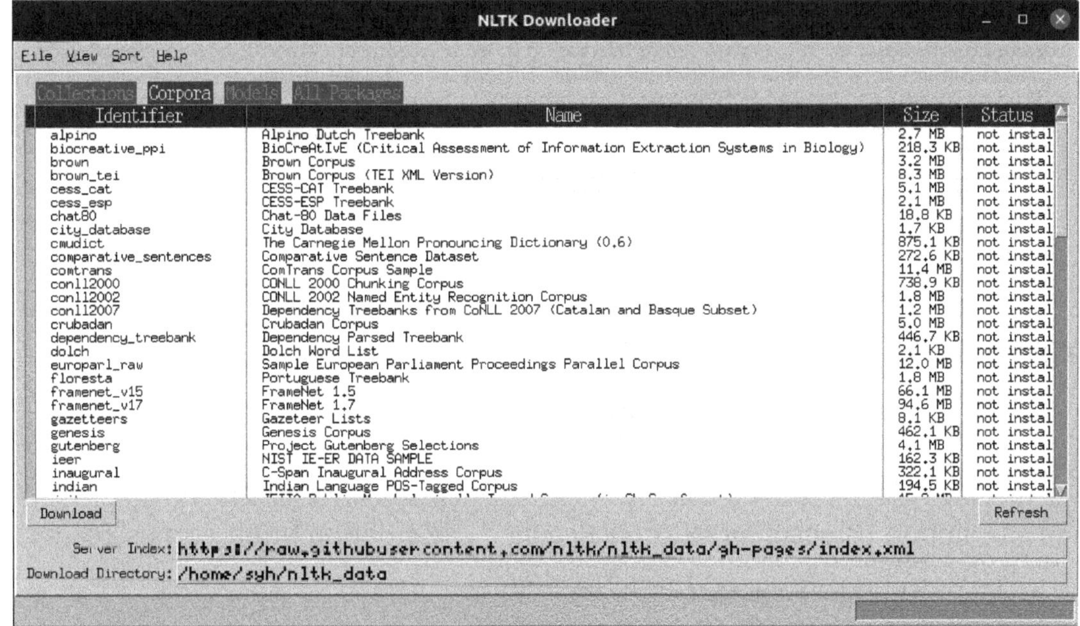

图2-33 Corpora包

在Corpora包下几类标注好的语料库见表2-4。导入NLTK自带的语料库，直接使用代码“fromnltk. corpus import (语料库)”即可。

表2-4 语料库说明

语 料 库	说 明
gutenberg	一个有若干万部的小说语料库，多是古典作品
webtext	收集的网络广告等内容
nps_chat	有上万条聊天消息语料库，即时聊天消息为主
brown	一个百万词级的英语语料库，按文体进行分类
reuters	路透社语料库，上万篇新闻文档，约有100万字，分90个主题，并分为训练集和测试集两组
inaugural	演讲语料库，几十个文本，都是总统演说

2. 制作语料库并导入

（1）制作单语语料库

建立简单的单语语料库，只需要将收集好的数据材料保存在txt文档中即可，例如，摘取《人机对话智能系统开发（初级）》中的一段话并保存为“人机对话智能系统. txt”，这就是一个简单的单语语料库，如图2-34所示。

人机对话智能系统.txt - 记事本

文件(F) 编辑(E) 格式(O) 查看(V) 帮助(H)

早期的编程语言在送进编译器处理之前，必须要先经过流程图、撰写表格、打卡，所以当时并不需要IDE。而今天，IDE渐渐成为了程序开发者必要
Python有非常多的开发环境。除了Python官方网站提供的IDLE开发环境以外，还有PyCharm、wingIDE、Spyder、jupyter notebook和vs code
IDLE是 Python 程序自带的IDE，具备基本的开发环境的功能，是一种比较简洁的IDE。当安装好Python以后，IDLE就会自动安装，出现在开始菜
PyCharm由JetBrains打造，是目前最为流行的一款Python IDE，拥有一般IDE具备的功能，如：调试、语法高亮、代码跳转、智能提示、自动完成

图2-34 单语语料库

（2）导入自制语料库

使用NLTK载入自制语料库，Python NLTK载入自制语料库有两种方法，一种适合已经事先解析过的语料库，另一种适合解析文本类型的文件。

1）BracketParseCorpusReader。

BracketParseCorpusReader适合解析过的语料库，导入时需要输入代码“from nltk. corpus import BracketParseCorpusReader”。图2-35所示为nltk. corpus. reader. BracketParseCorpusReader官方给出的文档截图。

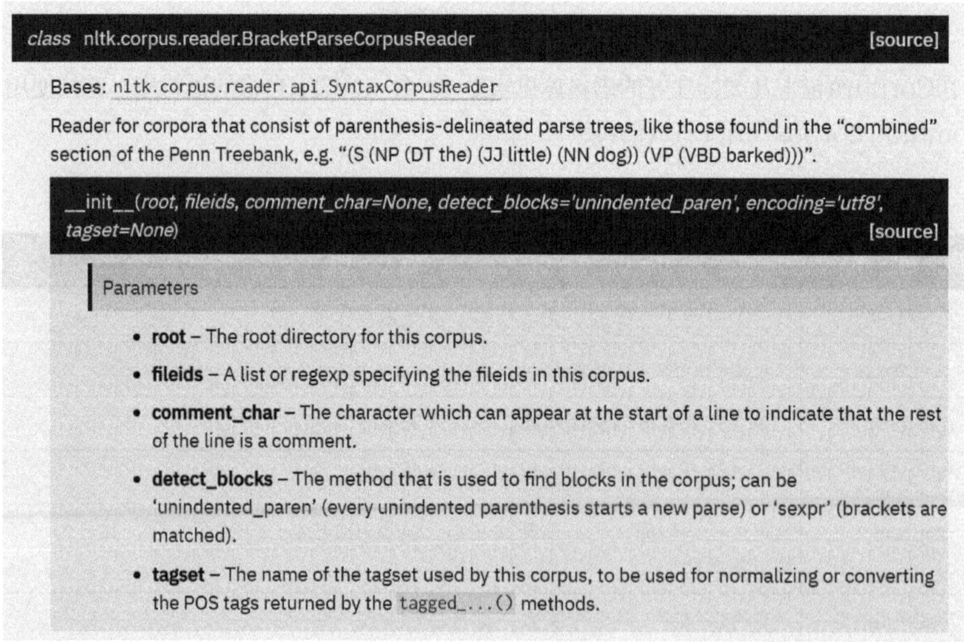

class nltk.corpus.reader.BracketParseCorpusReader [source]

Bases: `nltk.corpus.reader.api.SyntaxCorpusReader`

Reader for corpora that consist of parenthesis-delineated parse trees, like those found in the “combined” section of the Penn Treebank, e.g. “(S (NP (DT the) (JJ little) (NN dog)) (VP (VBD barked)))”.

__init__(*root, fileids, comment_char=None, detect_blocks='unindented_paren', encoding='utf8', tagset=None*) [source]

Parameters

- **root** – The root directory for this corpus.
- **fileids** – A list or regexp specifying the fileids in this corpus.
- **comment_char** – The character which can appear at the start of a line to indicate that the rest of the line is a comment.
- **detect_blocks** – The method that is used to find blocks in the corpus; can be ‘unindented_paren’ (every unindented parenthesis starts a new parse) or ‘sexpr’ (brackets are matched).
- **tagset** – The name of the tagset used by this corpus, to be used for normalizing or converting the POS tags returned by the `tagged_...()` methods.

图2-35 nltk.corpus.reader.BracketParseCorpusReader文档截图

2）PlaintextCorpusReader。

PlaintextCorpusReader适合文本文件，导入时需要输入代码“from nltk. corpus import PlaintextCorpusReader”。图2-36所示为NLTK官方给出的解释截图。

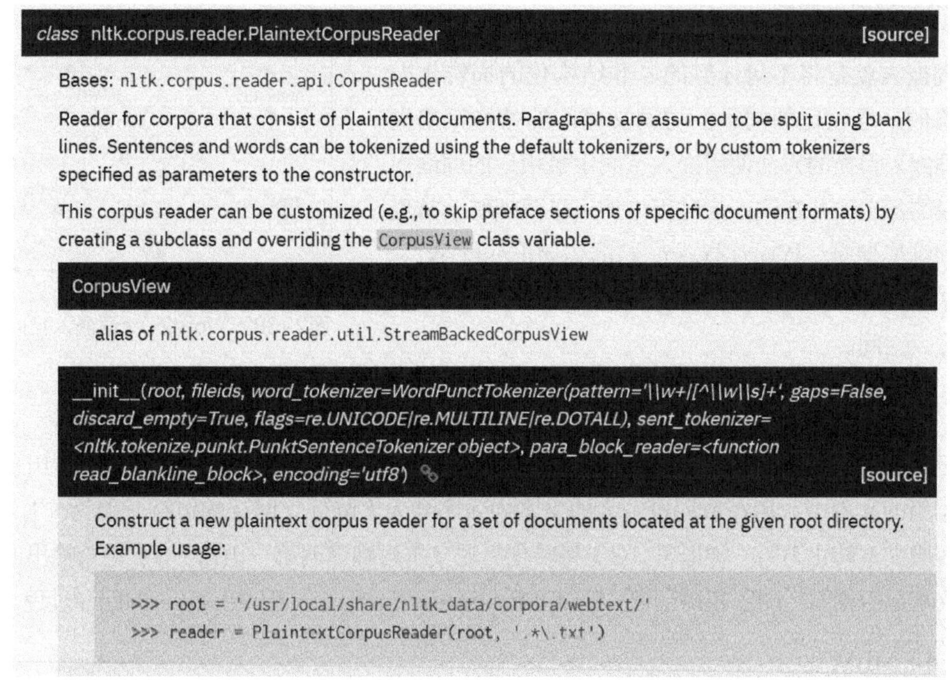
class nltk.corpus.reader.PlaintextCorpusReader [source]

Bases: nltk.corpus.reader.api.CorpusReader

Reader for corpora that consist of plaintext documents. Paragraphs are assumed to be split using blank lines. Sentences and words can be tokenized using the default tokenizers, or by custom tokenizers specified as parameters to the constructor.

This corpus reader can be customized (e.g., to skip preface sections of specific document formats) by creating a subclass and overriding the CorpusView class variable.

CorpusView

alias of nltk.corpus.reader.util.StreamBackedCorpusView

__init__(root, fileids, word_tokenizer=WordPunctTokenizer(pattern='\\w+|[^\\w\\s]+', gaps=False, discard_empty=True, flags=re.UNICODE|re.MULTILINE|re.DOTALL), sent_tokenizer=<nltk.tokenize.punkt.PunktSentenceTokenizer object>, para_block_reader=<function read_blankline_block>, encoding='utf8') [source]

Construct a new plaintext corpus reader for a set of documents located at the given root directory. Example usage:

```
>>> root = '/usr/local/share/nltk_data/corpora/webtext/'
>>> reader = PlaintextCorpusReader(root, '.*\.txt')
```

图2-36 nltk.corpus.reader.PlaintextCorpusReader文档截图

3．常用的数据扩充方法

数据扩充（Data Augmentation）是指为了保证模型训练效果，利用仅有的数据样本生成额外的人工合成的数据，提升泛化能力（鲁棒性）。数据扩充技术在计算机视觉（Computational Vision，CV）领域有着广泛的应用（操作相对简单的图像数据扩充与良好的性能提升为其在计算机视觉中的发展注入了动力）。但在NLP领域仍处于起步阶段，常见的NLP数据扩充方法有：词汇替换、词嵌入替换、回译、Masked语言模型、文本表面转换和键盘错误注入等。

（1）基于同义词库的替换

基于同义词库的替换是指在句子中随机抽取一个单词，在同义词库中找到与该词词义相同或者相近的单词并替换。WordNet是目前使用较多的英文同义词库，图2-37所示为“Theman-machine dialogue is amazing”利用WordNet替换同义词的过程。目前最好的中文近义词库是Synonyms。

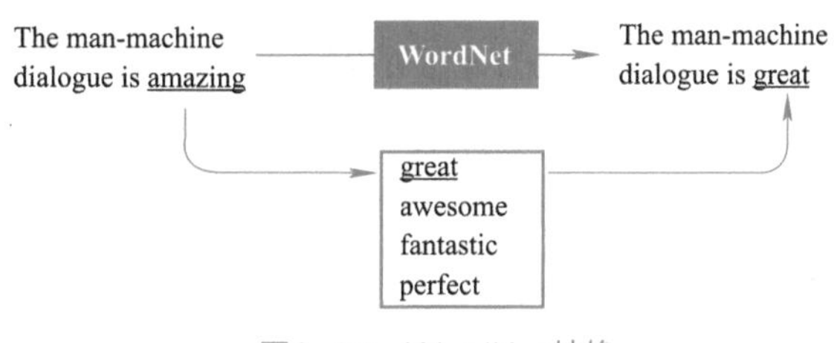

图2-37 WordNet替换

（2）词嵌入替换

词嵌入就是将不可计算的、非结构化的词转化为可计算的、结构化的向量。与同义词库的替换策略类似，词嵌入替换的方法使用嵌入空间中最相近的词语作为替换的备选，并在词嵌入过程中加入了预训练，常见的预训练模型有：Word2Vec、GloVe和FastText。图2-38所示为单词“amazing”在Word2Vec模型中的词嵌入空间。

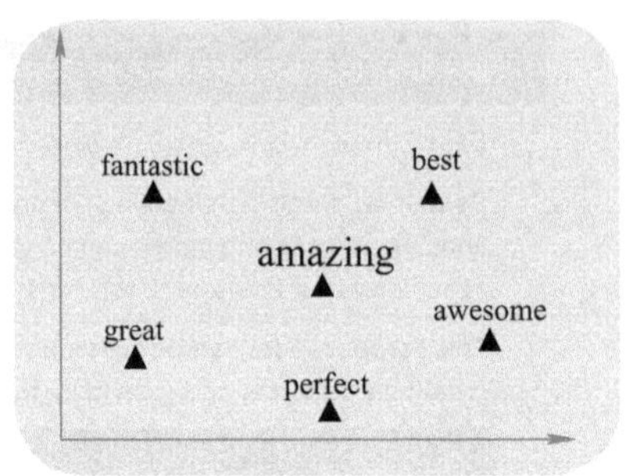

图2-38　Word2Vec词嵌入空间

（3）回译

回译也称反向翻译、机器翻译，即使用机器翻译来解释文本语义。回译方法经常用在一些小数据集的文本中，用在单词量较大的文本中效率会大大降低。回译的策略一般为：1）将一种语言原文本转化为另一种语言；2）将转化后的文本再翻译回第一语言；3）检查输出的文本与原文本是否相同。图2-39所示为“Learningman-machine dialogue”的回译过程。

（4）MLM

MLM（Masked Language Model，屏蔽语言模型）旨在通过随机“遮盖”文本的某个单词，根据上下文预测屏蔽词。现有的模型如BERT、ROBERTAHE和ALBERT等已经在大量的文本中进行了训练，可以使用预训练好的模型直接进行被“遮盖”单词的预测。图2-40所示为利用BERT模型进行“遮盖”单词预测。

图2-39　回译过程　　　图2-40　BERT模型预测

（5）文本表面转换

文本表面转换（Text Surface Transformation）指使用正则表达式的简单模式进行文本字面的转换。此种方法是针对英文而言的，它可以将一段文本的语言形式从收缩变为扩张，也可以由扩张变为收缩，如图2-41所示。但由于文本由收缩变为扩张时容易产生歧义，因此很多人在使用此方法时会只允许歧义收缩，而忽略歧义扩张。扩张歧义如图2-42所示。

（6）QWERTY键盘错误注入

键盘错误注入方法是基于“QWERTY”的键盘布局产生的，它主要模拟人为打字时误触而产生的错误。如图2-43所示，该方法模拟在拼写单词“Learn”时，由于字母“K”与“L”距离较近而误打成“Kearn”的策略。

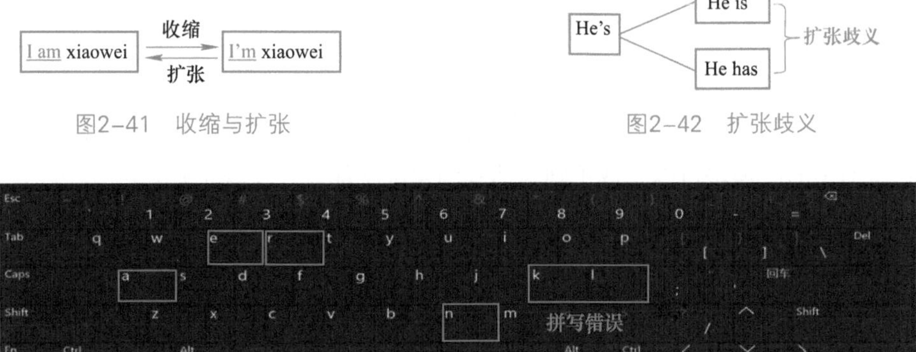

图2-41　收缩与扩张

图2-42　扩张歧义

图2-43　键盘错误注入示例

4．数据清洗

一个高质量的数据对于数据预处理而言至关重要，而得到的数据都是未经处理的，通常会包含一些没有意义的词或者字符。无论是数据缺失还是非结构化数据，都需要用各种方式方法进行数据清洗。如果对一个“不干净”的数据进行处理，往往会影响数据特征的提取，从而影响模型的训练，最终得不到预期的结果。

而在自然语言处理（NLP）的任务中，数据清洗的目标很明确，主要对象为如txt文本、HTML文本、XML文本、Word文档和md文档等文本数据类型，如图2-44所示。有效挖掘文本数据中的重要信息和提取有效特征成为NLP数据预处理的重中之重，而数据清洗就是在对文本进行分析时，保留其有用的信息，删除非关键信息，从而得到一个高质量文本数据。常见的清洗方式有：人工去重、对齐、删除和标注等。

图2-44　文本数据类型

在Python中提供了如BeatifulSoup、lxml、SGMLParser和HTMLParaer等相关模块来进行数据的提取和简单的清洗工作。除了这些Python模块，还可以使用正则表达式来进行数据清洗。正则表达式又称规则表达式，是一种描述字符串匹配模式的逻辑公式，是一种使用事先定义好的一个或者多个特定字符组合成的“规则字符串”对目标字符串进行匹配过滤的逻辑操作。正则表达式拥有繁多的通配符，因此也非常强大。正则表达式中常见的部分元字符见表2-5。

表2-5　常见部分元字符

字　符	描　　述
.	匹配除换行符以外的任意字符
^	匹配输入字符串的开始
$	匹配输入字符串的结束
*	匹配子表达式重复零次或多次

Python中的re模块可以完成正则表达式的全部功能，在实现正则表达式功能之前，会使用“re.compile”函数通过模式字符串和标志参数先生成一个正则表达式对象，再进行匹配、替换等一系列操作。如可以使用正则表达式来清洗掉文本数据中除了中文字符以外的数据（包含数字、英文字母和标点符号等），这里要用到“\u4e00”和“\u9fa5”两个Unicode值，它们在Unicode表中表示汉字的头和尾，然后使用“re.compile(r'[^\u4e00-\u9fa5]')”生成一个模式字符串来判断字符串中是否含有中文。选取《人机对话智能系统开发（初级）》中的一段话进行测试，代码如下：

```
# -*- coding:utf-8 -*-
import re
def Clear(file):
    pattern = re.compile(r'[^\u4e00-\u9fa5]')
    chinese_txt = re.sub(pattern, '', file)
    #减去除汉字以外的所有字符
        print(chinese_txt)
Clear('文本内容')
```

执行结果如图2-45所示。

早期的编程语言在送进编译器处理之前必须要先经过流程图撰写表格打卡所以当时并不需要而今天渐渐成为了程序开发者必要的工具集成开发环境是一个包括代码编辑器编译器调试器和图形用户界面等与开发有关的实用工具的软件为开发工作提供更高的效率有非常多的开发环境除了官方网站提供的开发环境以外还有和等我们介绍几种目前使用最多的是程序自带的具备基本的开发环境的功能是一种比较简洁的当安装好以后就会自动安装出现在开始菜单栏中单行代码可以直接出结果但是输入多行代码时需要新建文件保存和运行都相对繁琐界面如图所示由打造是目前最为流行的一款拥有一般具备的功能如调试语法高亮代码跳转智能提示自动完成和版本控制等官网提供的社区版和汉化包非常适合初学者学习编程也是本书所选用的开发工具但软件比较占资源对硬件配置相对较高如图所示为界面

图2-45　执行结果

任务实施

第一步：分析任务。

任务2要在任务1的基础上进行，即对任务1爬取的腾讯云小微平台首页内容进行NLTK载入语料、数据清洗和数据扩充操作。

第二步：导入相关的库。

涉及的Python库有re库、nltk. text模块和nlpcda库。re库用来简洁表达一组字符串特征的表达式；nltk. text模块汇集了多种用于文本分析的NLTK功能，包括索引、对标记化字符串的正则表达式搜索和分布相似性等；nlpcda为中文数据扩充工具，支持随机实体替换、近义近音字替换和翻译互转扩充等方法，导入代码如下：

```
import re
from nltk.corpus import PlaintextCorpusReader
from nlpcda import Similarword  #Similarword用于近音近义字替换的数据扩充
```

第三步：载入语料。

使用NLTK中更适合分析文本文件的PlaintextCorpusReader方法载入语料，并输出文本内容，代码如下：

```
corpus_root = r"路径" # 选取语料库文本路径
file_pattern = r"xiaowei.txt" # 选取语料库文本文件
wordlist =PlaintextCorpusReader(corpus_root, file_pattern) #导入文本
print('words>>>>>>>> '),
print(wordlist.raw("xiaowei.txt")) #获取语料库内未经处理的文本字符
```

输出结果如图2-46所示。

```
words>>>>>>>>
"小微，你好！"
小微，是一套腾讯云的智能服务系统，也是一个智能服务开放平台，
接入小微的硬件可以快速具备听觉和视觉感知能力，帮助智能硬件
厂商实现语音人机互动和音视频服务能力。在使用小微的时候，只
需要说一声"小微"，就可以开始播放音乐和视频、听有声故事和
新闻、查询天气、学习英语、 与朋友聊聊天、创建任务提醒、设定
闹钟时间等，小微还可以和各种智能设备进行交互，用来控制调节
灯光空调和电视， 小微还能通过图像识别技术认识很多东西，这看
起来很酷，是吧！来吧，让我们迎接AI时代的到来，用声音连接物
理世界！
```

图2-46　载入语料输出结果

第四步：数据清洗。

首先导入任务1爬取的腾讯云小微平台首页内容，然后使用“re. compile”匹配字符串，

其次使用“re.sub”进行内容替换，sub函数用于替换字符串数据中的匹配项，代码如下：

```
wordlists=wordlist.raw("xiaowei.txt") #语料库内容赋值
pattern = re.compile(r'[^\u4e00-\u9fa5]') # [^\u4e00-\u9fa5]匹配除汉字以外的所有字符
cleandata = re.sub(pattern, '' ,wordlists)
print('清洗后的数据为>>>>>>>>>')
print(cleandata)
```

输出结果如图2-47所示。

```
清洗后的数据为>>>>>>>>>
小微你好小微是一套腾讯云的智能服务系统也是一个智能服务开放
 平台接入小微的硬件可以快速具备听觉和视觉感知能力帮助智能硬
 件厂商实现语音人机互动和音视频服务能力在使用小微的时候只需
 要说一声小微就可以开始播放音乐和视频听有声故事和新闻查询天
 气学习英语与朋友聊聊天创建任务提醒设定闹钟时间等小微还可以
 和各种智能设备进行交互用来控制调节灯光空调和电视小微还能通
 过图像识别技术认识很多东西这看起来很酷是吧来吧让我们迎接时
 代的到来用声音连接物理世界
Loading model cost 0.514 seconds.
Prefix dict has been built successfully.
```

图2-47　数据清洗输出结果

第五步：数据扩充。

采用基于同义词替换的数据扩充方法，首先调用nlpcda包中的Similarword模块，设置“creat_num=2”，返回最多2个增强文本；“change_rate=0.3”，文本改变率为30%。然后结合for循环语句输出扩充后的文本，代码如下：

```
wordlists = wordlists.replace('\n', '').replace('\r', '') #去除回车符\r和换行符\n
#返回4个扩充文本，文本改变率30%
sameword = Similarword(create_num= 2,change_rate= 0.3)
SW = sameword.replace(wordlist)
print('扩充后的数据为>>>>>>>>>')
for i in SW:
    print(i)
```

扩充结果如图2-48所示，如“智能服务系统”可被同义替换为“智能劳动网”、“快速具备”可被同义替换为“霎时实有”等。

```
load :D:\D\Software\Anaconda\envs\TF2.1\lib\site-packages\nlpcda\data\同义词.txt done
扩充后的数据为>>>>>>>>>
"小微，你好！"小微，是一套腾讯云的智能服务系统，也是一个智能服务开放平台，接入小微的硬件可以快速具备听觉和
  视觉感知能力，帮助智能硬件厂商实现语音人机互动和音视频服务能力。在使用小微的时候，只需要说一声"小微"，就
  可以开始播放音乐和视频、听有声故事和新闻、查询天气、学习英语、 与朋友聊聊天、创建任务提醒、设定闹钟时间等
  ，小微还可以和各种智能设备进行交互，用来控制调节灯光空调和电视， 小微还能通过图像识别技术认识很多东西，这
  看起来很酷，是吧！来吧，让我们迎接AI时代的到来，用声音连接物理世界！
"小微，你好！"小微，是一套腾讯云的智能劳动网，也是一个智能服务开放平台，接入小微的硬件可以霎时实有听觉和视
  觉感知能力，帮助智能硬件厂商落实话音人机互动和音视频服务能力。在使用小微的时段，只需要说一声"小微"，就可
  开始播放音乐和视频、听有声故事和新闻、查询天气、学习英语、 与朋友聊聊天、创建任务提醒、设定闹钟时间等，小
  微还可以和各种智能设施进行交互，用来控制调节灯光空调和电视， 小微还能通过图像识别技认识很多东西，这看起来
  很酷，是吧！来吧，让我们出迎AI时代的到来，用声音连接物理世界！
```

图2-48　扩充数据截取

任务3　语料数据标注

任务描述

随着人工智能的快速发展，数据标注不仅是人工智能产业的基础，也是机器感知现实世界的起点。从某种程度上来说，没有经过标注的数据就是无用数据。通过学习任务2中语料库预处理技术，初探NLP技术的地基（语料预处理）是如何构建起来的。而在该任务中，将了解语料数据标注的相关概念，同时借助YEDDA工具实现数据标注。

任务目标

通过本任务实施的学习，了解语料数据标注的常见类型及数据标注的大致流程，了解YEDDA工具的环境配置及安装方式，并能用YEDDA工具设置标签配置文件及标注文本后导出正确数据。

任务分析

YEDDA软件实现语料数据标注的基本思路如下：

第一步：配置相关环境。

第二步：导入待标注的文本文件。

第三步：设置配置文件并对文本进行标注。

第四步：导出已标注好的文本数据。

知识准备

一、语料数据标注概述

语料数据标注作为最常见的数据标注类型之一，是指将文字、符号在内的文本进行标注，是为了让计算机准确识别人类的自然语言，并促使计算机对人类的自然语言做出精准定位。从本质上来看，语料数据标注就是一个监督学习的过程。而标注问题就是更复杂的结构预测问题的简单形式。

标注问题的目的在于学习模式，使该模型能够对观测序列给出标记序列作为预测。这也决定了标注问题的工作流程，即输入一个观测序列，之后输出的是一个标记序列或者状态序列。常见的语料数据标注类型包括：序列标注、关系标注、属性标注和类别标注。具体见表2-6。

表2-6　语料数据标注类型

标注类型	描述
序列标注	用于解决一系列对字符进行分类的问题，如分词、词性标注、命名实体识别、关系抽取等
关系标注	复句自动分析的形式标记，主要对复句的句法关联和语义关联做出重要标示。关系标注包括指向关系、修饰关系、平行语料等
属性标注	对事物属性进行标记，包括文本类别、新闻、娱乐等
类别标注	对文章的类别进行标注，例如篇章级的阅读理解等

二、语料数据标注流程

语料数据标注的大致流程为：预处理、标注、质检、验收、数据处理和数据交付。具体到各个步骤，操作细节如下：

1）预处理：根据数据的规范要求，对数据进行算法的初步处理。

2）标注：根据项目要求，可以将标注分为线上标注（数据+平台）和线下标注。

① 线上标注：将源数据上传到“数据+平台”，通过互联网进行操作。

② 线下标注：通过线下小工具或线下文本进行操作。

3）质检：根据数据合格率要求，由定义规范理解的人员对已经标注的数据进行抽查。

4）验收：由数据质量中心对质检合格数据进行再次验证。

5）数据处理：利用技术处理成客户需要的格式。

6）数据交付：数据加密后交付客户。

三、语料数据标注方式

1．语料数据标注平台

随着数据标注领域不断发展，越来越多的数据标注平台进入大众视野，比较常见的有点我科技、LabelHub、马达智数和腾讯云小微等标注平台。点我科技数据标注平台是支持各种图片、文本、视频等数据标注需求的平台。LabelHub数据标注管理协作平台是集数据管理、人员管理、绩效管理等为一体的多功能系统管理平台。马达智数标注平台是数据存储和数据管理的软硬件、数据三维一体的集成平台。而腾讯云小微是一个智能服务开放平台，只需接入小微的硬件就可以快速具备听觉和视觉感知能力，帮助智能硬件厂商实现语音人机互动和音视频服务能力。

腾讯云小微开放平台是腾讯面向企业及个人开发者提供智能对话服务的开放平台，包含设备开放平台和技能开放平台。常使用技能开放平台进行语料标注。首先，导入的语料可以是原始的，也可以是经过语料标注的；其次，对于导入的原始语料，需要人工对关键信息进行标注，将每条语料的槽位值标出来。

以自定义的餐厅技能为例展示原始语料标注过程如图2-49所示。比如“订购一份水煮鱼，两份口水鸡”这句语料，将一份、两份标为shuliang（“数量”），将水煮鱼、口水鸡标为caiming（“菜名”）。

图2-49　原始语料标注过程

2．常用语料数据标注工具

在标注领域中有很多可供选择的工具，标注工具大都可以完成实体抽取和关系抽取工作，常用的开源文本标注工具包括IEPY、BRAT和YEDDA等。IEPY是一个基于规则的开源工具，用于信息提取和关系提取。BRAT是一个基于Web的文本注释工具，用于向现有的文本文档添加注释。而YEDDA是一个文本注释工具，可以进行chunk、entity、event三种标注任务，用于对实体类的开源文本添加标注。

YEDDA支持几乎所有的语言，它可以在文本、符号甚至表情符号上进行注释。它支持快捷注释，手工注释文本效率极高。用户只需选择文本并按快捷键，选中的文本将自动添加批注。它还支持命令注释模式，该模式可以批量注释多个实体，并支持将注释文本导出为序列文本。YEDDA是用Python中的tkinter包开发的，可以兼容包括Windows、Linux和MacOS等主流操作系统。YEDDA工具页面如图2-50所示。

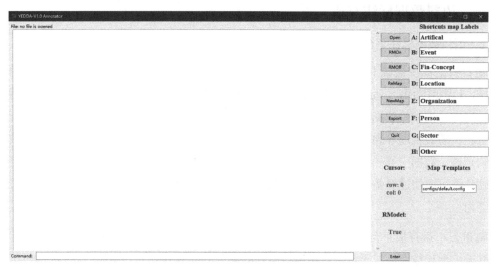

图2-50　YEDDA工具页面

四、YEDDA软件下载与安装

1．配置YEDDA软件环境

为方便使用Python的各个版本且互不影响，建议安装Anaconda，并创建相应的Python环境。可以在https://www.anaconda.com/products/individual下载Anaconda对应的操作系统的版本，Anaconda可以便捷获取包且对包能够进行管理、同时对环境可以统一管理的发行版本。它支持Windows、Linux、MacOS等操作系统，这里以Python2.7为例，下载安装包进行安装即可。安装完成后，进入Anaconda Prompt对话窗口，输入conda create --name=yedda python=2.7命令。过程中会遇见Proceed（[y]/n），输入y即可，图2-51所示为创建YEDDA环境界面。

```
Anaconda Prompt (anaconda3)

(base) C:\Users\HP>conda create --name=yedda python=2.7
Collecting package metadata (current_repodata.json): done
Solving environment: failed with repodata from current_repodata.json, will retry with next repodata source.
Collecting package metadata (repodata.json): done
Solving environment: done


==> WARNING: A newer version of conda exists. <==
  current version: 4.8.2
  latest version: 4.8.3

Please update conda by running

    $ conda update -n base -c defaults conda
```

图2-51　创建YEDDA环境界面

创建完成后，会看到图2-52所示的提示，表示环境创建成功。需要激活新建的环境，使用命令conda activate yedda，如果要去激活，使用命令conda deactivate。

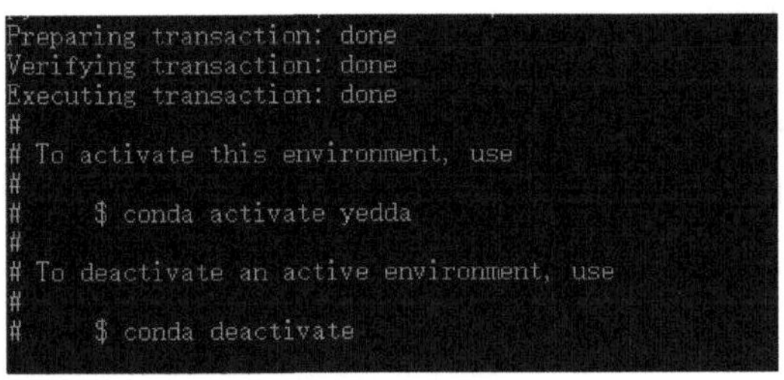

图2-52　激活YEDDA环境

2. YEDDA软件下载与安装

YEDDA是开源软件，无需安装，可以在https://github.com/jiesutd/YEDDA中下载该软件的master版本，如图2-53所示，下载后，解压缩即可得到Yedda-master文件夹。

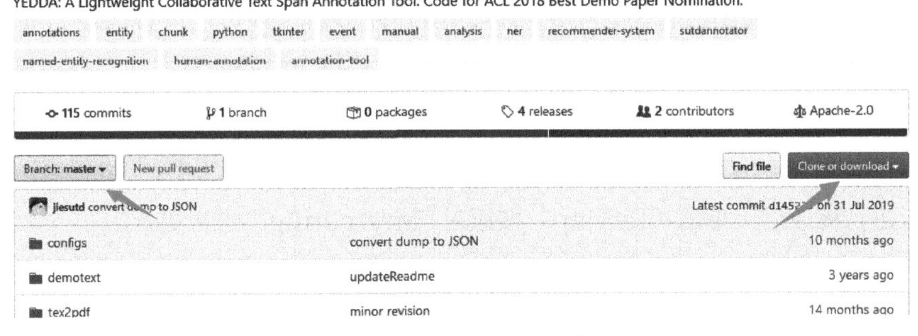

图2-53　YEDDA下载

在Anaconda Prompt对话窗口中，如图2-53所示，将当前目录定位到Yedda-master文件夹所在的目录，在命令行中输入python yedda.py即可运行YEDDA，如图2-54所示。

图2-54　YEDDA运行界面

任务实施

第一步：标签配置文件。

图2-54中右侧蓝色字体是进行文本标注时使用的快捷键。这些快捷键和对应的标签的数量、对应关系、标签内容都是可以在Yedda-master文件夹下的configs文件夹下的配置文件中进行配置的。这些配置文件以“.config”结尾，其中默认配置文件为“default.config”，用记事本打开该文件查看其中内容，配置文件如图2-55所示。

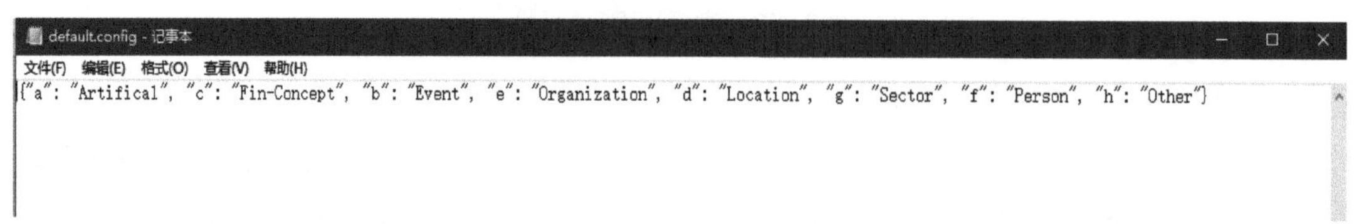

图2-55 配置文件

该文件的内容是json格式的，用户可以在主界面上对快捷键后的标签进行修改，修改后，单击“NewMap”按钮创建一个新的配置文件，并将当前的配置文件保存在该配置文件中，例如这里创建一个新的配置文件并命名为“my.config”。保存后就可以在配置文件的列表中选择修改后的配置文件，如图2-56所示。如果要对“my.config”进行修改，也可以在主界面上进行修改后，单击“ReMap”按钮对“my.config”进行更新。

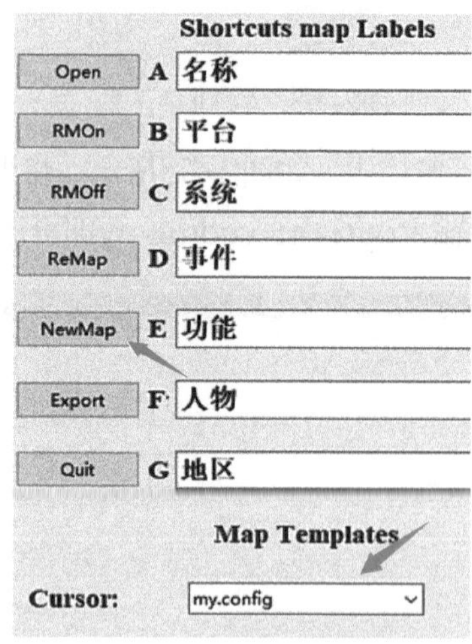

图2-56 修改配置文件

第二步：标注文本。

选择好配置文件后，单击“Open”按钮打开要标注的文本文件。注意，文本文件的编码方式要为“UTF-8”，否则可能出现乱码。打开后，文本的内容出现在左侧的文本框中，如图2-57所示。

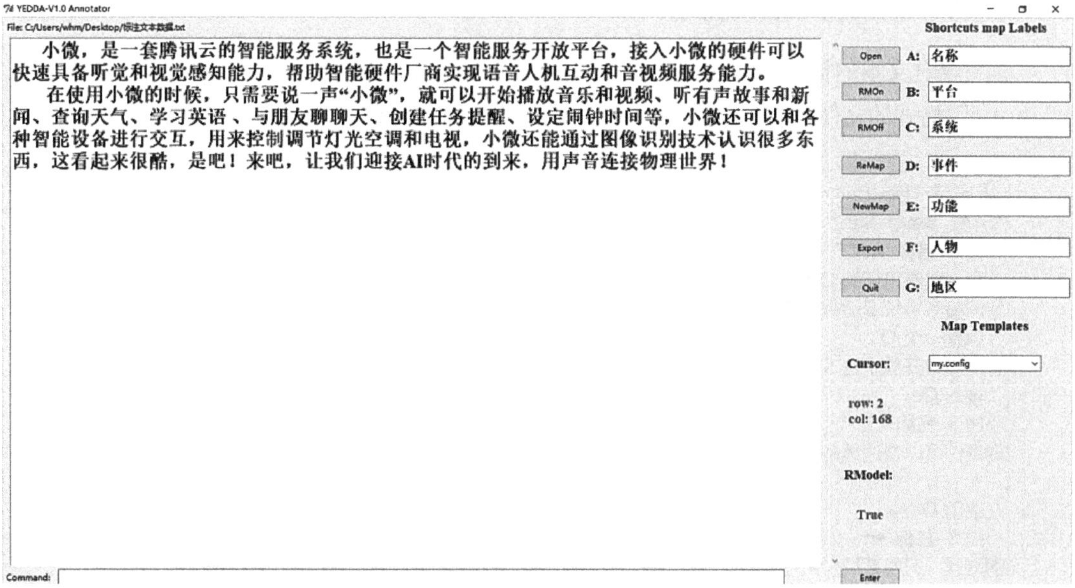

图2-57　原文本文件

此时，选中要标注的关键词并按下相应的快捷键就可进行标注。例如，文中出现的“小微”是“名称”，“播放音乐”是“功能”等，标注后如图2-58所示。可以看到，文中六次出现“小微”，在“RModel”为开启的状态下（默认是开启的），只需要对文中一处进行标注，然后全文中这个词都会被标注为相同的标签。如果不想启用该功能，可以单击“RMOff”按钮关闭该功能。关闭后如果想再次打开，可以单击“RMOn”按钮打开该功能。

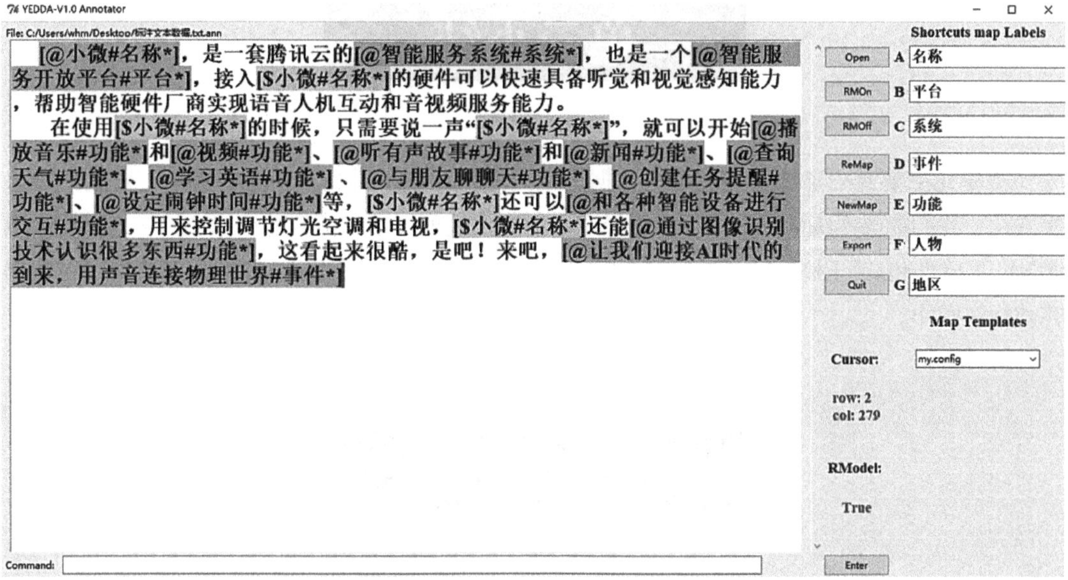

图2-58　标注过程

第三步：导出数据及数据格式。

在完成对文本的标注后，可以将标注数据导出，单击“Export”按钮即可导出扩展名为“.anns”格式的文件，图2-59所示为打开该文件的部分内容。

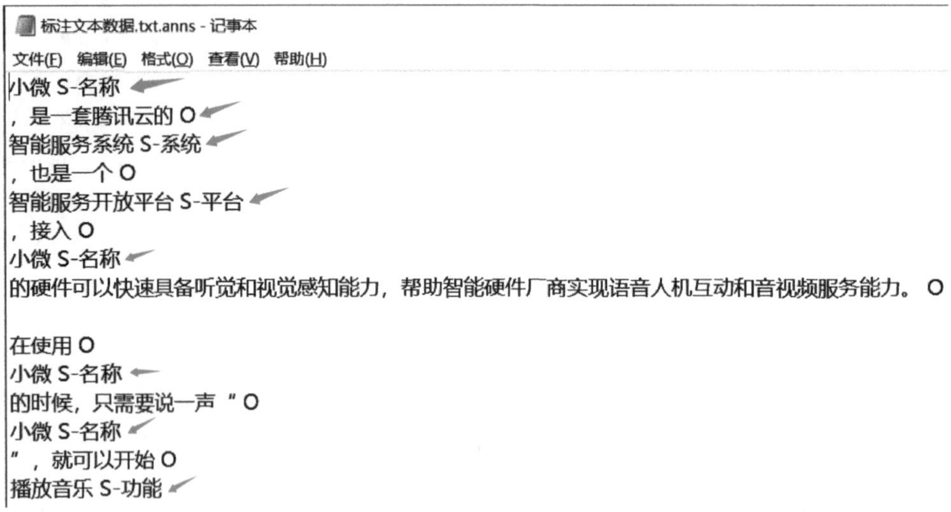

标注文本数据.txt.anns - 记事本

文件(F) 编辑(E) 格式(O) 查看(V) 帮助(H)

```
小微 S-名称
，是一套腾讯云的 O
智能服务系统 S-系统
，也是一个 O
智能服务开放平台 S-平台
，接入 O
小微 S-名称
的硬件可以快速具备听觉和视觉感知能力，帮助智能硬件厂商实现语音人机互动和音视频服务能力。 O

在使用 O
小微 S-名称
的时候，只需要说一声“ O
小微 S-名称
”，就可以开始 O
播放音乐 S-功能
```

图2-59　标注后文件

可以看到，标注的数据在原来文本的基础上在行尾加上了“O”，在标记的关键词后加上了“S-标签”等内容，通过这种方式来对文本进行标注。完成导出后，就可以单击“Quit”按钮退出程序。

单元小结

本单元主要介绍了加工处理语料数据的相关知识。通过讲解语料库的概念、发展史和采集方法，我们能够熟练地采集语料，再经过语料库预处理技术和语料数据标注的学习，能够熟悉NLTK软件包和YEDDA软件的安装和使用方法，最后通过YEDDA软件，能够对语料数据完成标注操作。

单元评价

通过学习以上任务，看自己是否掌握了以下技能，在技能检测表中标出已掌握的技能。

评价标准	个人评价	小组评价	教师评价
能够采集某地近15日天气和最高低温度			
能够制作语料库并导入			
能够使用NLTK处理中文语料			
能够配置YEDDA软件环境			
掌握YEDDA软件的下载与安装方法			
能够使用YEDDA软件进行数据标注			

备注：A为能做到；B为基本能做到；C为部分能做到；D为基本做不到。

素质拓展学习

扫码观看

课后习题

一、单项选择题

1．下列哪几项属于语料的采集方式（　　）。

①自建语料库　②开源语料库　③爬取语料库

A．①③　　B．①②　　C．②③　　D．①②③

2．下列哪些库不属于Python库（　　）。

A．Urllib　　B．jQuery　　C．Requests　　D．Selenium

3．下面哪个说法是不正确的（　　）。

A．Robots协议是互联网上的国际准则，必须严格遵守

B．Robots协议告知网络爬虫哪些页面可以抓取，哪些不可以

C．Robots协议可以作为法律判决的参考性“行业共识”

D．Robots协议是一种约定

二、填空题

1．常见的语料采集有三种方式：__________、__________和__________。

2．__________协议为了给Web网站提供灵活的控制方式来决定页面是否能够被爬虫采集。

3．页面可以通过__________和__________方式来向服务器发送请求的动态参数。

三、简答题

1．国内外常用的开源语料库有哪些？你还知道哪些开源语料库？

2．说明通用的网络爬虫基本流程？

3．常用的NLP数据扩充方法有哪些？

4．说明语料数据标注都有哪些过程？

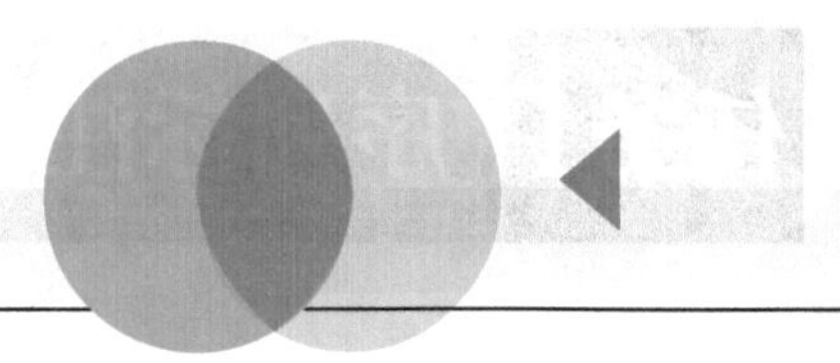

UNIT 3

单元3 序列标注——词法分析

学习目标

⇨知识目标

- 了解中文分词的方法
- 熟悉jieba分词工具的使用
- 掌握词性标注的方法
- 了解隐马尔科夫模型的应用
- 掌握中文命名实体识别的方法
- 了解条件随机场模型的应用场景

⇨技能目标

- 能够使用jieba实现中文分词
- 掌握实现词性标注和词频统计的方法
- 掌握实现中文命名实体识别的方法

⇨素质目标

- 培养团结协作和社会责任感
- 具有质量意识、工匠精神和创新思维

任务1 序列标注和中文分词

任务描述

随着人工智能的发展，自然语言处理（NLP）成为近几年人们关注的热点。生活中用到的语音识别和搜索引擎检索都离不开NLP技术，NLP可谓是完成人机交互的关键一步。本任务将从序列标注和中文分词技术开始，主要通过对序列标注应用和中文分词技术的学习了解，学会jieba分词工具的下载安装和使用，并能通过简单代码完成去除停用词后的文本输出。

任务目标

通过本任务的学习，对序列标注和中文分词技术有初步了解，学会jieba分词工具的下载安装和使用方法，并能够根据给定文本实现去除停用词后结果的输出。

任务分析

根据给定文本，输出去除停用词后结果的思路如下：

第一步：导入re库和原始语料数据。

第二步：创建停用词列表“stopwords”。

第三步：创建函数实现去除停用词功能，并执行操作。

第四步：使用中文正则表达式过滤并输出。

知识准备

一、序列标注的任务

1. 什么是序列标注

序列是一列数字或者字母组成的元素有序地排列在一起，这样每个元素之间存在某种关系，每个元素不是在其他元素之前，就是在其他元素之后。而序列在Python中指的是一块可存放多个值的连续内存空间，这些值按一定顺序排列，可通过每个值的索引访问它们。

自然语言处理领域中的序列标注任务主要是对句子层面相关的内容进行标注，是对标注句子中每个单词的实体或者词性的标注的过程。序列标注问题是指给定一串一维线性输入序列，预测和输入序列对应的输出标签序列。序列标注问题可以看作许多自然语言处理问题的前驱。要解决序列标记问题，实际上就是要找到一个观测序列到标记序列的映射。序列标注的输入是一个序列，输出也是一个序列。

2. 序列标注的应用

从文本翻译、语音识别到命名实体识别、词性标注，序列标注问题已经出现在了网络社会的各个方面。比如在邮寄快递时，直接帮忙识别人名和手机号就是使用序列标注实现的，效果如图3-1所示。

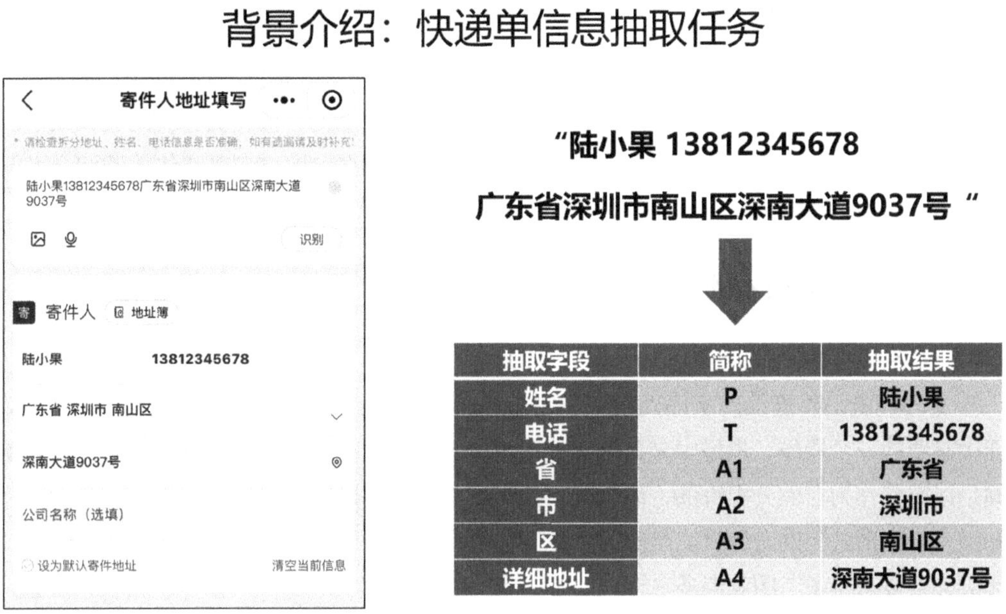

背景介绍：快递单信息抽取任务

寄件人地址填写

陆小果13812345678广东省深圳市南山区深南大道9037号

寄件人 地址簿

陆小果 13812345678

广东省 深圳市 南山区

深南大道9037号

公司名称（选填）

设为默认寄件地址 清空当前信息

“陆小果 13812345678

广东省深圳市南山区深南大道9037号“

抽取字段	简称	抽取结果
姓名	P	陆小果
电话	T	13812345678
省	A1	广东省
市	A2	深圳市
区	A3	南山区
详细地址	A4	深南大道9037号

图3-1 快递单信息抽取任务

3. 序列标注的应用场景

序列标注是一个比较广泛的任务，主要包括中文分词、词性标注、命名实体识别等。中文分词、词性标注和命名实体识别可以看作是中文自然语言语法层面的“三兄弟”，这三项技术密不可分。当三者都达到很高的水平时，自然语言处理系统才能拥有高性能。

（1）中文分词（Chinese Word Segmentation）

中文分词，全称为中文自动分词，就是使用程序根据句子中词的含义进行相应的切分。中文以“字”为最小单位，在分词问题中，序列节点的“词”对应为句子中的每个字。每个字最终都会打上对应的标签，最终根据标签序列来确定分词结果。分词处理的目的是用户能够根据个别词汇检索到对应的原始文本。图3-2所示为分词处理的流程，原始文字通过分词器提取到单个字或者词，单个字或词可以方便用户对原始文本进行检索。

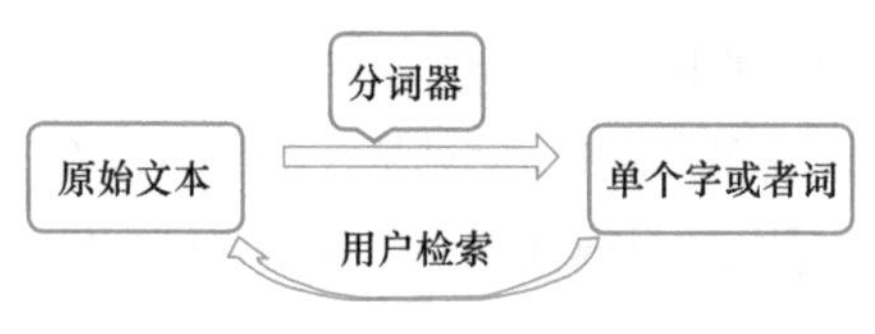

图3-2　分词处理流程

（2）词性标注（Part-of-Speech Tagging）

词性是词汇的基本语法属性。词性标注是指根据文章上下文的句意，对句子的每个词都标记一个合适的词性，可以是名词、动词、形容词等。这里的“词”对应的就是已分词的词序列中的词。词性标注也是一个对输入词串转换成相应的词性标记串的过程。

（3）命名实体识别（Named Entity Recognition，NER）

命名实体识别又称为“专名识别”，旨在识别文本中指定类别的实体。NER问题中，命名实体是识别的主体，可分为三大类或者七小类。三大类分别为：实体类、时间类和数字类。七小类分别为：人名、地名、机构名、时间、日期、货币和百分比。命名实体的确切含义需要根据具体应用来确定。

二、中文分词技术的实现

1．中文分词概念

中文分词就是将连续的字序列按照一定的规范重新组合成词序列的过程。它是中文文本处理中必要的一个操作，也是中文人机自然语言处理交互的基础模块，在英文的行文中，单词之间是以空格作为自然分界符的，而中文只是字、句和段能通过明显的分界符来简单划界，而词却没有一个形式上的分界符。虽然英文也同样存在短语的划分问题，不过在词这一层上，中文比英文要复杂得多、困难得多。

2．中文分词的技术分类

中文分词技术于20世纪80年代开始进行研究，在人机自然语言交互过程中，分词起着至关重要的作用。分词算法可分为三大类，分别是：基于字符串匹配的分词方法、基于统计的分词方法和基于理解的分词方法。

（1）基于字符串匹配的分词方法

基于字符串匹配的分词方法又叫作机械分词方法。按照词典匹配、汉语词法等其他汉语语言知识将待分析的汉字串与一个“充分大的”机器词典中的词条进行匹配，如果发现字符串和词典中的词相同，则匹配成功。按照扫描方向的不同，字符串匹配的分词方法可以分为正向匹配和逆向匹配；按照不同长度优先匹配的情况，可以分为最大（最长）匹配和最小（最短）匹配。

1）正向最大匹配法（MM法）。

正向最大匹配法的基本思路是：

① 将要切分的汉语句子从左往右取x个字符作为匹配字段，x为分词词典中最长的词条字符数。

② 查找分词词典进行匹配。若词典中存在对应长度的字词，则匹配成功，将这个匹配字段作为一个词切分出来。若匹配不成功，则将原匹配字段的最后一个字符去掉后，作为新的匹配字段，继续匹配，重复以上过程，直到切分出所有的词。

2）逆向最大匹配法（RMM法）。

逆向最大匹配的基本思路与MM法总体相同，唯一不同的是MM法分词切分的方向是从左向右，而RMM法是从右向左。每次从最右边的x个字符作为匹配字段，若匹配失败，则将原匹配字段的左边一个字符去掉后，作为新的匹配字段，继续匹配。

比如对“他从东经过我家”使用正向最大匹配法的结果为“他/从/东经/过/我/家”，使用逆向最大匹配法的结果为“他/从/东/经过/我/家”。

（2）基于统计的分词方法

统计分词是在20世纪90年代中期到2003年，引入基于语料库的统计产生的。它基于字和词的统计信息，对语料中相邻共现的各个字的组合的频度进行统计，计算它们的互现信息。这种方法只需对语料中的字组频度进行统计，不需要切分词典，因而又叫作无词典分词法或统计取词方法。

比如“北京亚运会”使用统计分词方法，可以切分出多种结果，具体如图3-3所示。

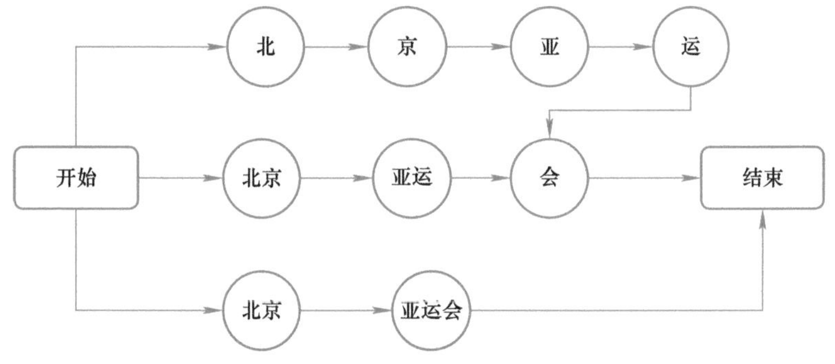

图3-3 “北京亚运会”统计分词结果

（3）基于理解的分词方法

基于理解的分词方法又称为知识分词方法，是通过让计算机模拟人对句子的理解，达到识别词的效果。其基本思想就是在分词的同时进行句法、语义分析，利用句法信息和语义信息来处理歧义现象。

它通常包括三个部分：分词子系统、句法语义子系统、总控部分。在总控部分的协调下，分词子系统可以获得有关词、句子等的句法和语义信息来对分词歧义进行判断，即它模拟了人对句子的理解过程。这种分词方法需要使用大量的语言知识和信息。由于汉语语言知识的笼统、复杂性，难以将各种语言信息组织成机器可直接读取的形式，因此目前基于理解的分词系统还处在试验阶段。

三、常见中文分词工具

在人机对话自然语言处理过程中，实现中文分词可以借助一些商用的或者开源的工具，从而有效地达到想要的效果，比如常用的中文分词工具有jieba分词、哈工大LTP、腾讯文智等，见表3-1。其中，有些工具比如jieba分词、HanLP都是开源的，同时可以支持多种语言。

表3-1　分词工具

分词服务	开源/商业	支持语言	分　　词	词性标注	命名实体类别	费　　用
HanLP	开源	Java、C++、Python	有	有	有	无
jieba分词	开源	Java、C++、Python	有	无	无	无
FudanNLP	开源	Java	有	有	有	无
LTP	开源	Java、C++、Python	有	有	有	无
THULAC	开源	Java、C++、Python	有	有	无	无
NLPIR	开源	Java	有	有	有	无
BossonNLP	商业	REST	有	有	有	免费调用
百度NLP	商业	REST	有	有	有	待定
腾讯文智	商业	REST	有	有	有	按次数/按月
阿里云NLP	商业	REST	有	有	有	按次数

（1）jieba分词工具

jieba是目前最好的Python中文分词组件，主要实现3个模块：分词、词性标注和关键词抽取。分词支持3种模式：精确模式、全模式和搜索引擎模式，同时支持繁体分词和自定义词典。

1）精确模式：将句子精确地切分。

2）全模式：将句子中可以成词的词语都提取出来，但未能解决歧义问题。

3）搜索引擎模式：在精确模式的基础上，再次切分，提高召回率。

（2）THULAC

清华大学自然语言处理与社会人文计算实验室研制推出的一套中文词法分析工具包，对其命名为THULAC，github访问地址为https://github.com/thunlp/THULAC-Python，具有词性标注和中文分词等功能，在使用过程中具有能力强、准确率高、速度快等优点。

(3)腾讯文智

腾讯文智是腾讯公司研发的使用语义分析技术实现NLP、转码、抽取、数据抓取等需求的中文分词工具。基于文智API可实现搜索、推荐、舆情、挖掘等功能。文智同时支持定制化语义分析方案。腾讯云文智中文语义平台以SDK模块的方式提供服务，多种编程语言都可以轻松使用，如图3-4所示。

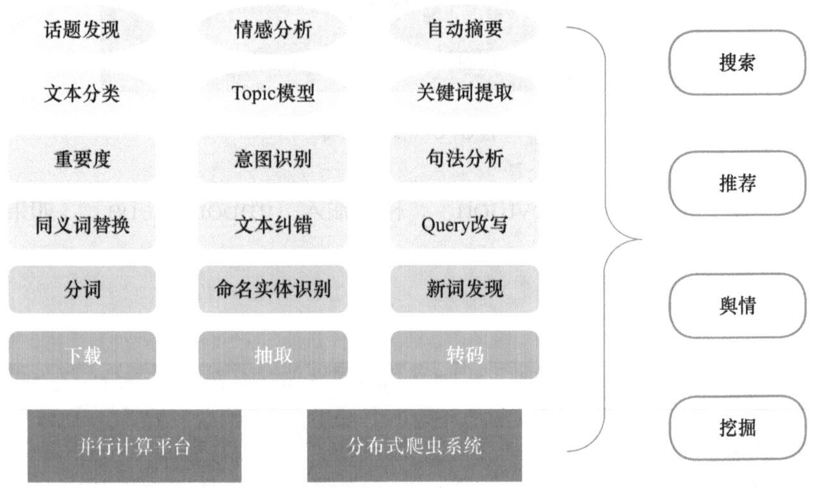

图3-4　腾讯云文智中文语义平台

四、jieba分词工具的安装与使用

1. jieba分词工具的下载与安装

在Windows系统下完成jieba分词工具的下载与安装。具体步骤如下：

第一步：按<Win+R>组合键，输入“cmd”命令并单击“确定”按钮，打开命令提示符，如图3-5所示。

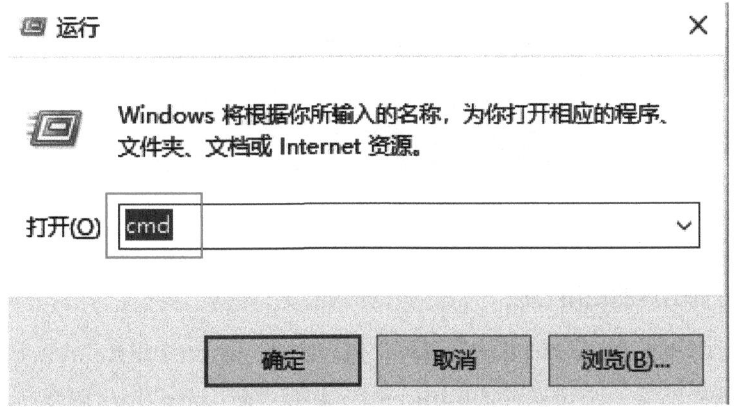

图3-5　打开命令提示符

第二步：在命令提示符中输入命令“pip install jieba”进行下载安装，如图3-6所示。

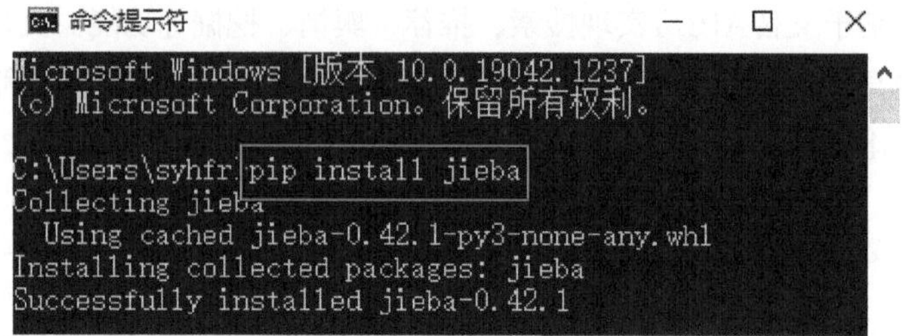

```
命令提示符
Microsoft Windows [版本 10.0.19042.1237]
(c) Microsoft Corporation。保留所有权利。

C:\Users\syhfr>pip install jieba
Collecting jieba
  Using cached jieba-0.42.1-py3-none-any.whl
Installing collected packages: jieba
Successfully installed jieba-0.42.1
```

图3-6　安装命令

第三步：安装完成后，输入“python”，接着输入“import jieba”，如果没有报错，则证明安装成功，如图3-7所示。

```
命令提示符 - python
Microsoft Windows [版本 10.0.19042.1237]
(c) Microsoft Corporation。保留所有权利。

C:\Users\syhfr>python
Python 3.8.8 (default, Apr 13 2021, 15:08:03) [MSC v.1916 64 bit (AMD64)] :: Anaconda, Inc. on win32

Warning:
This Python interpreter is in a conda environment, but the environment has
not been activated.  Libraries may fail to load.  To activate this environment
please see https://conda.io/activation

Type "help", "copyright", "credits" or "license" for more information.
>>> import jieba
>>>
```

图3-7　验证安装

第四步：通过输入命令“jieba.__version__”（version前后双下划线）查看安装的jieba工具版本，如图3-8所示，安装的版本号为0.42.1。

```
>>> import jieba
>>> jieba.__version__
'0.42.1'
>>> _
```

图3-8　安装命令

2．jieba分词工具的使用方法

常用来进行切分的jieba分词方法有四种，见表3-2。jieba.cut和jieba.cut_for_search方法所返回的结构都是一个可迭代的generator类型，而jieba.lcut以及jieba.lcut_for_search则直接返回list类型。

表3-2 jieba分词工具使用方法

方法名	参数描述	方法说明
jieba.cut (content, cut_all, HMM)	content参数：需要分词的字符串； cut_all参数：是否使用全模式，默认值为False； HMM 参数：是否使用 HMM 模型，默认值为True	对应精确模式或者全模式，返回中文文本分词后的generator变量
jieba.lcut (content, cut_all, HMM)		对应精确模式或者全模式，返回中文文本分词后的list变量
jieba.cut_for_search (content, HMM)	content参数：需要分词的字符串； HMM 参数：是否使用 HMM 模型，默认值为True	对应搜索引擎模式，返回中文文本分词后的list变量
jieba.lcut_for_search (content, HMM)		对应搜索引擎模式，返回中文文本分词后的generator变量

示例：使用三种模式对以下代码进行分词并显示分词结果。

```
import jieba #导入jieba库
seg = jieba.cut（"我正在学习人机对话智能系统开发中级教材", cut_all=False）
#使用精确模式，返回generator变量
print("【精确模式】：" + "/ ".join(seg)) #使用‘/’进行切分操作
seg = jieba.cut("我正在学习人机对话智能系统开发中级教材", cut_all=True)
#使用全模式，返回generator变量
print（"【全模式】：" + "/ ".join(seg))
seg = jieba.cut_for_search("我正在学习人机对话智能系统开发中级教材")
#使用搜索引擎模式，返回generator变量
print("【搜索引擎模式】：" + "/ ".join(seg))
```

输出结果如图3-9所示。

```
【精确模式】：我/ 正在/ 学习/ 人机对话/ 智能/ 系统/ 开发/ 中级/ 教材
【全模式】：我/ 正在/ 学习/ 人机/ 人机对话/ 对话/ 智能/ 系统/ 开发/ 中级/ 教材
【搜索引擎模式】：我/ 正在/ 学习/ 人机/ 对话/ 人机对话/ 智能/ 系统/ 开发/ 中级/
教材
>>>
```

图3-9 输出结果

任务实施

第一步：导入相关的库——re库（用来简洁表达一组字符串特征的表达式）。代码如下：

```
import re
```

第二步：打开原始语料数据。首先打开“人机对话智能系统.txt”文件，并进行读和编码

操作，最后将解码后的内容输出，代码如下：

```
with open('人机对话智能系统.txt',encoding='UTF-8') as f:
#打开"人机对话智能系统.txt"文件
text = f.read().encode()#进行读取和编码操作
print(type(text))#打印此时text
text1 = text.decode('utf-8')#进行解码操作
print(type(text1))#打印解码后的text1
```

第三步：创建停用词列表stopwords，使用“line.strip() for line”将循环结果存储到列表stopwords中，代码如下：

```
def stopwdslist(filepath):#自定义函数
stopwords = [line.strip() for line in open(filepath,'r',encoding='utf-8').readlines()]
      #"r"以只读方式打开文件，文件指针会放在文件开头
return stopwords#返回列表
```

第四步：创建函数movestopwds实现对句子去除停用词的功能，“停用词”是指在处理文本数据时自动过滤掉的某些字或者词，“停用词文本.txt”则是常用停用词集合的txt文件。使用for循环和if条件语句对句子进行检索，去除句子中的停用词，代码如下：

```
def movestopwds(sentence):
stopwords = stopwdslist('停用词文本.txt')#调用"stopwdslist"函数加载停用词的路径
outstr = ' '
for word in sentence:
 if word not in stopwords:
               if word != '\t' and '\n':
outstr +=word
return  outstr
```

第五步：执行去除停用词操作。完成去除停用词的2个函数的创建后，调用“movestopwds”函数，代码如下：

```
listcontent = movestopwds(text1)
print("去除停用词后：",listcontent)
listcontent = listcontent.replace(" "," ").replace(" "," ")#使用新内容替换旧内容
```

第六步：使用中文正则表达式过滤非中文的字符，匹配后将列表转换为字符串形式，代码如下：

```
pattern="[\u4e00-\u9fa5]+"#中文的正则表达式
regex = re.compile(pattern)#生成正则对象
results = regex.findall(listcontent)#匹配
listtostr = " ".join(results) #将list转换为str
```

运行结果如图3-10所示。

```
<class 'bytes'>
<class 'str'>
去除停用词后：  早期编程语言送进编译器处理前须先流程图撰写表格卡时需IDE天IDE渐渐成程序开
 发工具集成开发环境IDEIntegrated Development Environment 包括代码编辑器编译器调试
 器图形户界面开发关实工具软件开发工作提供高效率Python非开发环境Python官网站提供IDLE开发
 环境外PyCharmwingIDESpyderjupyter notebookvs code介绍目前IDEIDLE Python 程
 序IDE具备基开发环境功简洁IDE安装PythonIDLE动安装现开始菜栏中行代码直接结果输入行代码时
 需新建文件保存运行相繁琐IDLE界面图示PyCharmJetBrains造目前流行款Python IDE拥般IDE
 具备功调试语法高亮代码跳转智提示动完成版控制PyCharm官网提供社区版汉化包非适合学学习编程
 书选开发工具PyCharm软件占资源硬件配置相高图示PyCharm界面


Process finished with exit code 0
```

图3-10 运行结果

任务2 实现词性标注技术

任务描述

经过任务1的学习，我们对NLP技术有了初步的了解。为了满足自然语言处理的一般任务，仅仅中文分词是不够的，因此还需要对NLP进行更多的学习。本任务将学习NLP中的词性标注技术和隐马尔科夫模型的相关内容，并通过代码完成词性标注和词频统计。

任务目标

通过本任务的学习，应对词性标注技术有初步的了解，对词性标注的标准和隐马尔科夫模型的应用有一定的认识，并能够在任务1的基础上实现词性标注和词频统计。

任务分析

实现词性标注和词频统计的思路如下：

第一步：导入相关的库（csv库、xlwt库、jieba库、collections库）。

第二步：使用jieba分词工具进行词性标注。

第三步：结合for循环和if...else条件语句进行词频统计。

第四步：对数据进行二次整合，写入Excel文档。

知识准备

一、词性标注

1．词性标注的概念

词性标注是指将语料库内单词的词性按其含义和上下文内容进行词性标记的文本数据处理技术。换句话说，词性标注是给每一个词赋予一个类别，词性可以是名词（noun）、动词（verb）、形容词（adj.）和副词（adv.）等。词性标注是一个典型的系列标注问题。

比如输入一个“我学人机对话知识”并对其进行标注，词性标注结果为：我/名词学/动词人机对话/形容词知识/名词，标注过程如图3-11所示。

如：　输入：我 学 人机对话 知识

输出：N　V　　A　　N

词性标注结果：我/N　学/V　人机对话/A　知识/N

图3-11　“我学人机对话知识”标注过程

以图3-12为例进行分析，图中为英文词性标注过程。进行标注前，首先将“Bobmadea book collector happy the other day”进行分词，分词结果为主语“Bob”、谓语动词“made”、宾语“a book collector”、动词修饰符“happy”和“the other day”。对于单个词语直接进行标注，还未分成单词的短语还需要进一步分词才能进行标注。最终的结果为：Bob-名词、made-动词、a-冠词、book-形容词、collector-名词、happy-副词、the-冠词、other-形容词、day-名词。

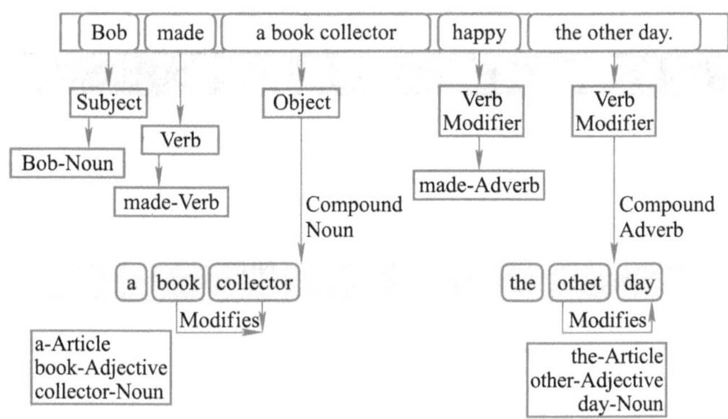

图3-12　英文词性标注过程

2．词性标注的标准

在对词性进行标注的过程中也面临一些棘手的问题，比如中文缺乏词的形态特征变化、单个词的词性多重、标准不统一等，所以在标注过程中需要参考一些标注集，较为常见的标准有两种，一种是美国宾州大学开发的宾州词性标注集，另一种是中科院与北京大学开发的一套词性标注集。

北大词性标注集是由中科院计算所的汉语词法分析器根据北大《人民日报》语料库进行参数训练而形成的，严格按照人民日报的版序、文章结构等进行编排。目前的标记集里有26个基本词类标记，并且增加了专有名词。宾州词性标注集的标注信息主要包括连接词的论元结构、语义区分信息以及连接词和论元的修饰关系特征(tibitionorelated features)等。表3-3和表3-4给出了北大词性标注集和宾州词性标注集。

表3-3　北大词性标注集

词性编码	词性名称	词性编码	词性名称
Ag	形语素	ns	地名
a	形容词	nt	机构团体
ad	副形词	nz	其他专名
an	名形词	o	拟声词
b	区别词	p	介词
c	连词	q	量词
Dg	副语素	r	代词
d	副词	s	处所词
e	叹词	Tg	时语素
f	方位词	t	时间词
g	语素	u	助词
h	前接成分	Vg	动语素
i	成语	v	动词
j	简称略语	vd	副动词
k	后缀	vn	名动词
l	习用语	w	标点符号
m	数词	x	非语素字
Ng	名语素	y	语气词
n	名词	z	状态词
nr	人名	un	未知词

表3-4　宾州词性标注集

词性编码	词性名称	词性编码	词性名称
AD	副词	M	量词
AS	体态词	MSP	其他结构助词
BA	“把”“将”	NN	普通名词
CC	并列连词 “和”“与”“或”	NR	专有名词
CD	数词	NT	时间名词
CS	从属连词	OD	序数词
DEC	标句词“的”	ON	拟声词
DEG	联结词“的”	P	介词
DER	结果补语“得”	PN	代词
DEV	方式状语“地”	PU	标点
DT	限定词“这”	SB	“被，给”
ETC	“等”“等等”	SP	句尾助词，“吗”
FW	外语词“ISO”	VA	表语形容词
IJ	感叹词	VC	系动词
JJ	其他名词修饰语	VE	“有”
LB	“被”“给”	VV	其他动词
LC	定位词		

下面通过一个案例体会一下参考北大标注集进行词性标注的结果。该示例的标注结果为：“我”/r、“正在”/t、“学习”/v、“词性”/n、“标注”/v、“。”/x。

示例：使用北大词性标注集进行标注：

```
import jieba.posseg as pseg
words = pseg.cut("我正在学习词性标注。")
for word,flag in words:
    print('%s,%s'%(word,flag))
```

输出结果如图3-13所示。

```
======
Building prefix dict from the default dictionary ...
Loading model from cache C:\Users\Donald\AppData\Local\Temp\jieba.cache
Loading model cost 0.485 seconds.
Prefix dict has been built successfully.
我,r
正在,t
学习,v
词性,n
标注,v
。,x
>>>
```

图3-13　运行结果

3. 词性标注的常用方法

关于词性标注方法的研究较多，常用的有四种，分别是基于规则的词性标注方法、基于统计模型的词性标注方法、基于统计方法与规则方法相结合的词性标注方法和基于深度学习的词性标注方法等，如图3-14所示。

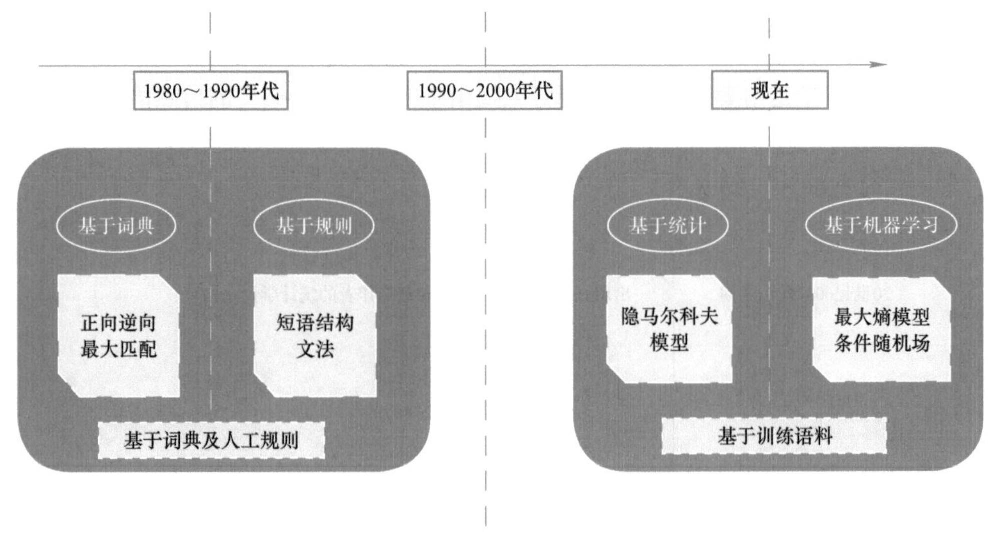

图3-14 四种常用方法

（1）基于规则的词性标注方法

人们早期提出了基于规则的词性标注方法。它的基本思想是根据并发词与语境的搭配关系构建词类消歧规则。早期的词性标注规则一般都是人工构建的。随着标注语料库规模的不断扩大，可用资源也越来越多。此时手动提取规则显然是不现实的，为此提出了一种基于机器学习的规则自动提取方法。

（2）基于统计模型的词性标注方法

统计方法认为词性标注是一个顺序标注问题。其基本思想是，下一个单词最有可能的词性可以通过给出一个带有各自标记的单词序列来确定。现在已经有了一些统计模型，比如隐马尔可夫模型（HMM）和条件随机场（CRF），这些模型可以用带有标记数据的大型语料库进行训练——在这些语料库中，每个单词都被分配到语音标记的正确部分。

（3）基于统计方法与规则方法相结合的词性标注方法

在自然语言处理领域，理性主义与经验主义的结合一直是一个难题。这种方法的主要特点是统计注释结果的筛选。只有当标注结果可疑时，才会使用规则方法来解决歧义。统计方法和基于规则的方法的结合并不适用于所有情况。

（4）基于深度学习的词性标注方法

随着深度学习的迅速兴起，语料库已经成为神经网络有效运行的基础。然而，在自然语言处理领域，部分词性标注是完成自然语言处理任务的基本环节，其准确性与后续任务的表现有很大关系。语料库中词性标注的正确率越高、语料库规模越大，神经网络模型的性能越好。因此，它的发展在我国科学技术的进步中起着至关重要的作用。

二、基于隐马尔可夫模型的词性标注技术

1. 隐马尔可夫模型简介

隐马尔可夫模型是由美国数学家鲍姆等人提出来的，是一种典型的自然语言中处理标注问题的统计机器学模型，在语音识别、自然语言处理和生物信息科学等领域都有广泛的应用，HMM的发展简史如图3-15所示。

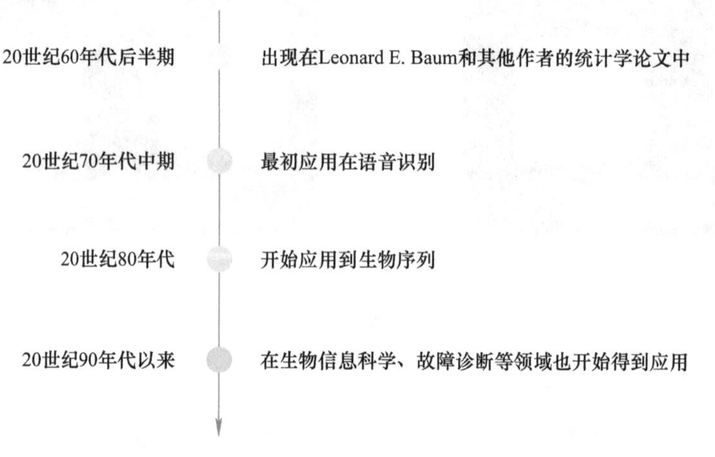

图3-15　HMM的发展简史

HMM是一种统计模型，它将隐状态序列的变形作为一个马尔可夫链，用来描述具有隐藏未知参数的马尔可夫过程。其状态不能直接观测到，但可以通过观测向量序列进行观测，每个观测向量由各状态的某种概率密度分布表示，每个观测向量由相应的状态序列的概率密度分布生成。因此，隐马尔可夫模型是一个双重随机过程——具有一定状态数的隐马尔可夫链和一组显示随机函数。HMM模型状态变迁图如图3-16所示。

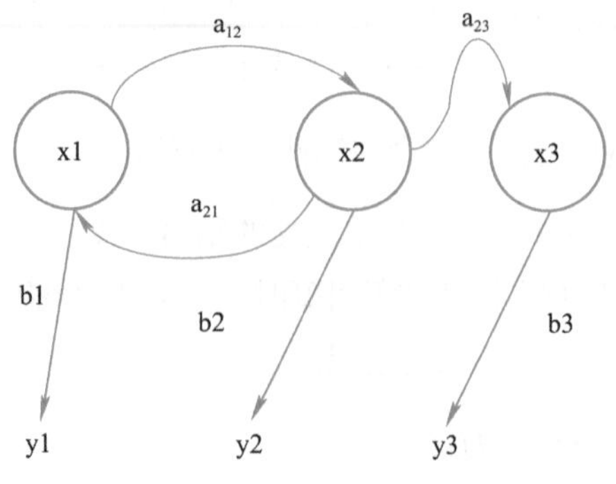

图3-16　HMM模型状态变迁图

图中x1～x3表示三个不同的隐含状态，y1～y3表示三个不同的可观察的输出，a为转移概率，例如a_{12}表示x1转换为x2的概率；b为输出概率，例如b1表示x1输出为y1的概率。以天气和人们出行方式的变化为例来说明HMM模型的应用，如图3-17所示。

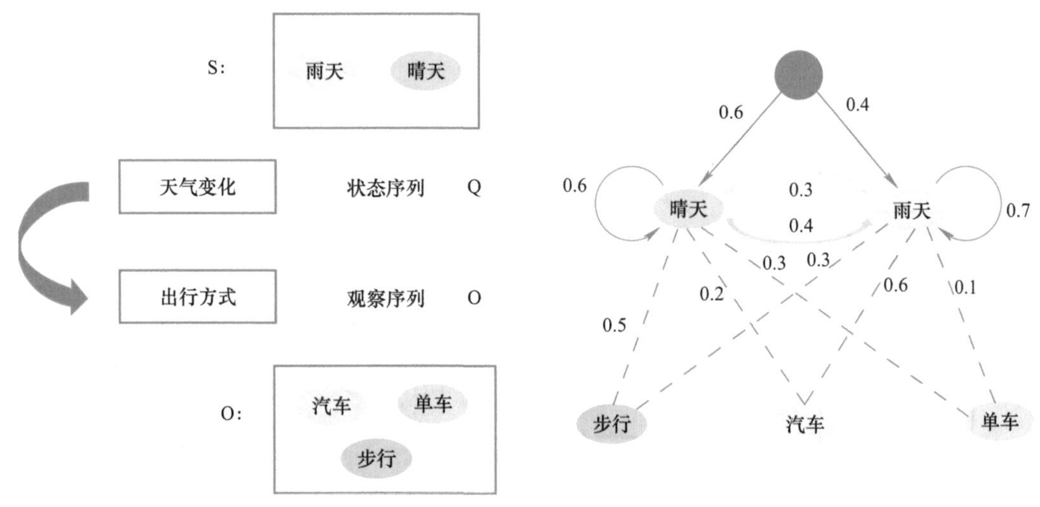

图3-17 HMM模型应用

由图可知，状态序列与观察序列是相关联的，观察序列O的变化由状态序列Q的变化引起。以上就是一个简单的HMM应用模型，天气变化的状况属于状态序列Q，而出行方式的选择则属于观察序列O。根据天气的不同，有相应的概率选择不同的出行方式。晴天，人们选择步行、汽车和单车的概率分别是0.5、0.2、0.3；雨天，人们选择步行、汽车和单车的概率分别是0.3、0.6、0.1。

天气状况的转换情况为：第一天晴天的概率是0.6，雨天的概率是0.4。第一天晴天、第二天依然晴天的概率是0.6，转换成雨天的概率是0.4；第一天下雨，则第二天依然下雨的概率是0.7，转换成晴天的概率是0.3。

2. 隐马尔可夫模型应用

隐马尔可夫模型是专门处理语音和语言问题的统计模型。实际生活中，手机的智能助手、对话机器人、智能屏等都体现了语音识别功能带来的智能和便捷。对于语音识别，首先需要建立字符串和语音一一对应的数据库，在数据库的基础上使用隐马尔可夫模型，对模型进行训练之后再将其应用到识别之中。

HMM除了在语音识别中有着成功的应用，在通信模型、机器翻译和自动纠错中也有着强大的表现。

（1）通信模型

通信模型的原理其实就是通信系统中的解码问题——根据接收到的信号推测出发送的信号。常用的导航系统就是靠着这样的原理进行着与卫星的交流。图3-18就是导航与人造卫星的通信系统。

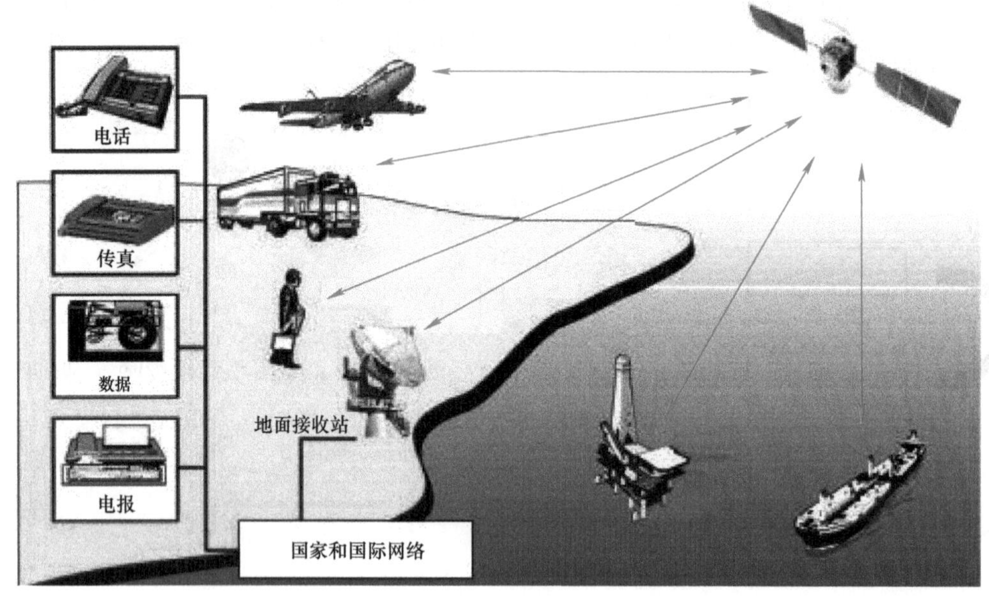

图3-18 通信系统

（2）机器翻译

生活中也不乏出现各种各样的翻译软件，图3-19所示就是一个翻译软件界面的示意图。当输入需要进行翻译的英文“I'm learning human-computer dialogue”，翻译软件就会根据接收到的英文信息，推测出这句话的汉语意思是“我在学习人机对话”，并且展示出来，完成机器翻译。

图3-19 翻译软件界面

（3）自动纠错

在使用即时通信工具时，一定离不开输入法软件，图3-20为微软拼音输入法自动纠错的示意图。从图中可以看到发送者打出了“ni’hjai’hao”，输入法根据拼写有误的语句进行推测，并给出了几种答案：“你还好”“你回家”和“你好久”，并把最可能正确的答案“你还好”放在了第一个的位置。如果刚好发送者确实多打了一个字母“j”，就省去了撤回并重新输入的麻烦，这就体现了自动纠错的智能和便捷。

ni'hjai'hao
1 你还好　2 你回家　3 你好久

图3–20　微软拼音输入法自动纠错

第一步：分析任务。

任务2要在任务1的基础上进行，即对任务1输出的去除停用词后的结果进行词性标注和词频统计的操作。

第二步：导入相关的库。

除了用到re库以外，还要用到csv库（用来以csv格式读取和写入表格数据）、xlwt库（用来写入Excel表）、jieba库（提供Python中文分词组件）和collections库（用来提供集合），代码如下：

```
import csv
import  xlwt
import jieba
import jieba.posseg as pseg
from jieba import analyse
from collections import Counter
```

第三步：使用jieba分词工具完成词性标注，代码如下：

```
words = pseg.cut(listtostr)#调用jieba分词工具进行切分
word_lst = []#初始化
for w in words:打印分词后的结果
word_lst.append(w)
      print(w)
```

第四步：结合for循环和if条件语句，移除结果中的空格，代码如下：

```
n = -1
for (k,v) in word_lst:#"k"和"v"分别代表字典中的"key（键）"和"value（值）"
    n+=1
    if k is ' ':
word_lst.remove(word_lst[n])
```

第五步：结合for循环和if…else条件语句统计词出现的频率，代码如下：

```
word_dict1 = {}#初始化字典
for item in word_lst:#for循环遍历word_lst
    if item not in word_dict1: #利用条件语句统计数量
        word_dict1[item] = 1
    else:
        word_dict1[item] += 1
key = list(word_dict1.keys())
value1 = list(word_dict1.values())
```

第六步：对数据进行二次整合处理，准备写入Excel文档，代码如下：

```
list_words = []
list_cixing = []
n = -1
for (k,v) in key:#进行第二次遍历
    n+=1
list_words.append(k)#将"k"值添加到"list_words"中
list_cixing.append(v) #将"v"值添加到"list_cixing"中
row_list = len(list_words)
print(word_dict1)#打印词性标注结果
print(value1)#打印词频统计结果
```

第七步：将数据写入新的Excel文件，代码如下：

```
workbook = xlwt.Workbook(encoding='utf-8') #调用xlwt库创建Excel文件
sheet1 = workbook.add_sheet(r'sheet1',cell_overwrite_ok=True) #创建sheet1
for row in range(row_list): #写入单元格
    for Column in range(3):#单元格分3列
        if Column == 0:
            sheet1.write(row,Column,list_words[row])#第一列是分词结果
elif Column == 1:
            sheet1.write(row,Column,list_cixing[row])#第二列是词性标注结果
        else:
            sheet1.write(row,Column,value1[row])#第三列是词频统计结果
workbook.save('词性标注Result.xls')#保存
```

运行结果如图3-21～图3-24所示。

```
<class 'generator'>
Building prefix dict from the default dictionary ...
Loading model from cache C:\Users\syhfr\AppData\Local\Temp\jieba.cache
早期/t
编程语言/n
送/v
进/v
编译器/n
处理/v
前/f
须/d
先/d
流程图/n
撰写/v
表格/n
卡/n
时/ng
需/v
```

图3-21　分词与标注结果截取

```
{pair('早期', 't'): 1, pair('编程语言', 'n'): 1, pair('送', 'v'): 1, pair('进',
 'v'): 1, pair('编译器', 'n'): 2, pair('处理', 'v'): 1, pair('前', 'f'): 1, pair('
须', 'd'): 1, pair('先', 'd'): 1, pair('流程图', 'n'): 1, pair('撰写', 'v'): 1,
pair('表格', 'n'): 1, pair('卡', 'n'): 1, pair('时', 'ng'): 1, pair('需', 'v'): 1,
 pair('天', 'q'): 1, pair('渐渐', 'd'): 1, pair('成', 'n'): 1, pair('程序', 'n'):
2, pair('开发工具', 'l'): 2, pair('集成', 'v'): 1, pair('开发', 'v'): 6, pair('环境
', 'n'): 4, pair('包括', 'v'): 1, pair('代码', 'n'): 4, pair('编辑器', 'n'): 1,
pair('调试器', 'n'): 1, pair('图形', 'n'): 1, pair('户', 'q'): 1, pair('界面',
'n'): 3, pair('关实', 'n'): 1, pair('工具软件', 'l'): 1, pair('工作', 'vn'): 1,
pair('提供', 'v'): 3, pair('高效率', 'n'): 1, pair('非', 'h'): 2, pair('官', 'n'):
 1, pair('网站', 'n'): 1, pair('外', 'f'): 1, pair('介绍', 'v'): 1, pair('目前',
't'): 2, pair('具备', 'v'): 2, pair('基', 'a'): 1, pair('功', 'n'): 2, pair('简洁
', 'a'): 1, pair('安装', 'v'): 2, pair('动', 'v'): 2, pair('现', 'tg'): 1, pair('
开始', 'v'): 1, pair('菜栏', 'n'): 1, pair('中行', 'j'): 1, pair('直接', 'ad'): 1,
pair('结果', 'n'): 1, pair('输入', 'v'): 1, pair('行', 'zg'): 1, pair('时需',
'n'): 1, pair('新建', 'ns'): 1, pair('文件', 'n'): 1, pair('保存', 'v'): 1, pair('
运行', 'v'): 1, pair('相', 'v'): 1, pair('繁琐', 'a'): 1, pair('图示', 'n'): 2,
pair('造', 'v'): 1, pair('流行', 'v'): 1, pair('款', 'm'): 1, pair('拥般', 'a'):
1, pair('调试', 'vn'): 1, pair('语法', 'n'): 1, pair('高亮', 'nr'): 1, pair('跳转',
 'v'): 1, pair('智', 'ng'): 1, pair('提示', 'v'): 1, pair('完成', 'v'): 1, pair('
```

图3-22　词性标注结果截取

```
['t', 'n', 'v', 'v', 'n', 'v', 'f', 'd', 'd', 'n', 'v', 'n', 'n', 'ng', 'v', 'q',
 'd', 'n', 'n', 'l', 'v', 'v', 'n', 'v', 'n', 'n', 'n', 'n', 'q', 'n', 'n', 'l',
 'vn', 'v', 'n', 'h', 'n', 'n', 'f', 'v', 't', 'v', 'a', 'n', 'a', 'v', 'v',
 'tg', 'v', 'n', 'j', 'ad', 'n', 'v', 'zg', 'n', 'ns', 'n', 'v', 'v', 'v', 'a',
 'n', 'v', 'v', 'm', 'a', 'vn', 'n', 'nr', 'v', 'ng', 'v', 'v', 'n', 'v', 'n',
 'n', 'nz', 'v', 'n', 'n', 'n', 'v', 'n', 'v', 'n', 'n', 'v', 'v']
[1, 1, 1, 1, 2, 1, 1, 1, 1, 1, 1, 1, 1, 1, 1, 1, 1, 1, 2, 2, 1, 6, 4, 1, 4, 1, 1,
 1, 1, 3, 1, 1, 1, 3, 1, 2, 1, 1, 1, 1, 2, 2, 1, 2, 1, 2, 2, 1, 1, 1, 1, 1, 1,
 1, 1, 1, 1, 1, 1, 1, 1, 1, 2, 1, 1, 1, 1, 1, 1, 1, 1, 1, 1, 1, 2, 1, 1, 1, 1, 1,
 1, 1, 1, 1, 1, 1, 1, 1, 1, 1]

Process finished with exit code 0
```

图3-23　词频统计结果

	A	B	C
1	早期	t	1
2	编程语言	n	1
3	送	v	1
4	进	v	1
5	编译器	n	2
6	处理	v	1
7	前	f	1
8	须	d	1
9	先	d	1
10	流程图	n	1
11	撰写	v	1
12	表格	n	1
13	卡	n	1
14	时	ng	1
15	需	v	1
16	天	q	1
17	渐渐	d	1

图3-24　词性标注Result.xls文件示意图

任务3　实现命名实体识别技术

任务描述

经过前两个任务的学习，我们对NLP技术已经有了一定基础。本任务将详细介绍命名实体识别技术和条件随机场模型的相关内容。通过讲解概念和常用方法等来介绍命名实体识别技术，然后通过模型讲解和场景应用来学习条件随机场模型，最后结合相关工具的使用，实现中文命名实体识别的输出。

任务目标

通过本任务的学习，应对命名实体识别和条件随机场模型有初步的了解，对NLP技术有大概的认识，能够完成相关工具的下载安装与使用，并能够使用Python完成中文命名实体识别。

任务分析

实现中文命名实体识别的思路如下：

第一步：下载安装JDK 1.8。

第二步：下载并导入Stanford CoreNLP工具包。

第三步：调用CoreNLP中文语料包，打印命名实体识别结果。

知识准备

一、命名实体识别

1．命名实体识别的概念

命名实体识别（Named-Entity Recognition，NER）是自然语言处理中的承载信息单位，旨在从文本中识别出特定的实体，即将文本中的词分类为预先定义好的类别。命名实体是NER的主要研究主体，一般指具有特定意义的实体，具体包括七小类（人名、地名、机构名、时间、日期、货币和百分比）和待处理文本中三大类（实体类、时间类和数字类）命名实体。命名实体识别的发展简史如图3-25所示。

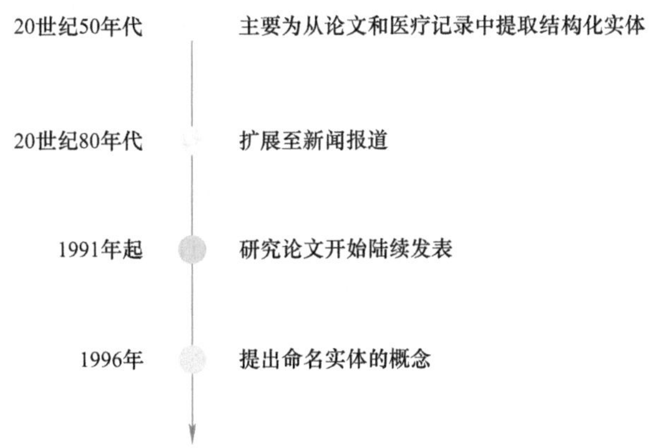
20世纪50年代
主要为从论文和医疗记录中提取结构化实体
20世纪80年代
扩展至新闻报道
1991年起
研究论文开始陆续发表
1996年
提出命名实体的概念

图3-25　命名实体识别发展简史

命名实体识别通常是先将整个句子进行分词，再对每个单词进行标注，最后根据学习到的规则对词进行识别。这项任务的关键在于对未登录词的识别。一般通过以下两个方面判断一个实体是否被正确识别：一方面是是否能够准确划分出实体的边界；另一方面是是否可以正确地判断出实体的标注类型。错误类型一般分为以下两种：一是文本正确但实体类型错误；二是文本边界错误，实体类型标注正确。

NER的应用场景主要包括知识图谱、文本理解、对话意图理解和舆情分析等。近年来，随着自然语言处理（NLP）的发展和现代汉语的更新，人们也越来越重视命名实体识别的重要性。然而由于中文的多样性且没有可以将其划分开的明显标注，导致在对中文进行命名实体识别时会遇到不小的挑战，比如标注语料与中文新词的不同步和还未解决的歧义问题等。

2．命名实体识别技术的常用方法

命名实体识别的主要技术方法分为：基于规则和词典的方法、基于统计的方法和基于深度学习的方法等，且以上学习方法可以相互融合使用。

（1）基于规则和词典的方法

基于规则和词典的方法主要采用规则模板，选用统计信息、标点符号、关键字、方向词和中心词等特征方法，通过模式和字符串匹配来实现命名实体识别。当采用的规则模板能准确地反映语言现象时，基于规则的方法能够有更好的性能释放。但是基于规则和词典的方法也有如下几个缺点：

1）系统依赖知识库和词典的建立。

2）规则依赖具体语言、领域和文本内容。

3）系统可移植性存在一定的限制。

4）系统实现代价高，建设周期长。

（2）基于统计的方法

2004年人们提出了基于统计的NER方法。该方法先将文本分成若干个短句子，然后通过统计算法生成初始数据集，最后进行实体的筛选。根据机器学习方法的不同，基于统计的学习方法可以分为有监督的学习、半监督的学习和无监督的学习。其中，有监督的学习方法包括隐马尔可夫模型（HMM）、最大熵（ME）、支持向量机（SVM）、条件随机场（CRF）等。

基于统计的方法是基于文本自身的用词特点进行统计分析，不需要建立专业领域的大规模语料库，但需要从文本中选择对任务有影响的各种特征，且对特征选取的要求较高。有关特征包括单词特征、上下文特征、词典及词性特征、停用词特征、核心词特征以及语义特征等。

（3）基于深度学习的方法

随着机器学习领域越来越深入的发展，深度学习模型也逐渐运用到命名实体识别当中。基于神经网络模型的NER方法，模型可以自学习特征，省去了大量的人工标注时间。在只使用词向量的情况下就能有一个不错的效果，且使用词向量来表示词语的方法还解决了很多问题，同时扩展了更多的语义信息，再结合高质量词典特征性能可以得到进一步提高。目前主要的模型有CNN-CRF、RNN-CRF和LSTM-CRF等。

二、基于条件随机场模型的命名实体识别技术

1．条件随机场模型简介

图（Graph）是连接节点（Node）和边（Edge）的集合，可以分为有向图和无向图。无向图指边没有方向的图，即每一条边都是无方向的，如图3-26所示。

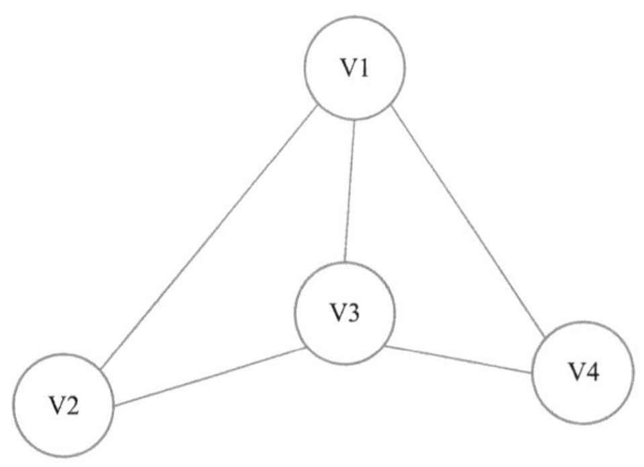

图3-26 无向图

条件随机场（CRF）于2001年被提出，是一种用于分割和标记有序数据的判别式概率无向图模型，它在给定观察序列的前提下，计算整个标注序列的概率，其发展背景如图3-27所示。

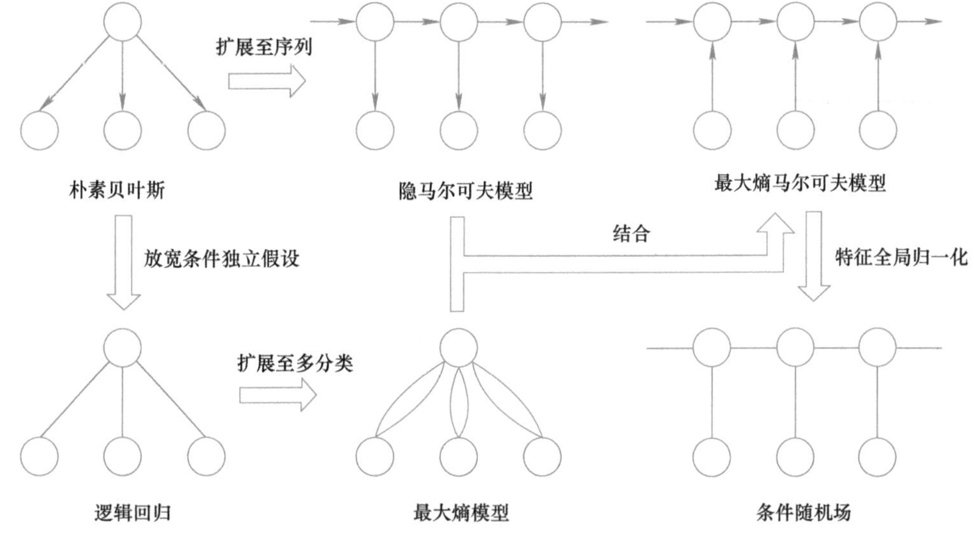

图3-27 CRF发展背景

该模型克服了HMM的观测独立性假设，并结合最大熵模型（MEM）和隐马尔可夫模型（HMM）的特点，没有严格的独立性假设条件，且通过将输入特征全局归一化，可以从大量的学习文档集中标记和识别出有用的信息，模型通过将所有特征进行全局归一化来得到最优解。近年来CRF在中文分词、词性标注和命名实体识别等序列标注任务中都取得了很好的效果。

2．条件随机场模型应用

（1）实体识别与术语检测

实体识别与术语检测是从输入的文本数据中识别出特定的实体、行为或检测出相关术语的过程。在大数据时代，准确的识别和检测能够有效地帮助人们获取有用的信息。图3-28所示为腾讯AI用于识别和检测的安全矩阵图。实际应用中，文本信息的识别与检测需要对输入数据建立远程依赖关系，构建全局性特征以获得最优识别效果，而CRF优秀的建模能力能有效地解决此问题，使得该模型广泛应用于各个领域，如机构名识别、社交媒体命名实体识别、身份识别和行为数据识别等。

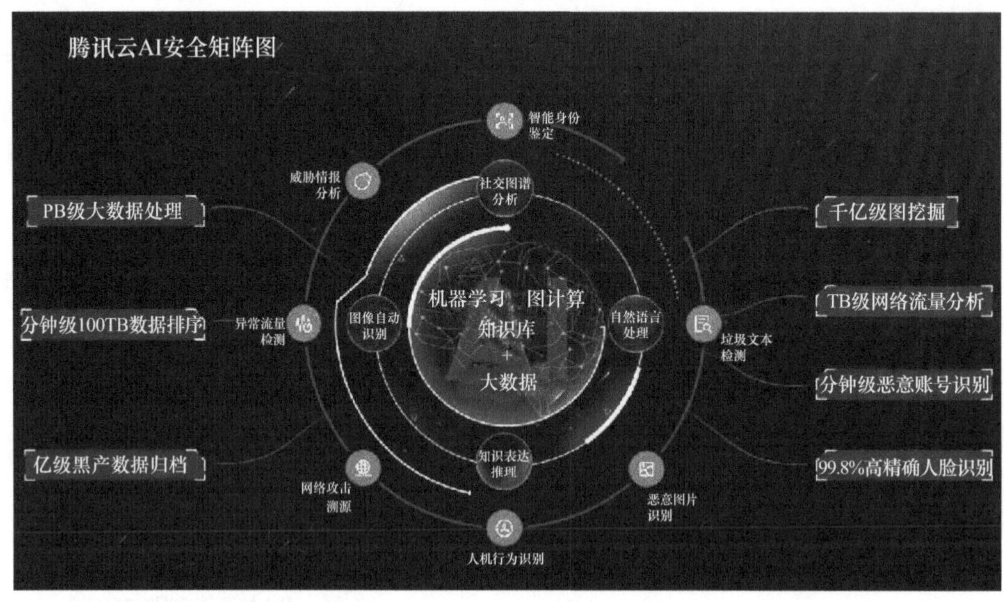

图3-28　腾讯云AI安全矩阵图

根据行为数据识别、检测用户的兴趣和意图对企业产品改进具有很大的参考价值，应用CRF模型检测用户对系统的潜在意图，当用户对现有系统不满意时，通过比较用户行为与已知行为模式的不同来检测与发现新需求，可以有效推动软件服务的发展与演进。软件对网络流量的行为识别与检测如图3-29所示。

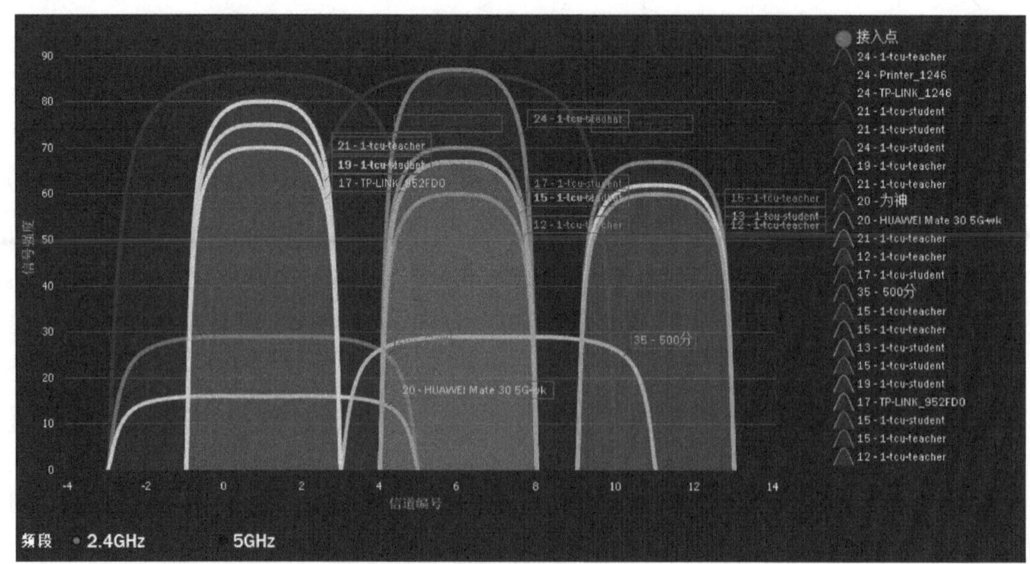

图3-29　网络流量行为识别

（2）基于句子信息的识别和提取

基于句子信息的识别与提取是指通过语句分析识别出事件类型或从文本语句中提取出关系、概念和事件的过程。CRF模型能够准确地提取出句子中有价值的信息，通过有监督或半监督学习的方式对句子中的关系、概念和事件进行识别和提取，在相关研究领域获得了广泛的应用，具体体现在网络用户信息提取、用户活动识别、对话行为识别、中文事件抽取和句子类型提取等。

机器翻译是自然语言处理中最常见的应用领域之一，CRF模型可以将待翻译句子中的单词序列分割成短语，通过生成良好的模板匹配语句模型，实现更高质量的翻译。网页机器翻译如图3-30所示。

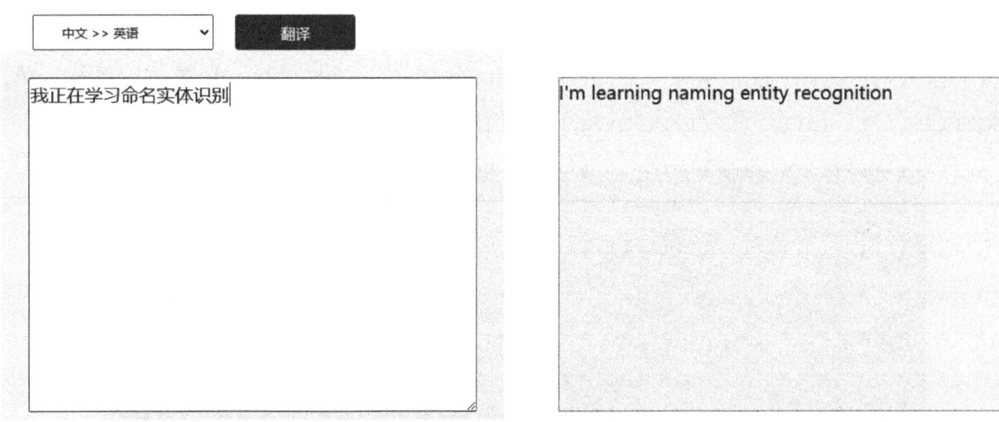

图3-30　网页机器翻译

（3）基于篇章结构的应用

基于篇章结构的应用指的是从文本中梳理出文章结构与整合文章信息。CRF模型能够利用大量的数据和有效的训练算法进行建模，通过有监督学习实现对文本篇章结构和内容的梳理与整合，具体实现包括学术文献的结构功能识别、篇章主次关系分析和检测报告信息提取等。

完成文章的结构梳理后，对文章的操作就会有更多可能性，比如音频与文本的匹配，使用不同的CRF模型可以兼顾精度与复杂度，利用局部声音和速度等特征实现从音频到文本的同步，图3-31为音频同步文本的学习软件界面。

Right – but the movie was based on a fairy tale written by Hans Christian Andersen.
没错，但这部电影是以安徒生写的童话为基础的。

It became so famous that a statue of the Little Mermaid was built in the harbour of Andersen's birthplace – but where?
它变得如此著名，以至于在安徒生出生地的港口建起了一尊小美人鱼的雕像——但在哪里呢?

Was it: a) Amsterdam, b) Copenhagen, or c) Oslo?
是：a）阿姆斯特丹，b）哥本哈根，还是c）奥斯陆?

I'm going to say b) Copenhagen.
我说是c）哥本哈根。

OK, Georgina, I'll tell you the answer later.

01:35　04:42

图3-31　音频同步文本的学习软件界面

任务实施

第一步：分析任务。

本任务实现中文命名实体识别主要用到的是Stanford CoreNLP工具包。Stanford CoreNLP是由斯坦福大学开发的一套自然语言处理工具包，使用户能够为文本导出语言注释，包括分词、词性标注、命名实体、引用属性和关系等。Stanford CoreNLP目前支持6种语言：阿拉伯语、中文、英语、法语、德语和西班牙语。

只需下载和导入工具包即可使用，借助工具包中的中文模型实现中文命名实体识别。由于Stanford CoreNLP工具包是基于JAVA语言开发的，因此还需要下载安装JDK指定版本。

第二步：下载与安装JDK 1.8。

1）输入网址“https://www.oracle.com/java/”，进入Oracle数据库系统，单击“Products”→“Java”命令进入Java的下载页面，如图3-32所示。

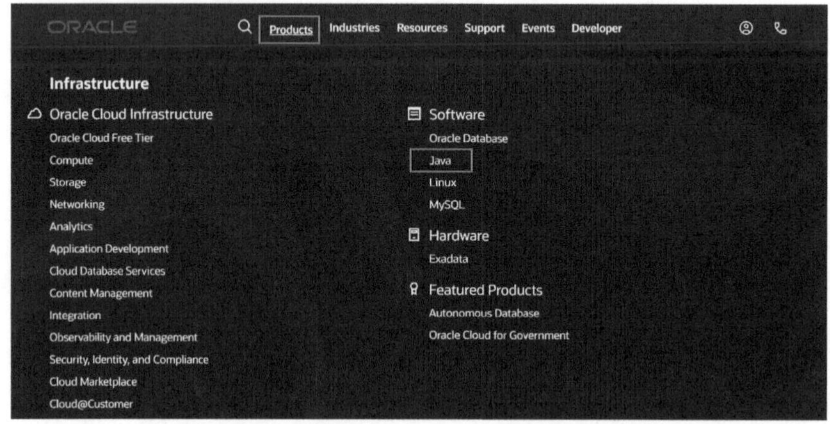

图3-32 Oracle数据库系统页面

2）单击“Download Java”按钮进入JDK 1.8的下载页面，如图3-33所示。

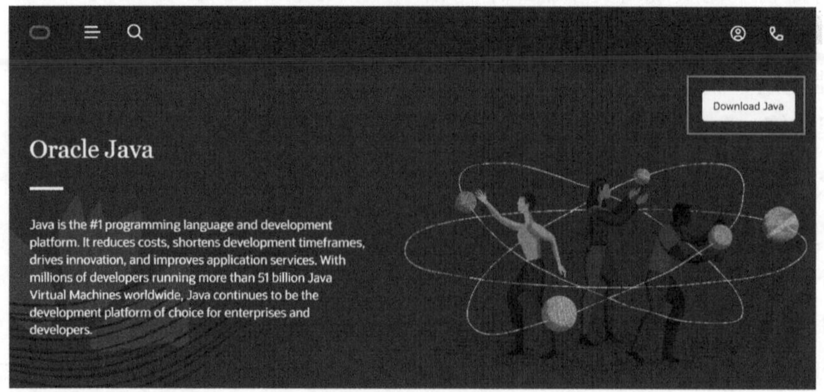

图3-33 Java下载页面

3）跳转页面为最新的Java版本，下拉页面，然后依次单击“Java8”和“Windows”，如图3-34所示。

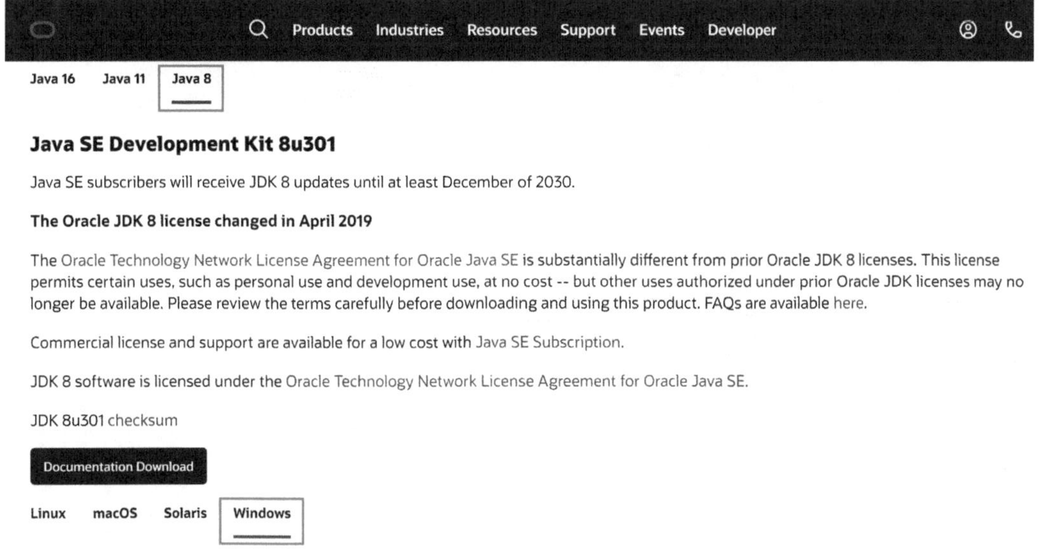

图3-34　JDK下载页面1

4）根据计算机需求，选择适配于Windows系统的x86或者x64对应的安装包，此处选择的是x64对应的“jdk-8u301-windows-x64. exe ”文件，单击下载，如图3-35所示。

Linux　macOS　Solaris　**Windows**

Product/file description	File size	Download
x86 Installer	156.45 MB	jdk-8u301-windows-i586.exe
x64 Installer	169.46 MB	jdk-8u301-windows-x64.exe

图3-35　JDK下载页面2

5）单击后跳出弹窗，在弹窗中勾选并单击按钮下载，等待跳转注册登录页面，如图3-36所示。

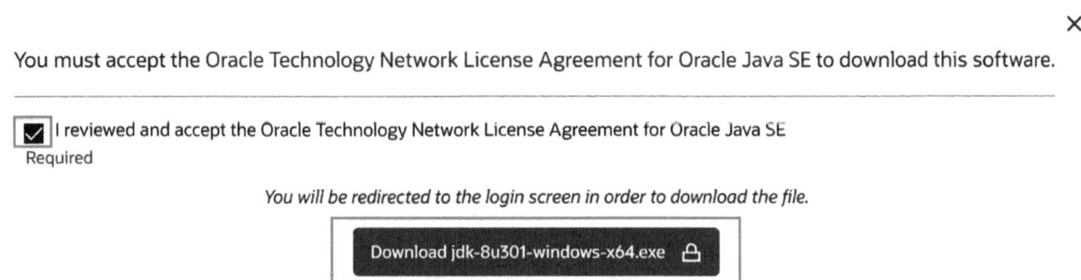

图3-36　弹窗提醒

6）在登录页面进行Oracle账户登录后，才能拥有下载权限，没有Oracle账户的可单击“创建账户”按钮，根据提示完成注册，登录完成后即可开始下载，如图3-37所示。

图3-37　登录注册页面

7）双击下载好的“jdk-8u301-windows-x64.exe”文件进入安装页面，单击“下一步”按钮，如图3-38所示。

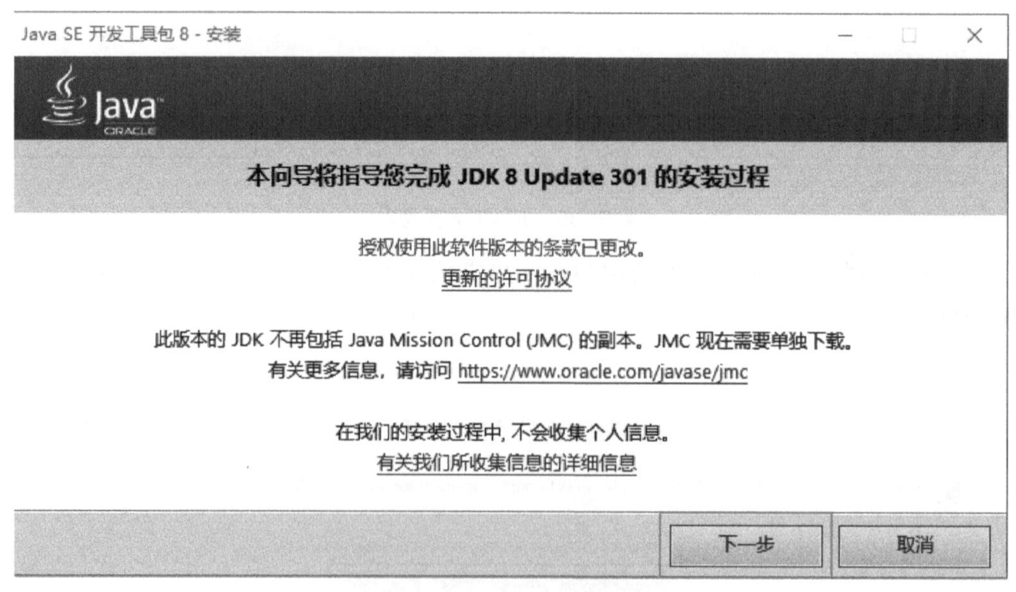

图3-38　安装页面

8）使用默认安装路径，单击“下一步”按钮，等待安装完成，图3-39所示为路径更改页面，图3-40所示为安装完成示意图。

图3-39　修改安装路径页面

图3-40　安装完成示意图

9）完成安装后，需要配置Java环境变量。右击选择“此计算机”→“属性”→“高级系统设置”，单击“环境变量（N）...”按钮，如图3-41所示。

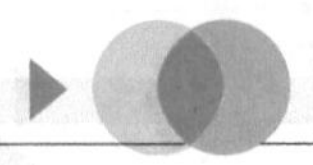

图3-41　设置环境变量

10）新建Java_Home系统变量。

在“系统变量（S）”中单击“新建”按钮，变量名输入“Java_Home”，变量值输入安装的JDK的路径，例如案例中的JDK路径为“C:\Program Files\Java\jdk1.8.0_301”，之后单击“确定”按钮，如图3-42所示。

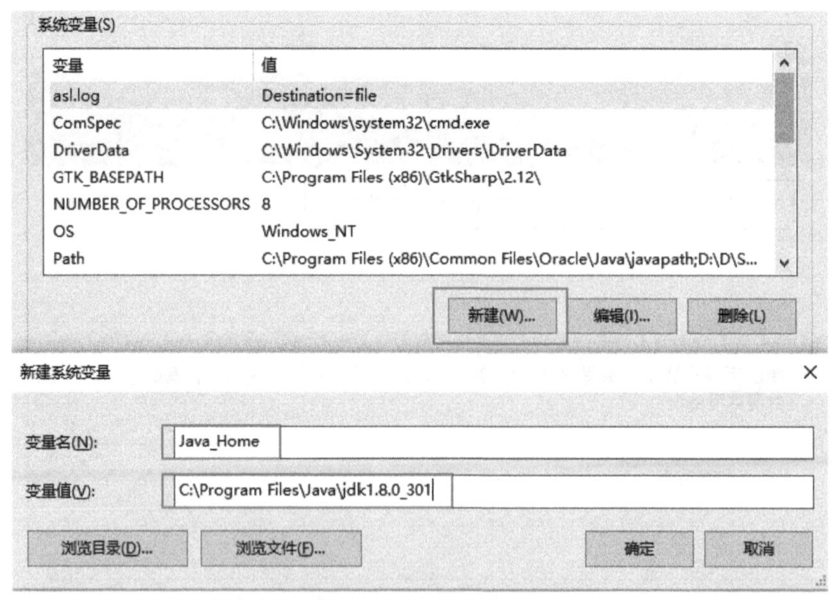

图3-42　新建系统变量

11）修改Path变量。

在“系统变量（S）”中选中“Path”，单击“编辑”按钮，在弹窗中单击“新建”按钮，新建两条路径“%Java_Home%\bin”“%Java_Home%\jre\bin”，并单击“确定”按钮，如图3-43所示。

图3-43　修改Path变量

12）新建CLASSPATH变量。

在“系统变量（S）”中单击“新建”按钮，输入变量名为“CLASSPATH”，变量值为“.; %Java_Home%\lib\dt.jar;%Java_Home%\lib\tools.jar”，单击“确定”按钮，如图3-44所示。

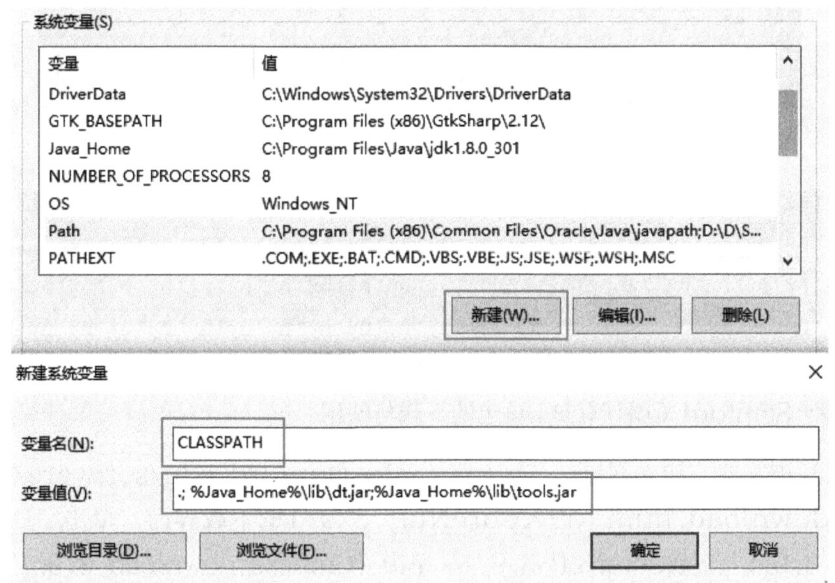

图3-44　新建CLASSPATH变量

13）测试Java。

再次打开命令提示符，输入“java”测试是否安装成功，如图3-45所示；输入“javac”测试Java环境是否配置成功，如图3-46所示；输入“java-version”查看Java版本，如图3-47所示。

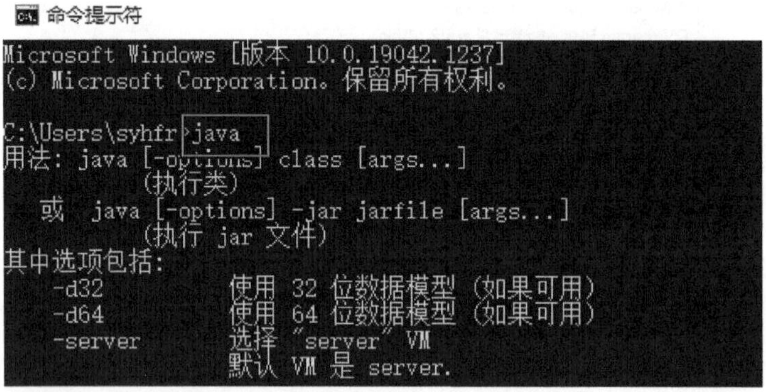

```
命令提示符
Microsoft Windows [版本 10.0.19042.1237]
(c) Microsoft Corporation。保留所有权利。

C:\Users\syhfr>java
用法: java [-options] class [args...]
           (执行类)
   或  java [-options] -jar jarfile [args...]
           (执行 jar 文件)
其中选项包括:
    -d32          使用 32 位数据模型 (如果可用)
    -d64          使用 64 位数据模型 (如果可用)
    -server       选择 "server" VM
                  默认 VM 是 server.
```

图3-45　Java安装成功示意图

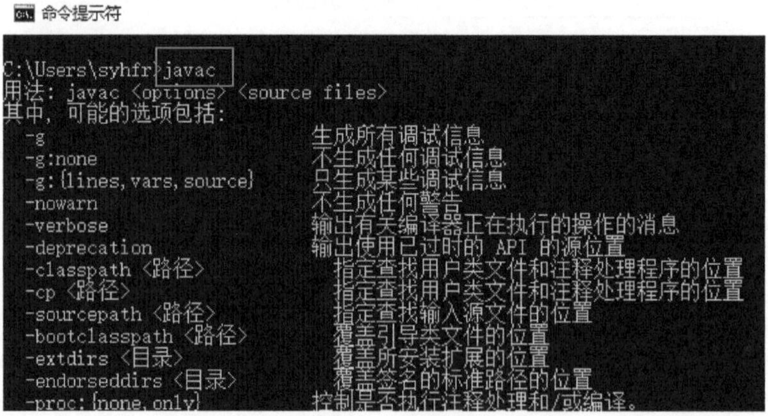

```
命令提示符
C:\Users\syhfr>javac
用法: javac <options> <source files>
其中, 可能的选项包括:
  -g                         生成所有调试信息
  -g:none                    不生成任何调试信息
  -g:{lines,vars,source}     只生成某些调试信息
  -nowarn                    不生成任何警告
  -verbose                   输出有关编译器正在执行的操作的消息
  -deprecation               输出使用已过时的 API 的源位置
  -classpath <路径>            指定查找用户类文件和注释处理程序的位置
  -cp <路径>                   指定查找用户类文件和注释处理程序的位置
  -sourcepath <路径>           指定查找输入源文件的位置
  -bootclasspath <路径>        覆盖引导类文件的位置
  -extdirs <目录>              覆盖所安装扩展的位置
  -endorseddirs <目录>         覆盖签名的标准路径的位置
  -proc:{none,only}          控制是否执行注释处理和/或编译。
```

图3-46　Java环境配置成功示意图

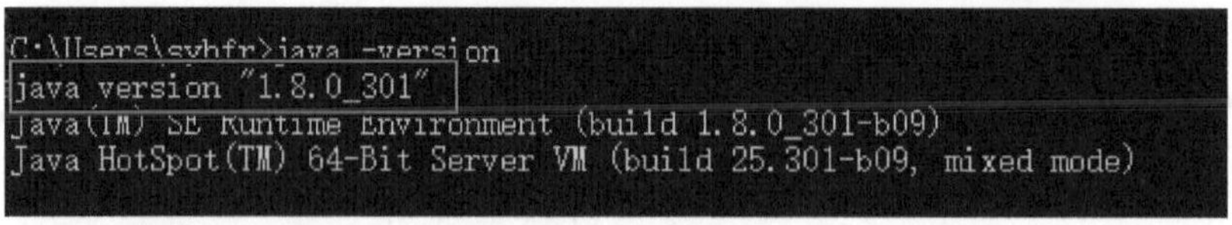

```
C:\Users\syhfr>java -version
java version "1.8.0_301"
Java(TM) SE Runtime Environment (build 1.8.0_301-b09)
Java HotSpot(TM) 64-Bit Server VM (build 25.301-b09, mixed mode)
```

图3-47　查看Java版本号

第三步：Stanford CoreNLP工具包的下载与使用。

1）打开浏览器，输入网址：“https://nlp.stanford.edu/software/corenlp-backup-download.html”进入CoreNLP 3.9.1的下载界面，单击“Download CoreNLP 3.9.1”下载CoreNLP 3.9.1、单击“Chinese download 3.9.1”下载对应的中文语料包，如图3-48所示。

The Stanford Natural Language Processing Group

people publications research blog software teaching join local

Stanford CoreNLP can be downloaded via the link below. This will download a large (~500 MB) zip file containing (1) the CoreNLP code jar, (2) the CoreNLP models jar (required in your classpath for most tasks), (3) the libraries required to run CoreNLP, and (4) documentation / source code for the project. Unzip this file, open the folder that results and you're ready to use it.

Download CoreNLP 3.9.1

Alternatively, Stanford CoreNLP is available on **Maven Central**. Source is available on **GitHub**.

The table below has jars for the current release with all the models for each language we support. Due to size issues we have divided the English resources into two jars. The English (KBP) models jar contains extra resources needed to run relation extraction and entity linking.

Language	model jar version
Arabic	download 3.9.1
Chinese	download 3.9.1
English	download 3.9.1
English (KBP)	download 3.9.1

图3-48　CoreNLP 3.9.1下载页面

2）下载完成后，解压CoreNLP工具包“stanford-corenlp-full-2018-02-27.zip”，解压完成后，将下载好的中文语料包“stanford-chinese-corenlp-2018-02-27-models.jar”移至解压后的CoreNLP包中，如图3-49所示。

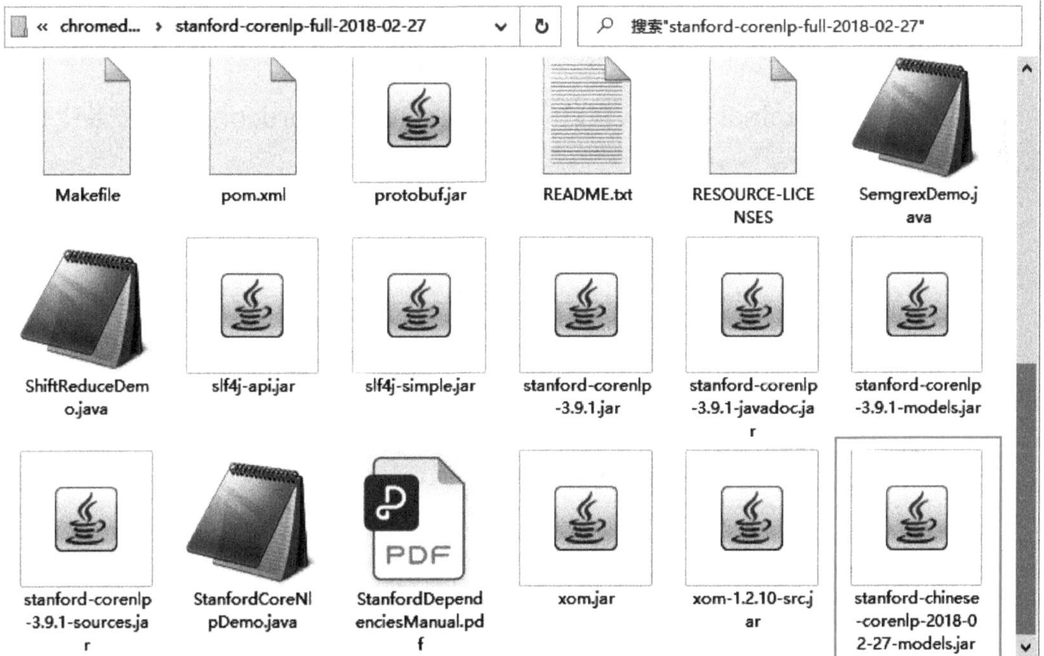

图3-49　添加中文语料包页面

第四步：打开PyCharm软件，新建工程，使用Anaconda下的Python 3.7作为解释器，记录一下路径，方便后面用到，如图3-50所示。

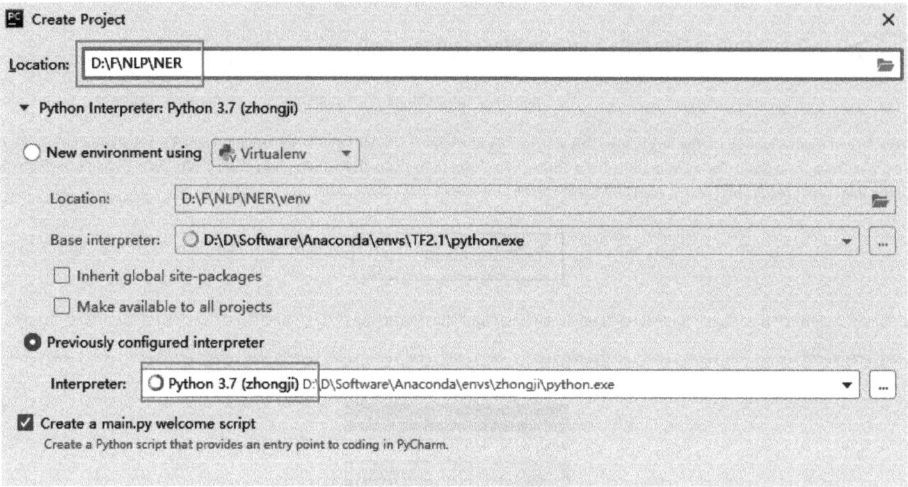

Create Project

Location: D:\F\NLP\NER

Python Interpreter: Python 3.7 (zhongji)

New environment using Virtualenv

Location: D:\F\NLP\NER\venv

Base interpreter: D:\D\Software\Anaconda\envs\TF2.1\python.exe

Inherit global site-packages

Make available to all projects

Previously configured interpreter

Interpreter: Python 3.7 (zhongji) D:\D\Software\Anaconda\envs\zhongji\python.exe

Create a main.py welcome script

Create a Python script that provides an entry point to coding in PyCharm.

图3-50　新建工程

第五步：创建新的Python文件，命名为“NER”，如图3-51所示。

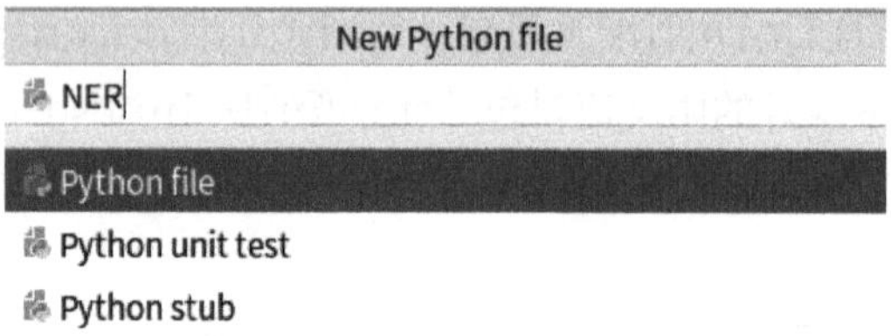

New Python file

NER

Python file

Python unit test

Python stub

图3-51　创建Python文件

第六步：在“Terminal”中输入代码“pip install stanfordcorenlp”安装Python软件包，如图3-52所示。

```
Microsoft Windows [版本 10.0.19042.1237]
(c) Microsoft Corporation。保留所有权利。

(zhongji) D:\F\NLP\NER>pip install stanfordcorenlp
Collecting stanfordcorenlp
  Downloading stanfordcorenlp-3.9.1.1-py2.py3-none-any.whl (5.7 kB)
Collecting psutil
  Downloading psutil-5.8.0-cp37-cp37m-win_amd64.whl (244 kB)
     |████████████████████████████████| 244 kB 544 kB/s
Collecting requests
  Using cached requests-2.26.0-py2.py3-none-any.whl (62 kB)
Collecting charset-normalizer~=2.0.0
  Downloading charset_normalizer-2.0.6-py3-none-any.whl (37 kB)
Collecting idna<4,>=2.5
  Using cached idna-3.2-py3-none-any.whl (59 kB)
Collecting urllib3<1.27,>=1.21.1
  Downloading urllib3-1.26.7-py2.py3-none-any.whl (138 kB)
     |████████████████████████████████| 138 kB 6.8 MB/s
```

图3-52　安装stanfordcorenlp软件包

第七步：将添加过中文语料包的CoreNLP工具包按照新建工程路径移至NER文件根目录下，方便调用，如图3-53所示。

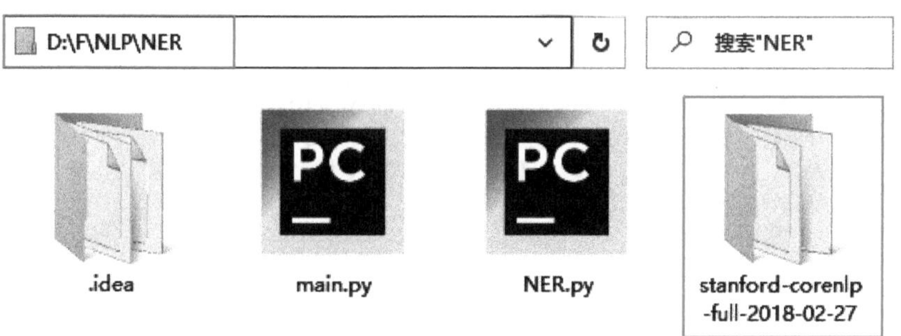

图3-53　移动CoreNLP工具包

第八步：输入代码，调用语料包，打印中文分词结果。代码如下：

```
#导入StandfordCoreNLP模块
from stanfordcorenlp import StanfordCoreNLP
#调用CoreNLP中文语料包
nlp = StanfordCoreNLP(r'stanford-corenlp-full-2018-02-27', lang='zh')
#提取《人机对话智能系统开发》初级教材部分文字作为原始语料
sentence = 'PyCharm由JetBrains打造，是目前最为流行的一款Python IDE，拥有一般IDE具备的功能，如：调试、语法高亮、代码跳转、智能提示、自动完成和版本控制等。'
#使用stanfordcorenlp实现中文分词
print(nlp.word_tokenize(sentence))
```

打印结果如图3-54所示。

```
D:\D\Software\Anaconda\envs\zhongji\python.exe D:/F/NLP/NER/NER.py
['PyCharm', '由', 'JetBrains', '打造', '，', '是', '目前', '最为', '流行', '的', '一', '款', 'Python', 'IDE', '，', '拥有', '一般', 'IDE', '具备', '的', '功能', '，', '如', '：', '调试', '、', '语法', '高亮', '、', '代码', '跳转', '、', '智能', '提示', '、', '自动', '完成', '和', '版本', '控制', '等', '。']

Process finished with exit code 0
```

图3-54　中文分词打印结果

第九步：输入代码，打印词性标注结果。代码如下：

```
#使用stanfordcorenlp实现词性标注
print (nlp.pos_tag(sentence))
```

打印结果如图3-55所示。

```
D:\D\Software\Anaconda\envs\zhongji\python.exe D:/F/NLP/NER/NER.py
[('PyCharm', 'NN'), ('由', 'P'), ('JetBrains', 'NR'), ('打造', 'VV'),
 ('，', 'PU'), ('是', 'VC'), ('目前', 'NT'), ('最为', 'AD'), ('流行',
 'VV'), ('的', 'DEC'), ('一', 'CD'), ('款', 'M'), ('Python', 'NN'),
 ('IDE', 'NN'), ('，', 'PU'), ('拥有', 'VV'), ('一般', 'JJ'), ('IDE',
 'NN'), ('具备', 'VV'), ('的', 'DEC'), ('功能', 'NN'), ('，', 'PU'), ('
 如', 'AD'), ('：', 'PU'), ('调试', 'NN'), ('、', 'PU'), ('语法', 'NN'),
  ('高亮', 'JJ'), ('、', 'PU'), ('代码', 'NN'), ('跳转', 'VV'), ('、',
 'PU'), ('智能', 'NN'), ('提示', 'VV'), ('、', 'PU'), ('自动', 'AD'), ('
 完成', 'VV'), ('和', 'CC'), ('版本', 'NN'), ('控制', 'NN'), ('等',
 'ETC'), ('。', 'PU')]

Process finished with exit code 0
```

图3-55　词性标注打印结果

第十步：输入代码，打印命名实体识别结果。代码如下：

```
#使用stanfordcorenlp实现中文命名实体识别
print( nlp.ner(sentence))
```

打印结果如图3-56所示。

```
D:\D\Software\Anaconda\envs\zhongji\python.exe D:/F/NLP/NER/NER.py
[('PyCharm', 'O'), ('由', 'O'), ('JetBrains', 'PERSON'), ('打造',
 'O'), ('，', 'O'), ('是', 'O'), ('目前', 'DATE'), ('最为', 'O'), ('
 流行', 'O'), ('的', 'O'), ('一', 'NUMBER'), ('款', 'O'), ('Python',
  'MISC'), ('IDE', 'MISC'), ('，', 'O'), ('拥有', 'O'), ('一般',
 'O'), ('IDE', 'O'), ('具备', 'O'), ('的', 'O'), ('功能', 'O'), ('，
 ', 'O'), ('如', 'O'), ('：', 'O'), ('调试', 'O'), ('、', 'O'), ('语
 法', 'O'), ('高亮', 'PERSON'), ('、', 'O'), ('代码', 'O'), ('跳转',
 'O'), ('、', 'O'), ('智能', 'O'), ('提示', 'O'), ('、', 'O'), ('自动
 ', 'O'), ('完成', 'O'), ('和', 'O'), ('版本', 'O'), ('控制', 'O'),
 ('等', 'O'), ('。', 'O')]

Process finished with exit code 0
```

图3-56　中文命名实体识别打印结果

单元小结

本单元主要介绍了NLP的相关知识及应用场景。通过讲解中文分词技术、词性标注技术和中文命名实体识别技术的概念和应用，能够熟练使用jieba分词工具和CoreNLP工具包，能够了解隐马尔科夫模型和条件随机场模型在NLP中发挥的作用，最后通过配置环境调用中文语料工具包（CoreNLP），分别打印出中文分词结果、词性标注结果和中文命名实体识别结果。

单元评价

通过学习以上任务，看自己是否掌握了以下技能，在技能检测表中标出已掌握的技能。

评价标准	个人评价	小组评价	教师评价
能够熟练使用jieba分词工具			
能够使用Python输出去除停用词后的文本结果			
掌握实现词性标注和词频统计的方法			
掌握实现中文命名实体识别的方法			

备注：A为能做到；B为基本能做到；C为部分能做到；D为基本做不到。

素质拓展学习

扫码观看

课后习题

一、单项选择题

1．中文分词技术包括哪些？（　　）

① 基于字符串匹配的分词

② 基于统计的分词

③ 基于理解的分词方法

A．①③　　B．①②　　C．②③　　D．①②③

2．词性标注的常用方法有哪些？（　　）

① 基于规则的词性标注方法

② 基于统计模型的词性标注方法

③ 基于统计方法与规则方法相结合的词性标注方法

④ 基于深度学习的词性标注方法

A．①②③　　B．①②④　　C．②③④　　D．①②③④

3．命名实体识别常用技术有哪些？（　　）

①基于规则和词典的方法　②基于统计的方法　③基于深度学习的方法

A．①③　　B．①②　　C．②③　　D．①②③

4．有监督的学习方法有哪些？（　　）

①隐马尔科夫模型（HMM）②最大熵（ME）

③支持向量机（SVM）④条件随机场（CRF）

A．①②③　　B．①②④　　C．②③④　　D．①②③④

二、填空题

1．jieba分词工具支持__________、__________、__________分词模式。

2．jieba分词方法有__________、__________、__________、__________。

3．常用的统计模型有__________、__________。

三、简答题

1．简述MM法及RMM法的相同点与不同点。

2．描述实现词性标注和词频统计的过程。

3．如何判断一个实体是否被正确识别？

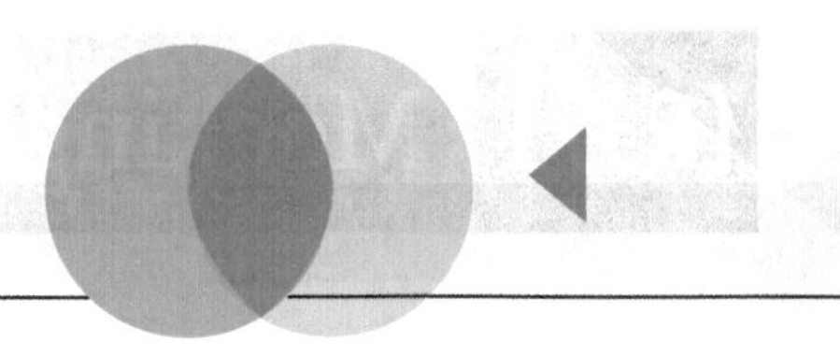

UNIT 4

单元 4

语音交互界面VUI设计

学习目标

⇨知识目标

- 理解交互界面设计基础
- 掌握常用界面原型设计工具
- 了解语音交互产品的现状及应用场景
- 了解语音用户界面设计流程及原则
- 掌握腾讯云小微的语音界面模板的使用

⇨技能目标

- 能够使用MockingBot（墨刀）设计用户界面
- 能够调用腾讯云小微语音用户界面模板

⇨素质目标

- 培养设计需求分析能力
- 具有界面设计审美和人文素养
- 具有社会责任感、工匠精神和创新思维

任务1 MockingBot（墨刀）界面原型设计

任务描述

随着移动智能终端和云计算的快速发展，人工智能的浪潮正在颠覆着人们生活的点点滴滴，GUI（Graphical User Interface，图形化交互）更加完善，VUI（Voice User Interface，语音用户界面）也在快速发展。本任务旨在了解用户界面设计流程和常用的界面设计工具，并能够使用MockingBot（墨刀）软件设计出原型界面。

任务目标

通过本任务的学习，将了解到界面原型设计的工具，熟悉常用的元件，学会使用墨刀设计Android和H5两种原型界面。

任务分析

本任务是使用墨刀分别设计出基于Android和H5的语音对话原型界面。

第一步：需求分析：需要深入调研和分析，准确理解用户和功能。

第二步：概要设计：根据用户交互过程和用户需求来形成交互框架和视觉框架的过程。

第三步：详细设计：对概要设计进行细化。

第四步：开发：原型界面的实现。

第五步：优化调整：对原型界面进行功能布局的修改。

知识准备

一、交互界面初识

交互界面是人和计算机进行信息交换的通道，用户通过交互界面向计算机输入信息、进行操作，计算机则通过交互界面向用户提供信息，以供阅读、分析和判断。交互界面有多种形式，分别有GUI、VUI和CUI等。

1. GUI

GUI（Graphical User Interface，图形化交互）自从20世纪80年代苹果推出第一款搭载它的计算机后，至今为止一直是人机交互的代表。它为用户提供可视化的界面，将内容信息通过视窗、菜单、标签、按钮等控件以图形方式显示给用户。腾讯视频UI如图4-1所示。

图4-1 腾讯视频UI

2. VUI

VUI（Voice User Interface，语音交互/语音用户界面）是基于语音输入的新一代交互模式，通过说话就可以得到反馈结果，如图4-2所示。

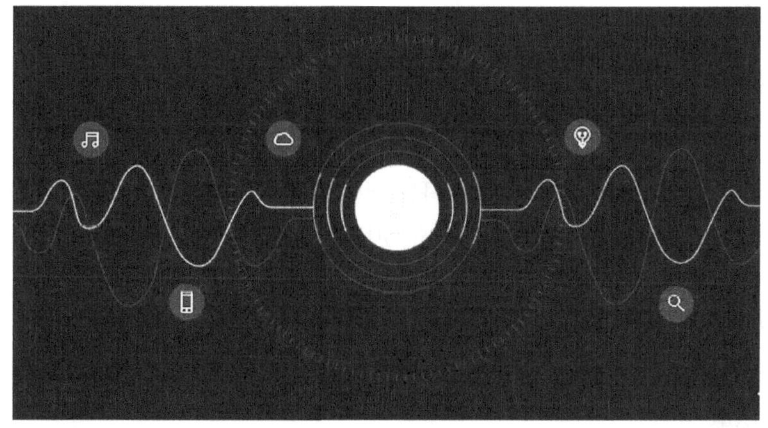

图4-2 VUI体验

3. CUI

CUI（Conversational User Interface，对话式交互）还有另外一种说法叫作DUI（Dialogue User Interface，对话界面）。跟语音交互相比，CUI的范畴更宽泛，但是没有语音过程，只有文字的对话交互流程，可以称为CUI，但是不能称为“语音”交互。一些不适合使用语音作为交互方式的场景，比如开放的办公场景，通常采用基于文本或其他非音频的富交互/富控件来进行对话。

4．VUI+GUI

多模态交互（VUI+GUI），将视觉和语音结合已经不是新鲜事，比如手机语音助手类产品，而智能音箱类设备也是从开始的没有屏幕到推出屏幕版。使用屏幕可以将一些可视化列表在屏幕中展示，降低用户的认知难度，并确认用户的选择，如图4-3所示。

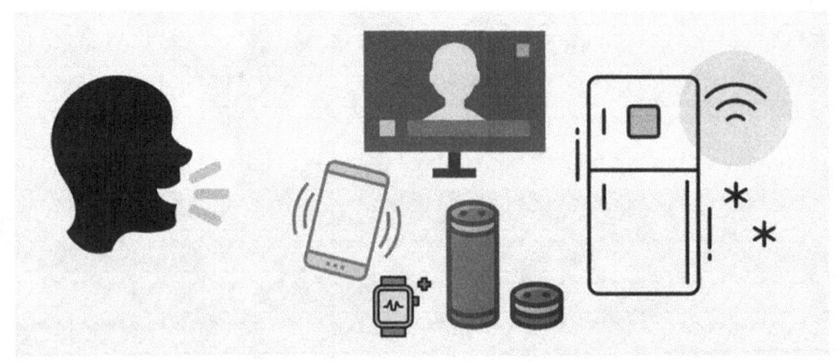

图4-3　VUI+GUI

二、用户界面设计流程

用户界面设计在工作流程上主要分为结构设计、交互设计、视觉设计三个部分。

1）结构设计也称概念设计，它是界面设计的骨架。通过对用户研究和任务分析，制定出产品的整体架构。

2）交互设计的目的是使产品让用户能简单使用。任何产品功能的实现都是通过人和机器的交互来完成的。

3）在结构设计的基础上，参照目标群体的心理模型和任务达成进行视觉设计，包括色彩、字体、页面等。视觉设计要达到用户愉悦使用的目的。

三、用户界面设计工具

设计用户界面的工具有很多，比如MockingBot（墨刀）、Mockplus（摩客）、Axure RP和Justproto等。

墨刀是一款在线原型设计与协同工具。通过墨刀，产品经理、设计师、开发、销售、运营及创业者等用户群体能够搭建产品原型、演示项目效果。墨刀同时也是协作平台，项目成员可以协作编辑、审阅，不管是产品想法展示，还是向客户收集产品反馈、向投资人进行Demo展示，又或是在团队内部协作沟通、项目管理都可以实现。墨刀设计界面如图4-4所示。

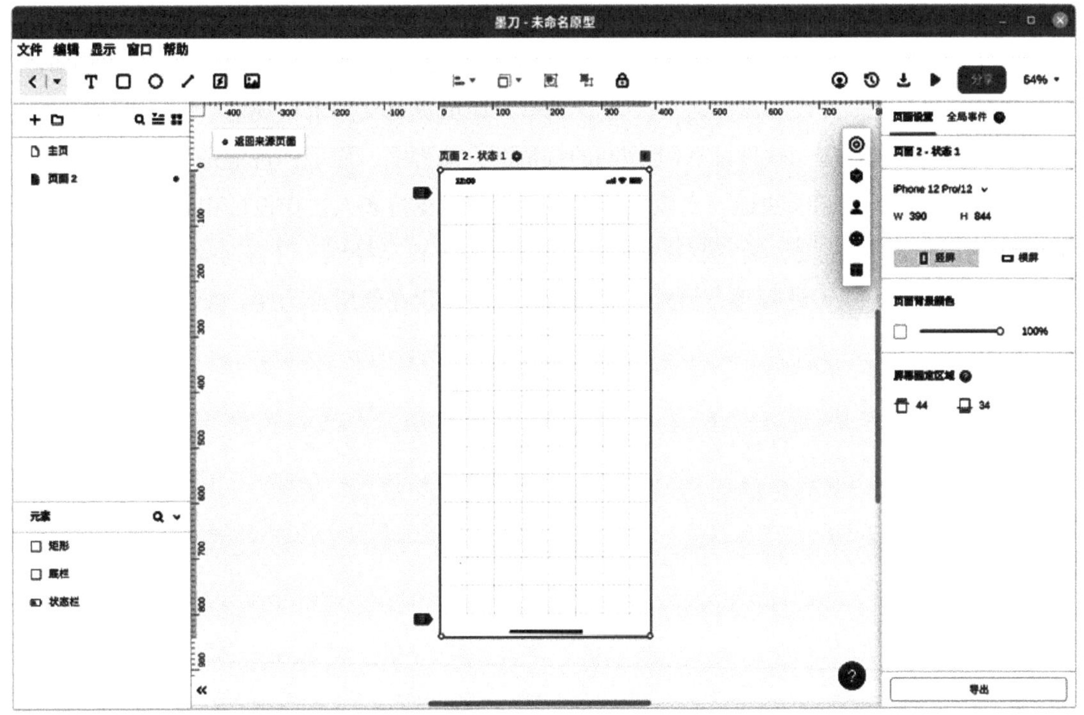

图4-4　墨刀设计界面

摩客是一款简洁快速的原型图设计工具。适合软件团队、个人在软件开发的设计阶段使用。其特色在于低保真、快速上手、功能丰富，使得使用者可以很好地展示自己的设计。设计界面如图4-5所示。

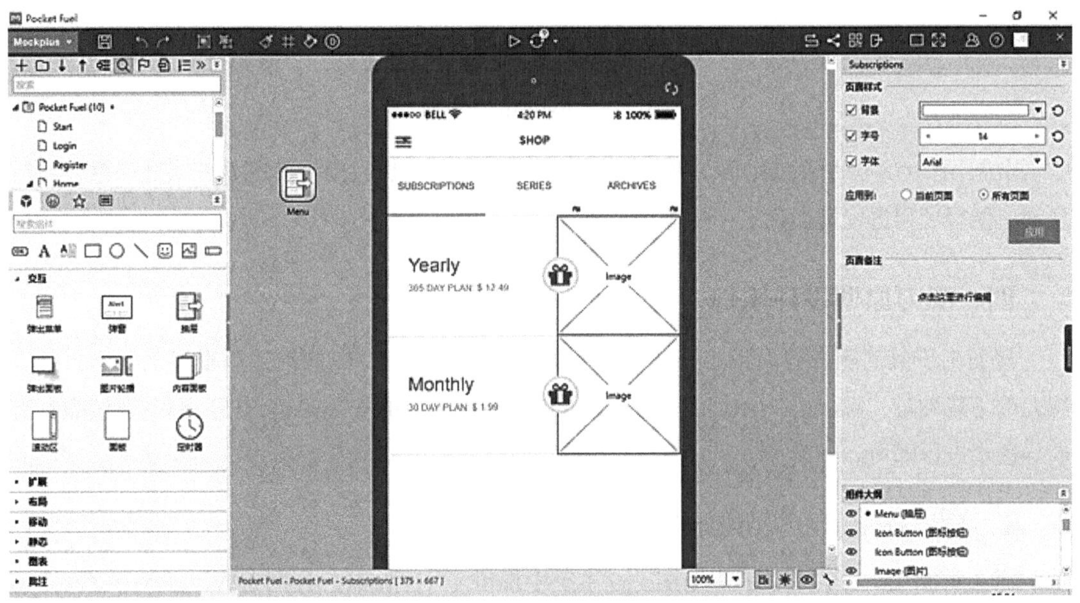

图4-5　Mockplus设计界面

Axure RP是一个专业的快速原型设计工具。Axure代表美国Axure公司；RP则是Rapid Prototyping（快速原型）的缩写。Axure RP是美国Axure Software Solution公司的旗舰产品，是一个专业的快速原型设计工具，让负责定义需求和规格、设计功能和界面的专家能够快速创建应用软件或Web网站的线框图、流程图、原型和规格说明文档。作为专业的原型设计工具，它能快速、高效地创建原型，同时支持多人协作设计和版本控制管理。Axure RP的使用者主要包括商业分析师、信息架构师、产品经理、IT咨询师、用户体验设计师、交互设计师、UI设计师等，另外，架构师、程序员也在使用Axure。Axure设计界面如图4-6所示。

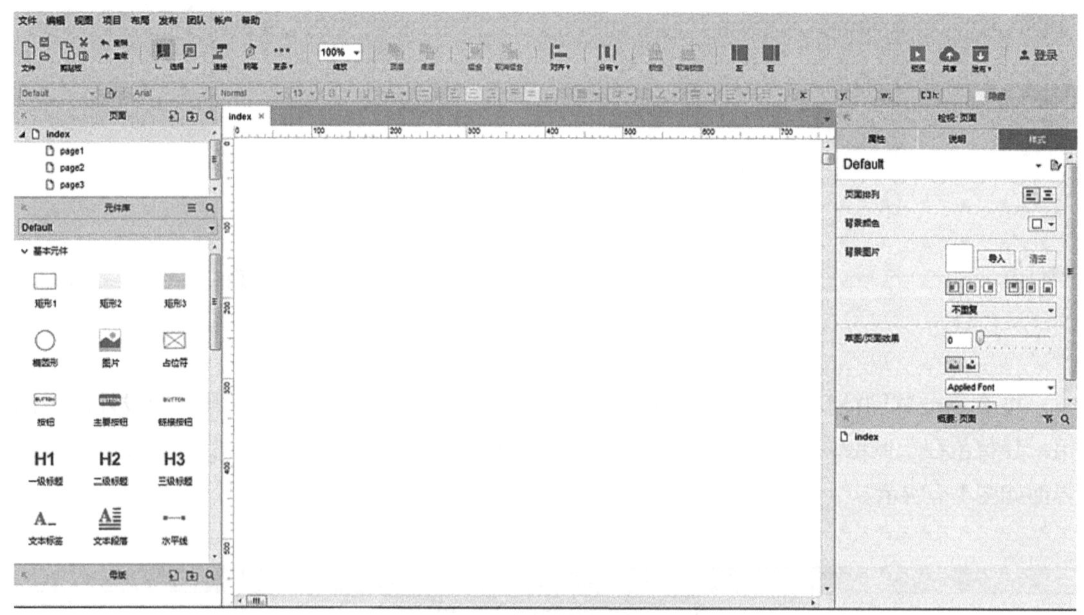

图4-6　Axure设计界面

Justproto是一个在线的网站及桌面应用的原型设计工具，用高效的方式来处理重要的信息流，使得项目进程更加简单、快速和高效。

四、墨刀原型设计软件

墨刀由于其简明的界面和丰富的功能而更受欢迎，这里介绍如何使用墨刀来创建原型。墨刀的下载地址：https://modao. cc/downloads。墨刀的安装简单方便，只需要按照安装向导逐步进行即可。

1．下载与安装墨刀原型设计软件

进入官网后，可以看到在Windows系统中提供了3种版本，分别为Windows 64位、Windows 32位和通用兼容版，根据自己的计算机系统选择下载，如图4-7所示。

图4-7　下载官网界面

下载完成后，单击“安装”按钮，直到单击“完成安装”按钮即可打开开始体验。

2. 墨刀原型设计软件界面介绍

打开墨刀软件并注册登录后，可以单击“新建”按钮新建项目，或者打开现有的项目，如图4-8所示。

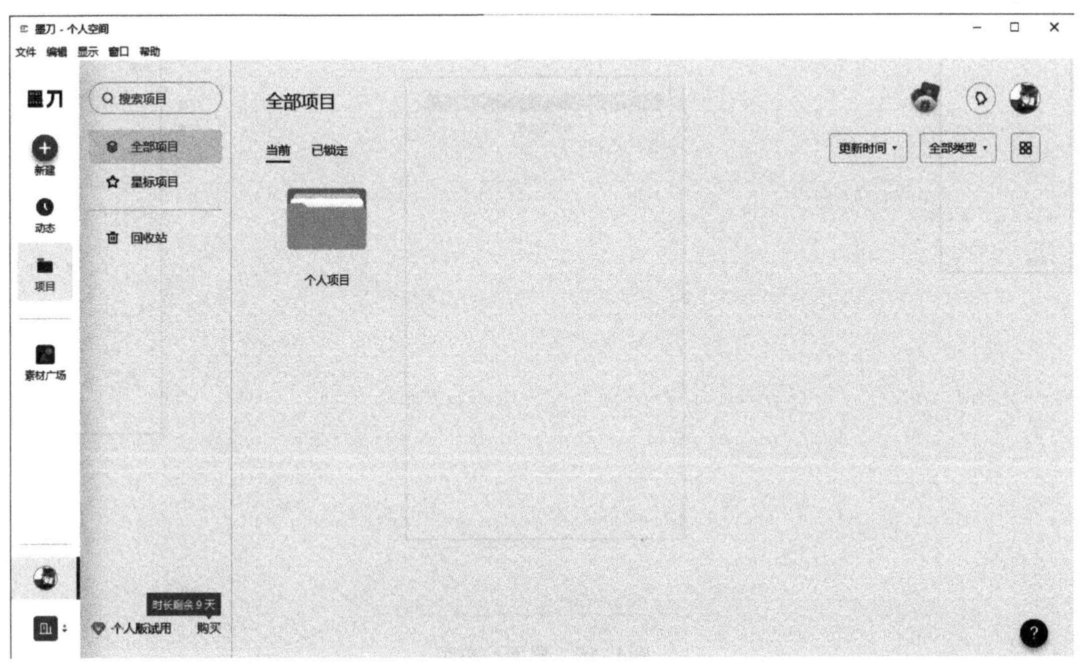

图4-8　选择界面

在单击“新建”按钮后，可以选择提供的页面大小，也可以选择“自定义大小”进行页面设置。同时，墨刀也提供了精选模板供选择设计，如图4-9所示。

墨刀的设计原型界面非常简洁，如图4-10所示。

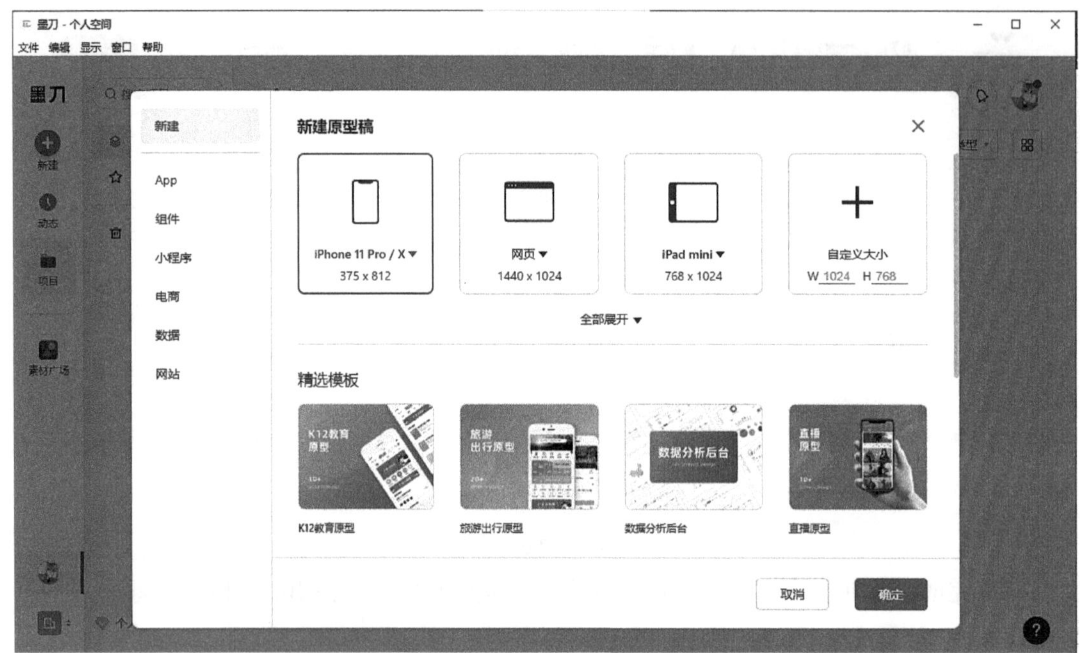

图4–9 新建项目界面

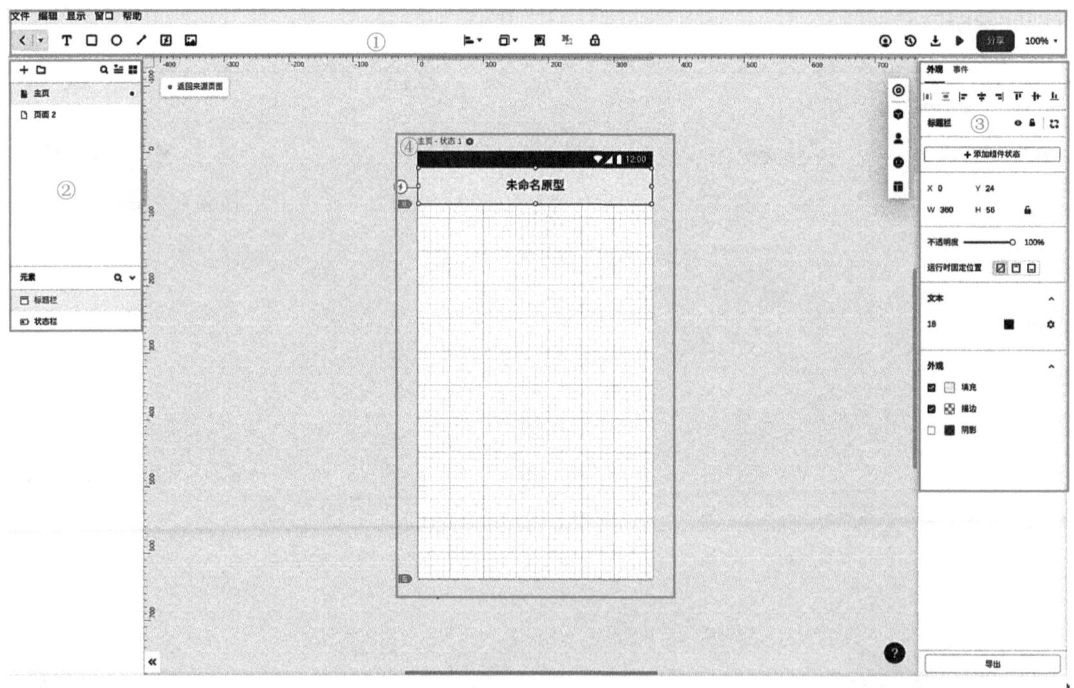

图4–10 界面分布图

1）顶部有主工具栏，包括了文件的编辑、绘制矩形圆形、插入文字和预览原型。

2）左侧是组件面板，包含了某个页面中组件的层次关系。

3）右侧是属性面板，可以设置组件属性、交互和链接，并通过选项卡进行切换。

4）中间是创作时的工作区，可以设置工作区缩放。

3. 常用元件

在墨刀中常用到的元件有：矩形、图片、占位符、按钮、文本、单行输入、多行输入、下拉框、选择文件、分段器和轮播图等，部分元件截图如图4-11所示。

接下来对一些常用的元件进行介绍。

（1）矩形元件

矩形元件是原型设计中最基础的一个，矩形一般用于表示一块区域。在“素材库”中可以把元件拖到工作区内。

单击矩形元件后可通过右侧面板进行设置。

图4-11　元件截图

1）元件名称：在面板左侧“元素”处设置。

2）元件属性：可在“检视”面板的“属性”选项卡设置事件（单击时、鼠标移入时、双击等）、交互样式（跳转页面、跳转超链接、切换页面状态、切换组件状态）等。

3）元件样式：可在“属性”选项卡设置矩形元件的X轴坐标、Y轴坐标、宽度、高度、圆角角度、自动适合文本宽度、自动适合文本高度、填充颜色、描边颜色和字体等样式信息。

这里将矩形元件命名为“矩形演示”，设置X轴坐标为90，Y轴坐标为200，宽度为200，高度为100，圆角为20，填充颜色为白色，描边颜色为黑色，效果如图4-12所示。

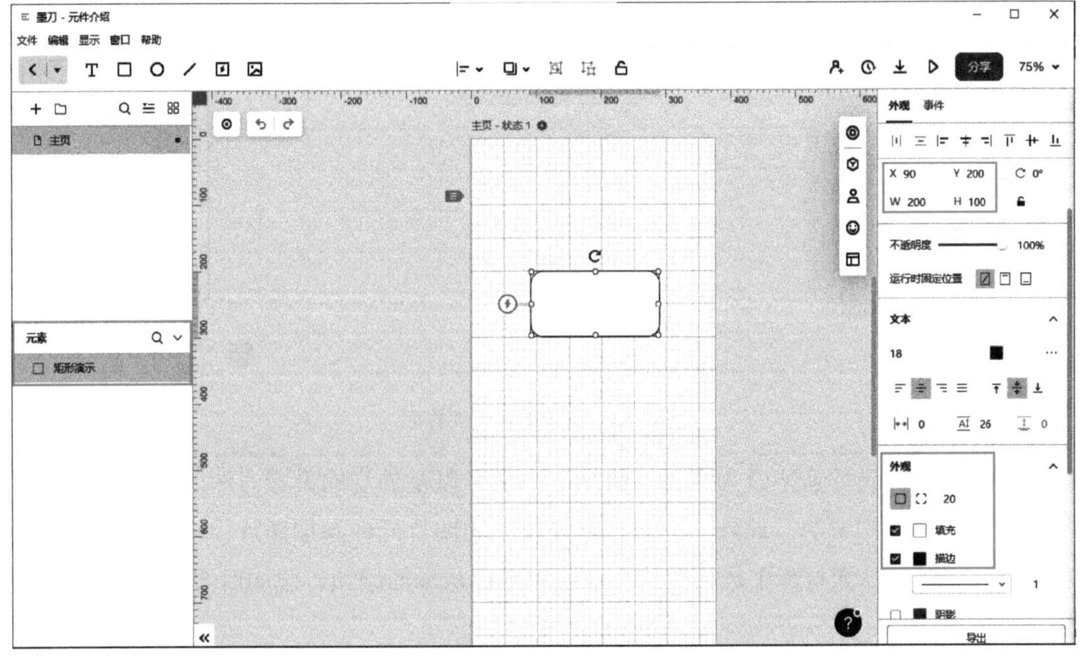

图4-12　矩形演示界面

（2）图片元件

在墨刀中可以导入JPG、PNG等格式图片。在“素材库”面板选择图片元件拖动到工作区，单击图片元件图标，在右侧“图片”处可以选择本地文件素材。

单击图片元件后可通过右侧面板进行设置。

1）元件名称：在面板左侧“元素”处设置。

2）元件属性：可在“检视”面板的“属性”选项卡设置事件（单击时、鼠标移入时、双击等）、交互样式（跳转页面、跳转超链接、切换页面状态、切换组件状态）等。

3）元件样式：可在“属性”选项卡设置图片元件的X轴坐标、Y轴坐标、宽度、高度、圆角角度等样式信息。

插入图片元件后的界面如图4-13所示。

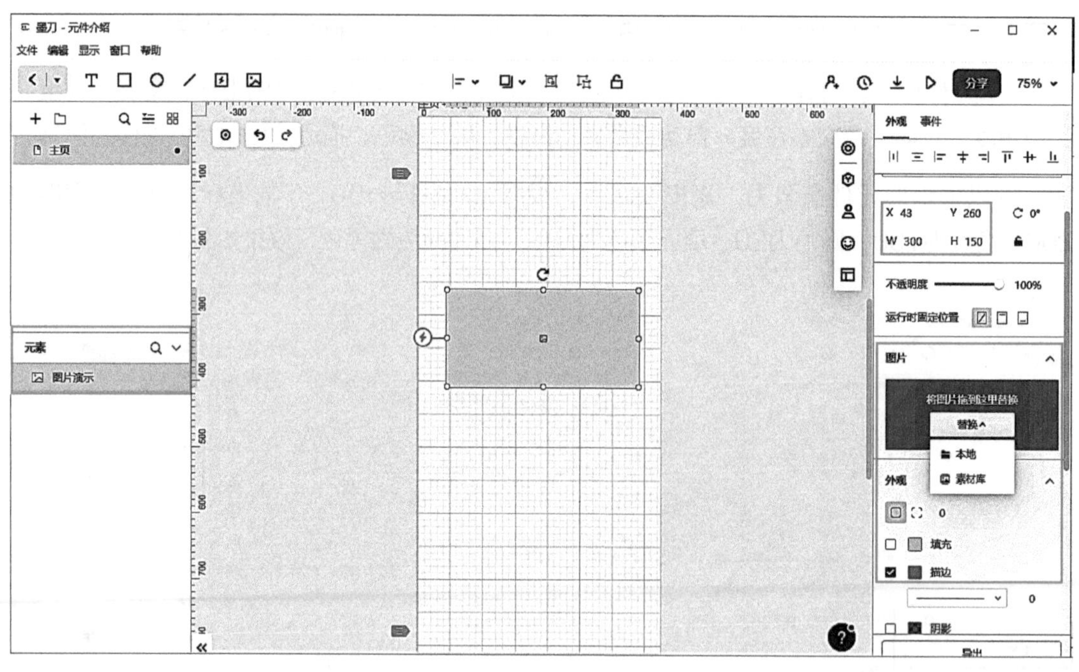

图4-13 插入图片元件界面

这里将图片元件名字改为“图片演示”，坐标以及外观的设置方法同矩形元件的方法一样，不再多加说明。此外，有两种路径可以为图片元件添加图片，一种是从本地选择图片，一种是从素材库中选择图片。在这里选择从本地添加，添加后的效果如图4-14所示。

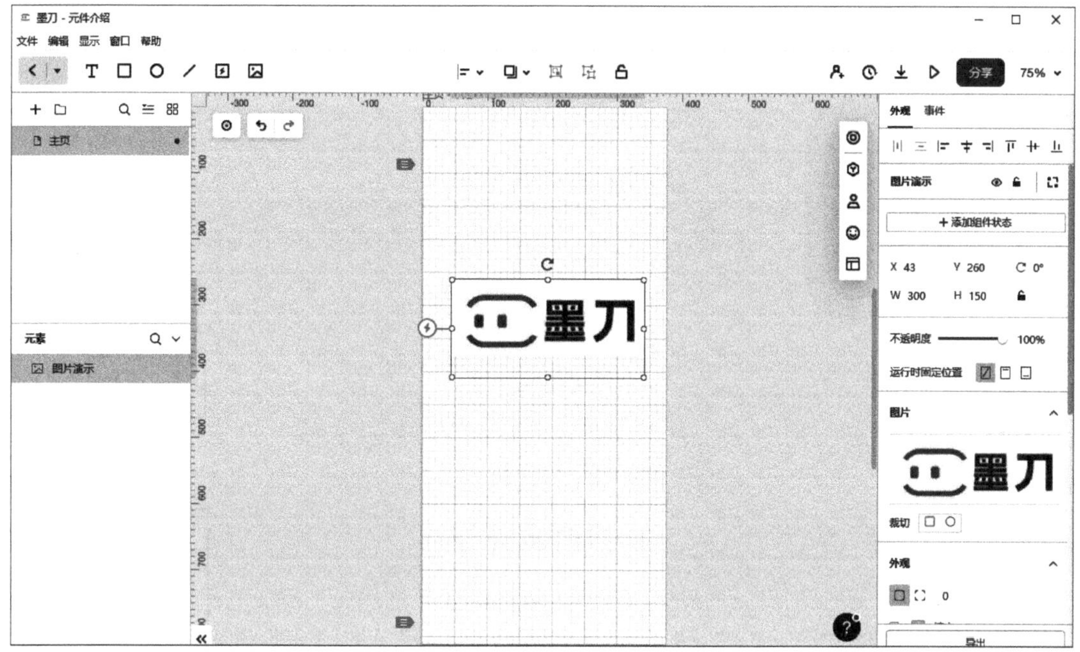

图4-14　添加图片后的效果

（3）占位符

框图设计时，如果暂时没想好放置什么元件，或者图片区域暂时没有设计好图片时，可以使用占位符元件占位。可以对占位符元件的大小、位置等信息进行调整。事件、属性和样式设置与矩形元件无异。可以在“素材库”拖动一个占位符元件到工作区，占位符如图4-15所示。

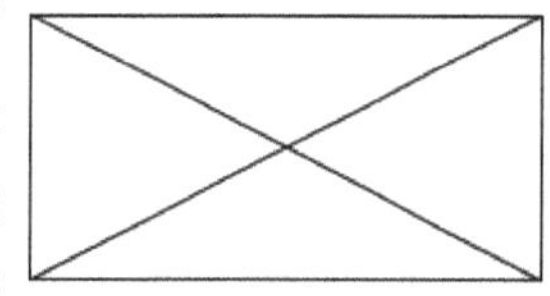

图4-15　占位符

（4）按钮元件

按钮元件与矩形元件类似，但按钮元件默认带有圆角和文本，此处不再赘述。

（5）文本元件

在“素材库”面板拖动文本元件到工作区后，双击可设置文本元件的文字内容。插入文本元件后，将其命名为“文本演示”，双击元件编辑文本为“我是演示文本”，随后在界面右侧的外观中对文本进行设置，字体设为倾斜、加粗的方正楷体，颜色设为红色，大小设为24，同时设置水平和垂直同时居中，效果如图4-16所示。

（6）单行输入

与HTML页面的input元素相对应。选择文本框元件后，输入文字内容，可编辑文本输入框的默认内容，并能通过右侧“外观”面板设置文本的颜色、字体和字号等信息。输入单行文字以及预览的效果如图4-17所示。

在“素材库”面板拖动多个文本框元件到工作区，并在“外观”面板的“键盘样式”选项卡中设置不同的文本类型，如时间、密码、时间日期等，这里将键盘样式设为文字并调整元件大小，其余均采用默认设置。

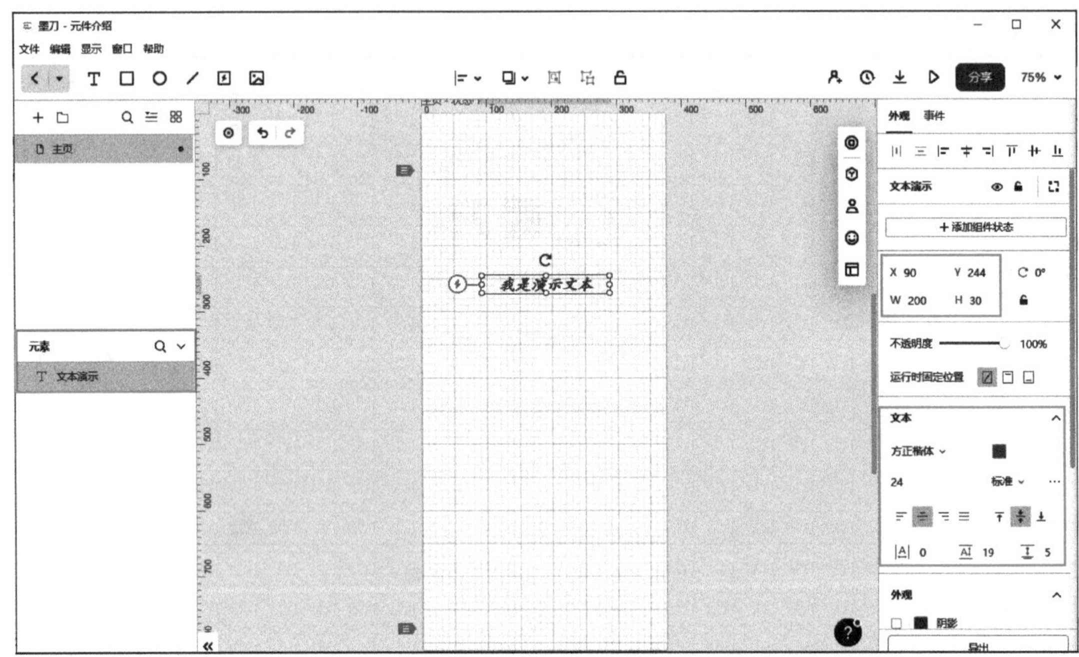

图4-16　文本演示

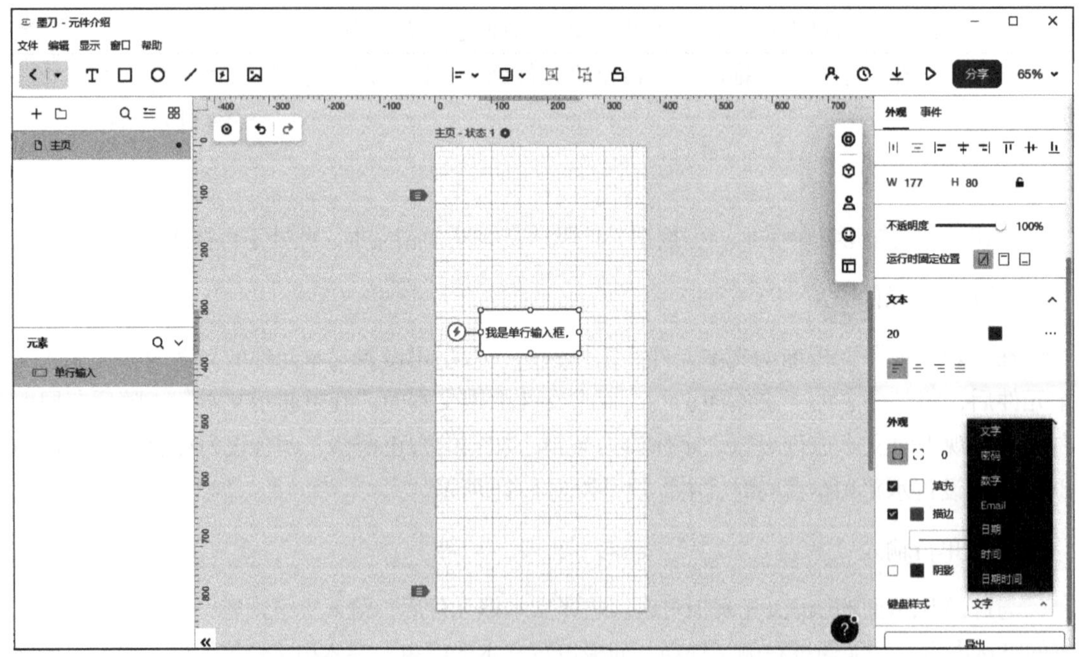

图4-17　单行输入

需要注意的是，在元件中输入文字的时候，虽然可以输入很多文字，但是如果超过这个元件的容量，多余的字是没有办法显示的，这是和多行输入元件的一个主要的区别。在设计的时候输入“我是单行输入框，再输入就无法显示了”，而在预览的时候就只能显示“我是单行输入框，”，如图4-18所示。

我是单行输入框，再输入就无法显示了　　我是单行输入框，

图4-18　文字过多显示效果

（7）多行输入

多行文本框元件与HTML的textarea元素对应，与单行输入不同的是它可以输入多行文本，其余设置与单行输入类似。从“素材库”面板拖动一个多行文本框元件到工作区，输入“我是多行输入框，虽然设计的时候一次只能显示部分内容，但可以下拉看到所有文字”。在预览的时候便可以通过下拉的方式查看所有输入的内容，效果如图4-19所示。

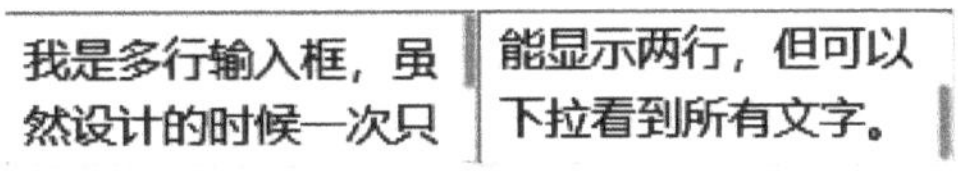

我是多行输入框，虽然设计的时候一次只　　能显示两行，但可以下拉看到所有文字。

图4-19　多行输入

（8）下拉框

下拉框元件只允许用户从下拉列表中选择，不允许用户输入，与HTML的select元素类似。从“素材库”面板拖动一个下拉列表框元件到工作区，并双击该元件，打开“编辑列表选项”对话框，可设置下拉列表选项，下拉框元件默认有3个选项，如图4-20所示。

单击某行即可修改选项，按<Enter>键可以添加选项，按<Backspace>键可以删除选项。

1
2
3

图4-20　下拉列表

（9）选择文件

单击“选择文件”按钮便可以打开本地文件。在预览的时候，如果只有元件而没上传文件，会在按钮后面提示“未选择任何文件”。单击按钮选择文件上传后，会在按钮后面显示文件的名字，这里选择本地的“modao.jpg”文件。上传文件前后的效果如图4-21所示。

（10）分段器

分段器的每个选项都相当于一个按钮，可以分别给每个按钮添加不同的事件。从“素材库”中拖动到工作区内，单击分段器属性的“选项”可以修改文字、删减和增加按钮，默认的元件有3个按钮，最少要有2个按钮。这里删除一个选项，并且设置字体大小为18，选中项的背景色为蓝色，效果如图4-22所示。

（11）轮播图

轮播图可以循环定时播放图片，给用户最直接的信息。从“素材库”中拖动到工作区内，插入轮播图元件后界面如图4-23所示。

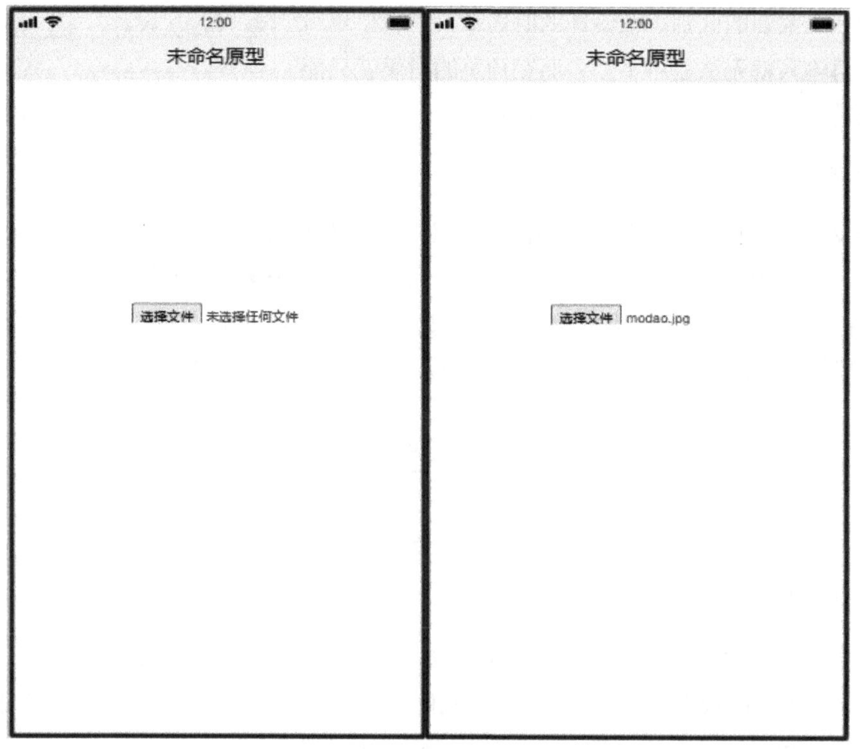

图4-21 选择文件效果

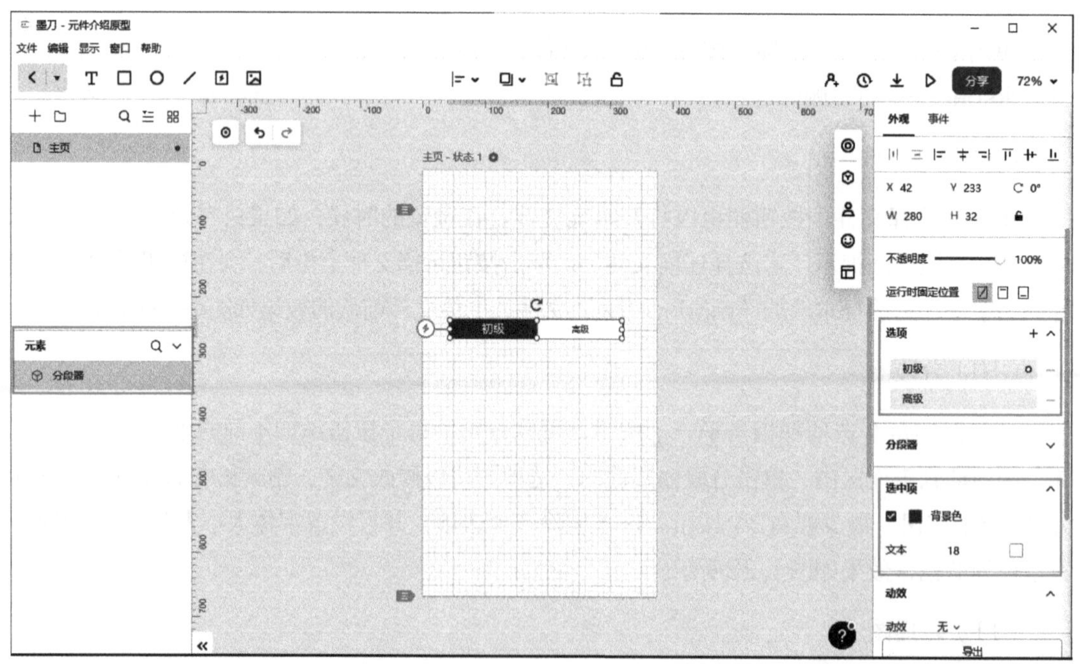

图4-22 分段器

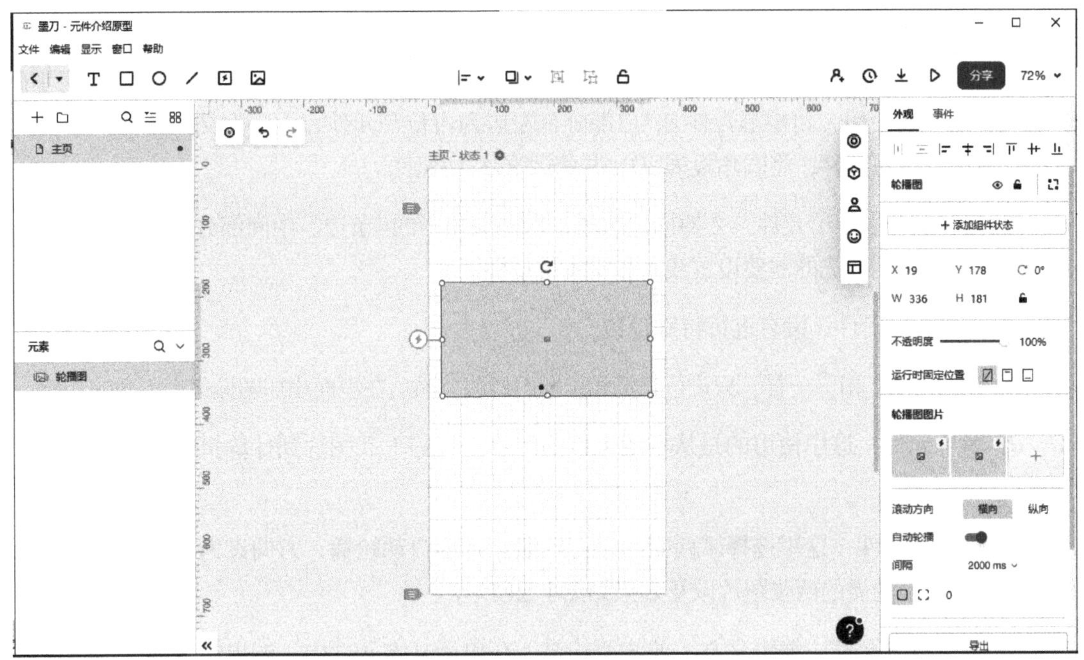

图4-23　插入轮播图元件

单击轮播图可以在右侧的“轮播图图片”中选择加入图片、调整轮播间隔时间、修改指示点的未选中以及选中的颜色。这里选择本地图片“modao.jpg”和“wanxing.jpg”，滚动方向设为横向，间隔设为2000ms，选中色为红色，未选中色为黑色并开启自动轮播，效果如图4-24所示。

介绍完墨刀的常用元件后，接下来通过创建一个商品购买原型界面来进一步熟悉元件的使用。先进行原型界面展示，同时为了更好地说明原型界面的设计在图中界面上加了序号，如图4-25所示。

图4-24　轮播效果

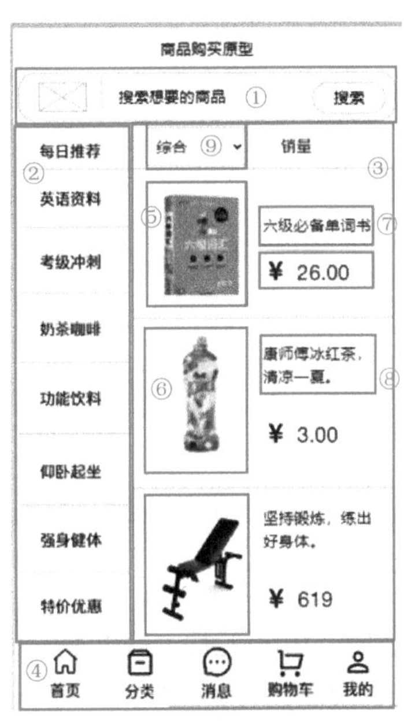

图4-25　商品购买原型界面

下面对原型的排版和设计进行介绍。

① 在顶部添加矩形元件，用来充当搜索的功能，改变外观，将圆角设为20。为了尽可能多地展示元件的使用，将矩形元件分为3部分，左边为占位符元件；中间为文本元件，编辑提示语；右边为按钮元件，将圆角设为20，并修改文本为搜索。

② 整体部分为矩形元件，去掉描边选项，即隐藏矩形的4条边。中间部分为线条元件和文本元件，可以根据自己的需要设置线条和文本的属性。

③ 也是矩形元件，没有进行特殊设置。

④ 矩形元件，和③一样，只进行长宽和位置的修改，然后在里面添加图标代表不同的功能。

⑤ 图片元件，这里使用的是从本地上传的图片，只需下载图片到计算机上便可以按照路径进行选择上传。

⑥ 轮播图元件，这里选择了两张图进行轮播。开启自动轮播，方向设为横向，间隔设为2000ms。用来轮播的两张图片以及效果如图4-26所示。

⑦ 单行输入元件，编辑文本。要注意的是，在单行文本元件中，如果输入的文本总宽度超过了元件的宽度，在设计的时候虽然可以继续输入，但在实际的效果中超过的部分是没有办法显示的。

⑧ 多行输入元件，设置方法和单行输入元件类似，不同的是若输入的文本多的话，在设计的时候会自动换行，而且在实际的效果中也可以下拉查看全部的文本。

⑨ 下拉框元件，可以为下拉后的选项设置不同的文本。示例中的效果如图4-27所示。

图4-26　轮播效果

图4-27　下拉框效果

4. 内置模板资源

墨刀为用户提供了多种原型模板，在新建原型的时候可以选择自己想要的模板，如图4-28所示。

为了更好地了解模板，这里选择K12教育原型模板中的一个界面，并对主要元件标号说明，如图4-29所示。

① 整体为矩形元件，这里不再多进行介绍。中间的“选课”和“上课”部分为分段器元件。软件默认的分段器有3个选项，设计的时候可以删除一个选项并更改文本，还可以为不同的选项添加不同的事件。

② 为动态组件，动态组件是拥有多个状态的组件，可以更加方便地制作动态效果。可以双击组件添加不同的状态并对状态名进行修改，如图4-30所示。在这个原型中，还为不同的状态添加了事件来更好地实现自己想要的动态跳转。

图4-28　内置模板图

图4-29　K12教育原型界面

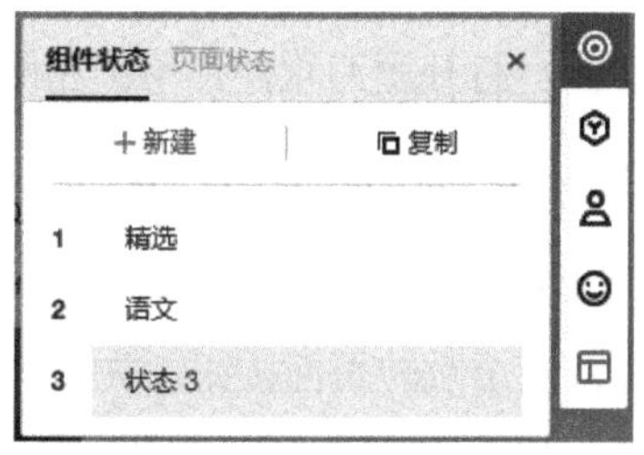

图4-30　添加状态图

③ 轮播图组件，设置方法和之前一样，只是选择了不同的图片，用户可以根据自己的需要来上传不同的图片并进行设置。

④ 将不同的组件设置为群组，就可以统一对这个群组进行设置。设置群组的方法如下：先添加不同的组件，然后按住<Shift>键，选择组件后右击选择“组合”（或者使用快捷键<Ctrl+G>）即可。这里使用矩形、圆形和图片组件进行组合，并将群组名字改为“演示群组”，效果如图4-31所示。

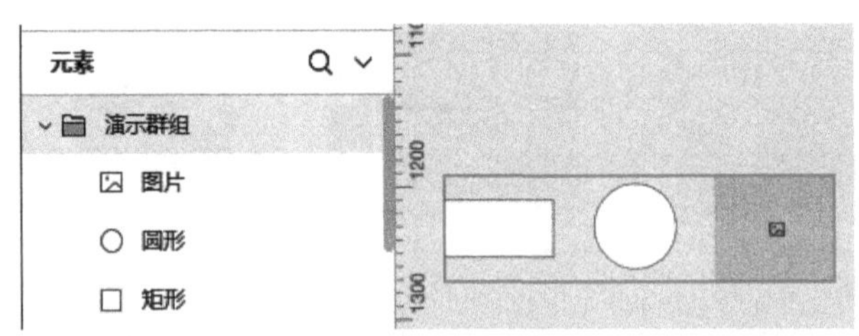

图4-31　群组效果

⑤ 为模板中的文字元件，没有进行特殊的设置便不多加说明。

⑥ 也是群组，模板中的群组包括矩形、文字、图片等元件，但具体的设置方法和④是一样的，只是包括的元件不同。

⑦ 和②都是动态组件，在⑦中添加不同的图标并设置不同的事件。

随着人工智能的发展，语音交互技术在人们实际生活中也有着越来越广阔的发展前景和应用领域。语音交互中两个最基础的技术就是语音识别和语音合成。在本任务中使用墨刀设计出语音识别和语音合成的Android界面和H5界面原型。

Android界面的设计

以华为P8（360×640pt）为例进行设计。

第一步：打开墨刀软件，单击左侧“新建”按钮，选择原型，如图4-32所示。

由于是Android的设计，在新建原型时选择Huawei P8，如图4-33所示。

第二步：设计首界面。根据功能需求需要有语音识别转文字功能和语音合成功能，因此首界面设置两个跳转页面按钮。先导入图片素材，在“语音识别”和“语音合成”区域内布置矩形元件，将矩形元件面积分别放大到方框范围大小，如图4-34所示。矩形元件外观取消填充效果，如图4-35所示。

第三步：语音识别界面的设计。先新建页面，在左侧页面布局中，单击“+”按钮即可以新建页面，如图4-36所示。之后导入图片素材，如图4-37所示。

在该页面的左上角区域放置一个返回首页面的矩形元件，取消矩形元件的填充效果，添加元件事件，单击会跳转到首页面，如图4-38所示。

在中间区域放置一个下拉框，添加中文普通话、日文和英文的选项，如图4-39所示。总界面如图4-40所示。

图4-32　新建原型

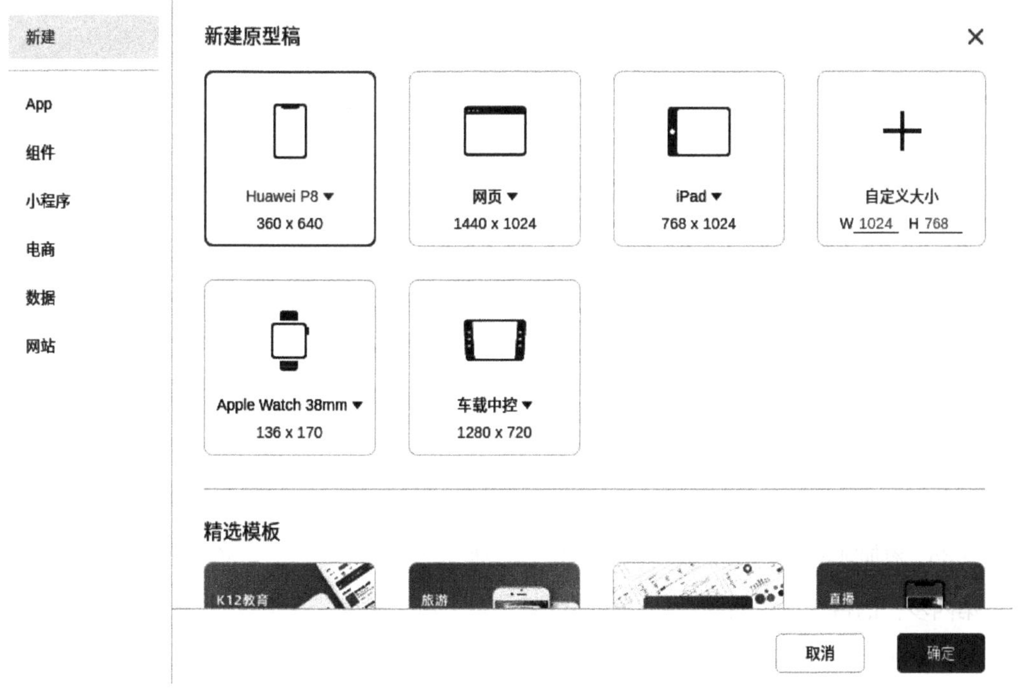

图4-33　Android的原型

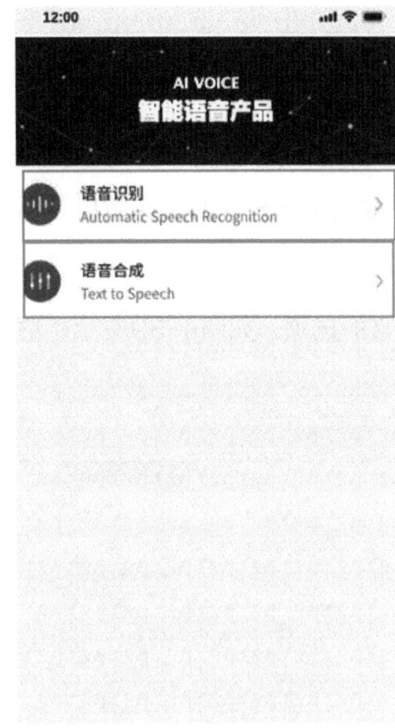

图4-34　首界面

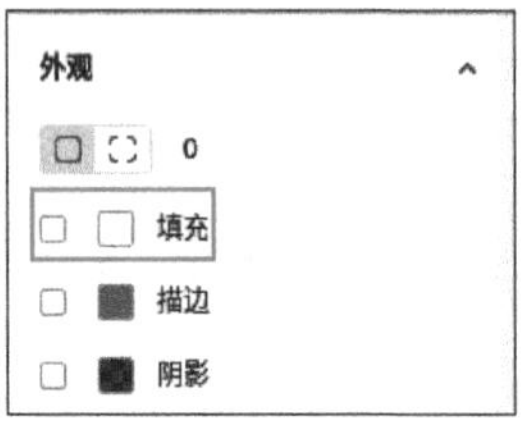

外观
0
填充
描边
阴影

图4-35　取消填充效果

主页面

图4-36　新建页面

图4-37　图片素材

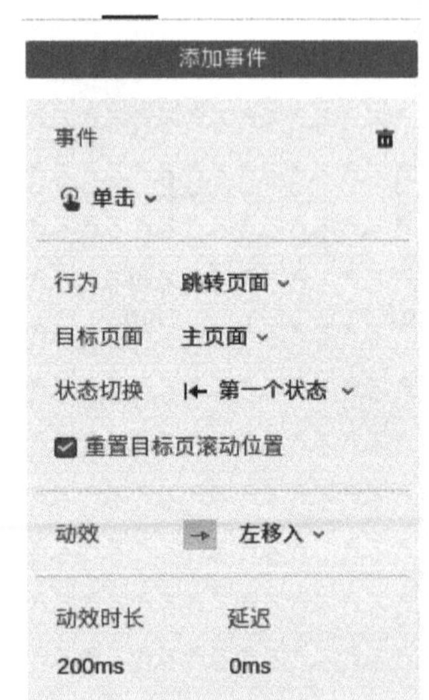

图4-38　添加跳转页面事件

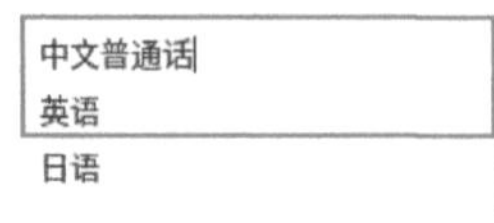

图4-39　下拉框选项

图4-40　语音识别界面

第四步：语音合成界面的设计。在该页面的左上角区域放置一个返回首页面的矩形元件，添加元件事件，单击会跳转到首页面，与上一步同理。在中间区域放置一个多行输入元件，将默认文字修改为“输入文字…”，宽为360，高为280。在区域下方放置一个矩形元件，宽为330，高为42，设置填充颜色为蓝色。之后添加文本元件，取消填充效果，放置在改蓝色矩形元件中间处，宽为80，高为40，文字为“合成试听”，效果图如图4-41所示。

第五步：在第一步中的“语音识别”和“语音合成”区域内布置的两个矩形元件上，分别添加事件，单击跳转各自的页面，如图4-42和图4-43所示。

图4-41 语音合成界面　　图4-42 切换到语音识别界面　　图4-43 切换到语音合成界面

H5页面的设计

以1920×1080dp进行设计。

第一步：设计首界面。在中间区域内放置两个按钮元件，大小为宽360，高85，按钮元件内的文字分别修改为“语音识别”和“语音合成”，在按钮元件的外观中设置属性按钮的阴影：x:0，y:2，模糊：6，扩散：0。效果如图4-44所示。

图4-44 主界面

第二步：语音识别。网页版支持录音文件的输入。先添加文本元件，字体大小改为36，字体加粗，文字是“录音文件识别”。在下方添加文本元件，文字为“选择录音文件，识别完成后返回结果”。引擎模型是指识别语言，这里添加下拉框，分别是中文普通话和英语；同理，结果样式也需要下拉框，它指的是输入结果是否含有时间戳。工作区内，在适当位置添加选择文件元件即可打开本地文件。在工作区下方添加“开始识别”和“返回主界面”文本元件并调整大小，然后在“返回主界面”文本元件的属性中添加事件，单击切换到主界面，效果如图4-45所示。

录音文件识别

选择录音文件，识别完成后返回结果

引擎模型 中文普通话

结果样式 含时间戳

录音文件

开始识别 返回主界面

图4-45　录音文件识别

第三步：精品音色合成。精品音色合成是基于更优质的算法进行合成，发音更加流畅。在选择“精品音色”和“普通音色”时选择添加分段器，选项为2个。在调整语速与音量时，添加滑动条，语速设置为-1到1，音量设置为0到10。合成支持文本的输入和本地的文字文本，因此需要选择文件元件，单击“选择文字文本”就会切换出选择文件按钮，单击“手动文本输入”就会切换出文本输入框，因此需要多行文本输入元件。同理在工作区下方添加“开始识别”按钮和“返回主界面”按钮，在“返回主界面”属性中添加事件，单击切换到主界面。这里需要将“选择文本文件”“手动文本输入”文本输入元件和选择文件元件在左下角元素处打包成组，在界面右侧组件状态新建一个状态，状态1修改为显示，状态2修改为隐藏，如图4-46所示。

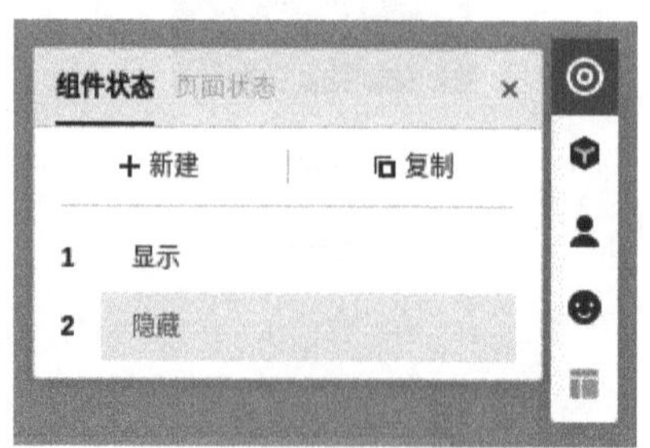

图4-46　新建状态

在状态1中，显示“选择文本文件”和文本输入元件，其他两个元件隐藏，如图4-47所示。

在状态2中，显示“手动文本输入”和选择文件元件，其他隐藏，如图4-48所示。

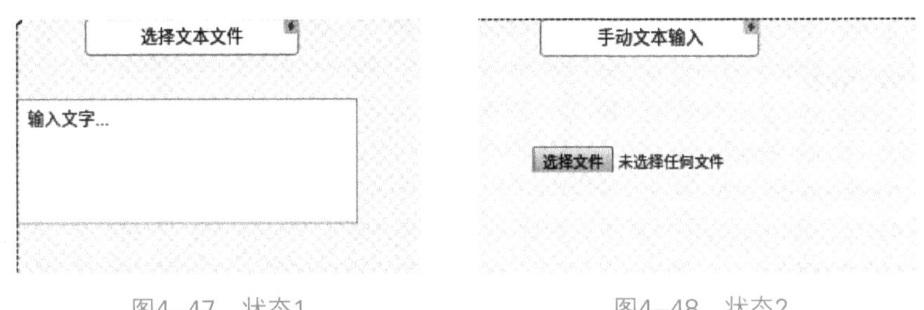

图4-47　状态1　　　图4-48　状态2

在工作区下方添加“开始合成”和“返回主界面”文本元件并调整大小，在“返回主界面”文本元件的属性中添加事件，单击切换到主界面。最后的界面效果如图4-49所示。

图4-49　精品音色合成

第四步：普通音色合成，如图4-50所示。与精品音色合成只有声音的选择不同，在此不再赘述。

第一步：选择音色

精品音色 普通音色 精品音色基于更优质的算法进行合成，发音更加细腻流畅。

智聆 通用女声　智美 客服女声　智瑜 情感女声　云小晚 成熟男声

第二步：调节语速与音量

语速 -1 0 1

音量 0 5 10

第三步：输入需要合成的文字

文字来源 选择文本文件

输入文字...

开始合成　返回主界面

图4-50　普通音色合成

任务2　腾讯云小微语音界面模板调用

语音交互界面（VUI）指的是为用户提供可进行语音交互的计算机平台，它能够实现自动化的服务并且提供完整的相关流程。腾讯云小微为用户提供了各种UI模板，本任务主要实现调用腾讯云小微的语音界面模板。

通过本任务的学习，需要了解VUI的发展情况以及应用场景；熟悉云小微平台中不同类型的UI模板；能够根据界面选择合适的技能VUI模板，设计出调用的技能VUI模板的JSON代码。

根据给定的源程序，调用长文本模板的思路如下：

第一步：分析界面效果图，选择合适的技能VUI模板。

第二步：分析VUI模板上的基础元组，比如相关的文本、图像、音频等元素。

第三步：合成相应的JSON代码。

知识准备

一、语音界面交互概述

语音界面交互（VUI）指的是为用户提供可进行语音交互的计算机平台，它能够实现自动化服务并且提供完整的相关流程。而设计VUI的时候，需要侧重于用户的语音交互过程，并且设计出相应的语音应用系统。由于VUI是面向用户的交互界面，因此满足用户的实际需求是至关重要的。

二、语音界面交互发展

VUI的发展经历了多个时期，由最初单一的功能，逐渐发展完善成为功能更加健全、使用更加方便的语音交互助手，为人们的生活带来了巨大便利。

1. VUI发展初期

VUI的雏形出现于20世纪50年代，贝尔实验室建立了一个单人语音数字识别系统，但该系统可以实现的功能较为单一，只能实现10个英文数字的识别，无法完成更多内容的识别任务。20世纪六七十年代，随着语音数字系统的不断完善，逐渐可以实现连续语音输入内容的识别，完成简单的“连续语音”识别任务。20世纪90年代，交互式语音应答（Interactive Voice Response，IVR）系统作为第一个可行的、非特定的语音识别系统而诞生，该系统的出现代表了VUI的第一个关键时期，它可以根据人们输入的语音内容执行相应的任务。在21世纪初期，IVR系统的出现给人们的生活带来了极大的便利，因此也成为当时的主流，人们可以通过语音完成机票预定、查询本地天气和电影排片等。虽然IVR系统很大程度上解放了人们的双手，但是该系统仍然存在很多问题，例如只能实现单轮任务的问答，交互方式比较单一，交互过程中不能进行中途打断等缺点。例如12306电话订票，其流程如下：

电话订票的流程：

1）拨通95105105电话订票服务号，按①进入订票流程。

2）根据大部分人的需求，选择普通订票。

3）选择车站订票。

4）根据语音提示输入4位乘车日期，如2021年1月10日，则输入“0110”。

5）有时候系统会提示说要输入四位验证码，按照系统提示的四位数字并输入。

6）选择车次、乘车站和到站、席坐。

7）输入订票张数和订票类型。

8）确认订票日期、车次和席别信息。

9）系统确认订票信息，判断还有没有余票。

10）请输入乘车人的证件号码。

11）购票成功后确认。

2．VUI发展关键期

随着语音交互系统的不断发展，当前正处于VUI发展的第二个关键时期。基于VUI实现的各种智能产品接踵而至，比如苹果手机的Siri、小米的小爱同学、华为的小艺和Cortana等集成了语音和视觉信息的语音助手，以及腾讯叮当和天猫精灵等语音设备。这些语音助手集成了视觉和语音信息的APP，可以同时使用语音和屏幕交互，是一种多模态的交互设计。当前VUI的发展已经可以实现多轮对话，并且对于用户语音内容的理解也更加准确了。腾讯叮当语音助手APP如图4-51所示。

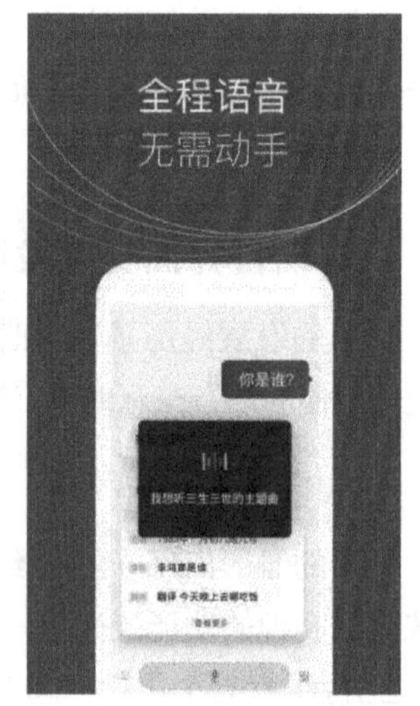

图4-51　腾讯叮当语音助手APP

三、语音交互应用场景

从功能机时代到智能机时代，人与机器的交互方式一直在存在而变化着。语音交互产品的应用场景主要在家庭、车载、移动等其他场景。

1．家庭场景

家居场景的语音产品主要集中在家庭娱乐、家居控制、医疗健康和陪伴教育。典型的设备有智能音箱、智能电视、空调、机器人等。

（1）智能音箱

智能音箱是智能家居的核心入口，近些年来，许多公司发布了各种音箱，见表4-1。

表4-1　智能音箱产品

时　　间	产　　品
2015年5月	科大讯飞与京东发布的“叮咚叮咚”
2016年11月	Google Home
2017年5月	联想的Smart Assistant
2017年6月	苹果的Home Pod
2017年7月	天猫精灵
2017年7月	小米AI音箱
2018年3月	小度智能屏
2018年12月	腾讯叮当智能屏

根据调查报告显示，用户在使用智能音箱时用得最多的前三个功能是：听音乐、提问题和查询天气。

（2）儿童教育机器人

儿童教育和陪伴机器人结合了语音交互功能，市场目标用户是K12阶段的人群（3～18岁），主要用途是儿童娱乐、互动和教育启蒙。其中优必选从2014年到2018年获得了4次投资，公司与腾讯合作研发出机器人悟空，它是通过腾讯云小微“叮当”开放平台构建的语音对话机器人，如图4-52所示。

图4-52　悟空机器人

2．车载场景

车载场景的语音产品主要用途在路线导航、周边搜索和目的地推荐。典型的设备是整车系统、后视镜、行车记录仪等设备。通过车载语音交互，释放驾驶员的手和眼，让司机专注于路况。除了被动地帮助驾驶员提供导航服务之外，智能导航系统还可以为驾驶者提供目的地推

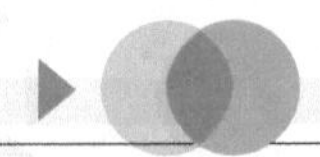

荐和行程规划的服务。导航系统将整合工作单位、餐厅、商场、游乐场所以及旅游景点的数据信息，自动为驾驶者安排行程规划供驾驶者参考。汽车将会为驾驶者量身定制生活规划服务，将便捷与高效的生活方式带给车主。国内智能驾驶舱市场规模如图4-53所示。

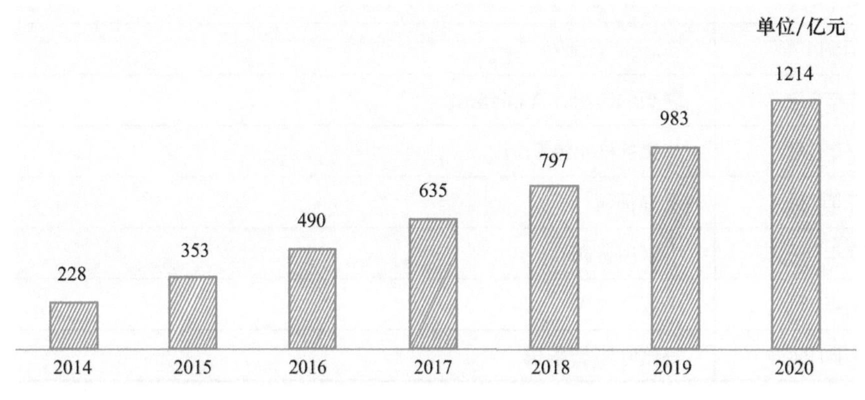

图4-53　国内智能驾驶舱市场规模

3．移动场景

语音交互产品在移动场景中主要有移动端语音助手和穿戴式设备。

（1）移动端语音助手

随身场景中最典型的智能手机上的语音助理有Siri、Google Now、小艺和Cortana等。现在还有很多APP中都有语音交互功能，如搜索、地图、购物、输入法、视频游戏等。

（2）穿戴式设备

典型的硬件设备有智能耳机、手表、手环等。主要应用在户外运动、路线导航以及周边搜索等。

4．其他场景

语音/聊天机器人在企业运营方面，特别是帮助改善客户和员工体验方面也是强需求的。对于解决客户问询、指引、信息录入等重复性工作，由语音交互产品或者服务类机器人代劳，可以释放人力资源。比如在银行如果需要办理相关业务，可以询问智能机器人所需要的资料以及手续，解决业务问题。在医疗中，病人可以在智能屏幕上输入自己的问题后，由机器人回应你所要挂号的科目，提高看病效率，最后还可以生成个人病历，供以后的体检做参考。

目前常见的有智能客服机器人、百度夜莺、阿里小蜜、腾讯企点客服机器人、网易七鱼等。

四、语音用户界面设计原则

VUI设计是用户与语音应用系统的交互设计直接面向用户的界面，能否满足用户需求的关键是系统能否成功的决定性因素之一。在设计界面时应该遵循以下5条基本原则：

1）尽量避免信息过载的情况，即尽量少地让用户单击，尽量减少跳转的动作，在尽可能少的操作步骤中展示必要的信息，提升用户体验。

2）人类对于音频信息的记忆是短期记忆。用户不可能一次记住大量的新信息，因此不要过度地利用短期记忆。

3）信息和VUI的组件必须以用户可以感知的方式呈现给用户。

4）创建足够简单清晰的可视化的布局，确保信息的正确传达而不会丢失。

5）提供不同的方式帮助用户导航、查找信息，并且确定其位置。

五、云小微语音界面模板

1．腾讯云小微的技能UI模板简介

在云小微设备平台，技能UI模板是设备接入技能的基础，每个技能UI模板均会对应一个tid信息，在实际接入云小微提供的官方技能或自行在技能平台创建的自定义技能时，接入技能UI模板是必要的一个环节。

开发者在平台创建应用时需要选择“设备界面”的实现方式为“自行开发”或“引用模板”，当选择的实现方式为“自行开发”时，需要开发者自行开发设备前端页面并根据云小微服务下发的字段信息组合在页面中显示数据，而当选择的实现方式为“引用模板”时则可以引用云小微对外开发的标准化技能UI模板（含UI及交互等），如图4-54所示。

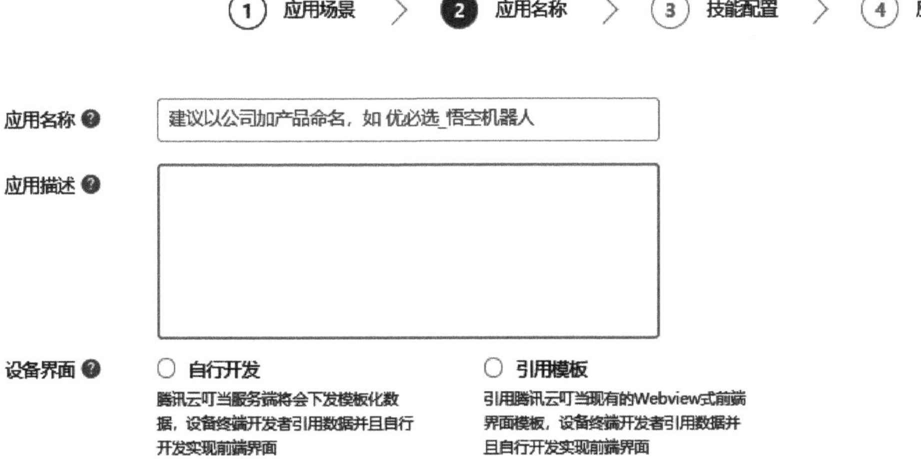

图4-54　模板选择界面

2．技能UI模板数据协议

当引用云小微对外开发的标准化技能UI模板时需要遵循以下数据协议：

```
{
 "controlInfo":{
     "version":"1.0.0",                       // 不可默认，协议版本信息
     "type":"TEXT",                           // 不可默认，协议类别，主要分为指令类和UI类
     "textSpeak":"true",                      // 可默认，默认值为"true"
     "titleSpeak":"true",                     // 可默认，默认值为"true"
     "subTitleSpeak":"true",                  // 可默认，默认值为"true"
     "audioConsole":"true",                   // 可默认，默认值为"true"
     "orientation":"portrait",                // 可默认，默认值为"portrait"
     "backgroundImageValid":"true"            // 可默认，默认值为"true"
 },
 "baseInfo":{
     "skillName":"DemoSkill",                 // 技能名称
     "skillIcon":"DemoSkillIcon",             // 技能图标
 },
 "globalInfo":{
     "backgroundImage":Image,                 // 用于存放背景图信息
     "backgroundAudio":Audio,                 // 用于存放背景音信息
     "seeMore":"https://dd.qq.com",           // 查看更多
     "toast":{
           "text":"I'm a toast text."
     },
     "playMode":"LIST",                       // 可默认，默认值为"LIST"，用于标识播放模式
     "listUpdateType":"COVER",                // 可默认，默认值为"COVER"
     "selfData":{}                            // 可默认，Object,技能私有字段
 },
 "listItems":[
    {},
    ...,
    {}
 ],
 "uriInfo":{
          "ui":{
    "url":"<scheme>://<host>:<port>/<path>;<params>?<query>#<fragment>"
        }
    },
 "templateInfo":{
       "t_id":"50001"
   },
 "extraInfo":{
     "contentCategory":"故事"
 }
}
```

从协议中可以看出共包含controlInfo、baseInfo、globalInfo、uriInfo、templateInfo和extraInfo对象。下面对常用的对象进行介绍。

（1）controlInfo对象

controlInfo对象用于存放UI展示的控制信息，例如纯文本、图文等。

controlInfo. version string类型，表示协议版本信息，默认为“1.0.0”。

controlInfo. type，string类型，表示当前协议类别，可以是NONE（无模板）、TEXT（纯文本）、GRAPHIC（图文类）、AUDIO（音频类）、VIDEO（视频类）、URI（视频类，用于登录、支付等场景）。

controlInfo. textSpeak，string类型，用于指示基础元组中textContent是否播报。

controlInfo. titleSpeak，string类型，用于指示基础元组中title是否播报。

controlInfo. subTitleSpeak，string类型，用于指示基础元组中subTitle是否播报。

controlInfo. audioConsole，string类型，用于指示基础元组中的音频是否显示控制台。

controlInfo. orientation，string类型，用于指示基础元组数组的排列方向。Landscape为横向、portrait为纵向。

controlInfo. backgroundImageValid，string类型，用于指示基础元组backgroundImage是否有效。

（2）baseInfo对象

baseInfo对象用于存放本次问答的基本信息，例如技能名称、技能图标。

baseInfo. skillName，技能名称，可选。

baseInfo. skillIcon，技能图标，可选。

（3）globalInfo对象

globalInfo对象用于存放下发内容中的全局元素，例如背景图片、查看更多等。

globalInfo. backgroundImage，格式同基础元组中image字段，全局背景图。

globalInfo. backgroundAudio，格式同基础元组中audio字段，全局背景音。

globalInfo. seeMore，查看更多，支持URL跳转。

globalInfo. playMode，播放模式，LIST（按顺序不循环）、LIST_CYCLE（按顺序、循环）、RANDOM（随机、循环）、SINGLE_CYCLE（单曲、循环）、MAINTAIN（标识当前循环模式不发生变化，如当前循环模式不存在，则按照“LIST”处理。）

（4）uriInfo对象

uriInfo对象用于统一资源类，用于支付、登录等场景。

ui. url，统一资源定位符，遵循业界URL的定义，支持包含HTTP、HTTPS等在内的多种协议。

（5）templateInfo对象

templateInfo对象用于存放模版相关的信息。

controlInfo. type=TEXT/GRAPHIC/AUDIO/VIDEO，表示UI类协议。

（6）extraInfo对象

extraInfo对象用于承载一些额外信息，不用于展示。

extraInfo. contentCategory用于标识内容分类。

3．技能UI模板基础元组协议

协议中listItems数组元素由基础元组填充。基础元组的协议如下：

```
{
    "title":"DemoTitle",                        // 标题，默认呈现和播报
    "subTitle":"DemoSubTitle",                  // 副标题，默认呈现和播报
    "textContent":"DemoTextContent",            // 内容，默认呈现和播报
    "image":{                                   // 非背景图片资源
        "contentDescription": "I'm picture's description...",
        "sources":[
            {
                "url":"https://dingdang.qq.com/image1.png",
                "size":"SMALL",                 // 图片规格
                "widthPixels": 720,
                "heightPixels": 480
            },
        ]
    },
    "backgroundImage":{                         // 背景图片资源
        "contentDescription": "I'm picture's description...",
        "sources":[
            {
                "url":"https://dingdang.qq.com/image1.png",
                "size":"SMALL",    // 图片规格
                "widthPixels": 720,
                "heightPixels": 480
            },
        ]
    },
```

```
    "audio":{                              // 音频资源
        "stream":{
            "url":"https://dingdang.qq.com/audio1.mp3",
        },
        "metadata":{
            "offsetInMilliseconds": 0,     // 播放偏移时间
            "totalMilliseconds": 1000,     // 播放总时长
            "groupId"："",                 // 用于标识当前音频资源的所属集合
            "expandAbility": []            // 支持的自定义功能
        }
    },
    "video":{                              // 视频资源
        "sources":[
            {
            "url":"https://dingdang.qq.com/video1.mp4",
              "size":"NORMAL"
            },
    ],
    "metadata":{
            "offsetInMilliseconds": 0,     // 播放偏移时间
            "totalMilliseconds": 1000      // 播放总时长
    }
     },
    "uriInfo":{
        "ui":{
          "url":"<scheme>://<host>:<port>/<path>;<params>?<query>#<fragment>"
        }
    },
    "htmlView":"https://dingdang.qq.com", // 落地页/跳转链接
    "mediaId":"media_12345",               // 内容ID，该条资源的唯一ID
    "tags":[                               // 内容标签，支持为指定内容下发复数的标签
        "精品",
        "推荐",
        ...
    ],
  "selfData":{}                            // Object, 技能私有字段，模版实现不依赖该字段信息
}
```

从基础元组的数据协议可以看到，字段主要包括图片（image、backgroundImage）、音频字段（audio）、视频字段（video）。

（1）图片字段（image、backgroundImage）

图片字段（image、backgroundImage）内嵌sources数组，以支持自定义大小的图片数据的下发。

contentDescription，图片的文本描述，当图片未加载完成时，显示该文本。

sources. url，图片资源的URL。

sources. size，标明图片尺寸类别。包括：X_SMALL（480×320），SMALL（720×480），MEDIUM（960×640），LARGE（1200×800），X_LARGE（1920×1280）。

sources. widthPixels，图片宽度，可选。

sources. heightPixels，图片高度，可选。

（2）音频字段（audio）

音频字段（audio）用于存放音频链接。

stream. url，存放音频链接。

metadata. offsetInMilliseconds，播放偏移量。

metadata. totalMilliseconds，资源总时长。

metadata. groupId，用于标识当前音频资源的所属集合。

metadata. expandAbility，用于指示当前资源详情页的扩展功能区信息。

（3）视频字段（video）

视频字段（video）用于存放视频链接。

sourcesu. url，视频资源URL。

sourcess. size，视频资源品质，包括FLUENCY（流畅（270P））、SD（标清（480P））、HD（高清（720P））、BLUELIGHT（蓝光（1080P））。

metadata. offsetInMilliseconds，播放偏移量。

metadata. totalMilliseconds，资源总时长。

4. 腾讯云小微的语音界面分类

云小微屏幕技能UI模板中提供了一些交互模板。根据模板屏幕的大小和形状可以分为云小微大屏技能UI模板、云小微小屏技能UI模板、云小微圆屏技能UI模板。

其中，每一个类型的UI模板都有长文本模板、短文本模板、大图模板、多图模板、宫格模板、列表模板、音频模板、视频模板、天气模板、闹钟模板和提醒模板。云小微对外开放的技能UI模板分为已Web化模板和未Web化模板，选择了“引用模式”的应用可直接引用已Web化模板，但对于未Web化的模板，开发者需参考模板文档中提供的参考前端界面UI、交互自行进行开发。技能UI模板的信息见表4-2。

表4-2 技能UI模板信息

模 板 名	模板id	t_id	是否已Web化
长文本模板	LongTextTemplate	10001	是
短文本模板	ShortTextTemplate	20002	是
大图模板	ImageTemplate	20001	是
多图模板	MultiImageTemplate	10002	是
图文模板A	ImageAndTextTemplateA	20003	是
图文模板B	ImageAndTextTemplateB	20004	是
宫格模板	GridTemplate	40001	是
列表模板	ListTemplate	30002	是
音频模板	AudioTemplate	50001	否
音频宫格	AudioPalaceTemplate	50002	否
视频模板	VideoTemplate	60002	否
天气模板A	WeatherTemplateA	20005	否
天气模板B	WeatherTemplateB	20006	否
短文本模板	ShortTextTemplate	20002	是
添加闹钟模板	ClockAlarmTemplate	90001	否
查看闹钟模板	ClockAlarmTemplateB	90002	否
删除闹钟模板	ClockAlarmTemplateC	90003	否
添加提醒模板	RemaindTemplateA	90006	否
查看提醒模板	RemaindTemplateB	90007	否
删除提醒模板	RemaindTemplateB	90007	否

本书以大屏技能UI模板为例，详细介绍常用的长文本模板、大图模板、宫格模板和列表模板。

（1）长文本模板

长文本模板是以长文本为主体，用以向用户呈现内容信息的模板，通常用于需要呈现较多文本的技能，可以通过添加背景图来加强传递信息的氛围。

模板id：LongTextTemplate。　　　　t_id：10001。

是否已Web化：已Web化，可直接调用。

UI参考模板如图4-55所示。

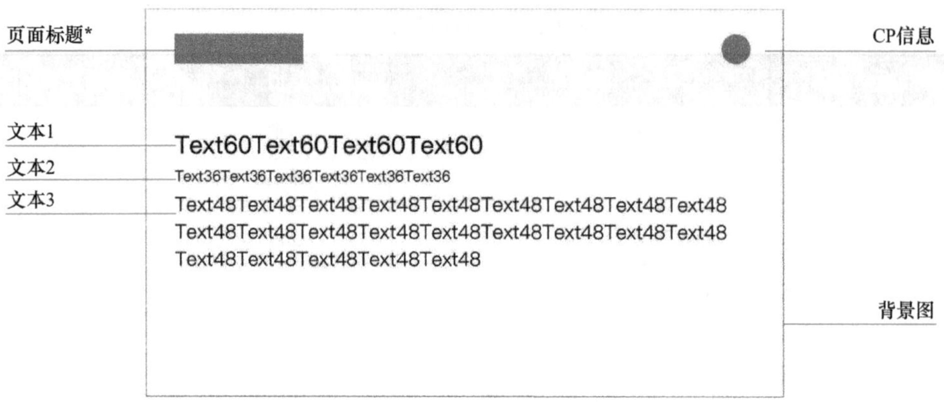

图4-55　长文本模板

模板中的数据字段的详细信息见表4-3。

表4-3　长文本模板数据字段详细信息

字　段	必　选	描　述	数据字段
播报语	声音	- 播报语与音频必填一项 - 播报语为独立选项，与显示文本无必然关联 - 播报语与音频共存时，先播放播报语，再播放音频	
音频	声音	- 播报语与音频必填一项 - 播报语与音频共存时，先播放播报语，再播放音频	
页面标题	建议舍弃	- 选择使用固定文本或用户语料	
文本1	可选	- 无则不显示 - 文本至少保留一个 - 字符数不作限制，建议不超过两行	listItems[].title
文本2	可选	- 无则不显示 - 文本至少保留一个 - 字符数不作限制，建议不超过两行	listItems[].subTitle
文本3	可选	- 无则不显示 - 文本至少保留一个 - 字符数不作限制	listItems[].textContent
CP信息	可选	- 无则不显示 - CP信息由技能ICON+技能名称组成，均从TSK平台拉取 - 技能ICON为90×90px	baseInfo
背景图	可选	- 无则使用默认背景 - 尺寸为1280×800px	globalInfo.backgroundImage

模板使用示例如图4-56所示。

图4-56　长文本模板示例图

(2) 大图模板

大图模板是以图片展示为主的模板，附带有文字说明，用以向用户呈现高清图片以及少量文本信息的模板，大图模板的图片是必选项目。

模板id：ImageTemplate。　　t_id：20001是否已web化：已Web化，可直接调用

UI参考模板，如图4-57所示。

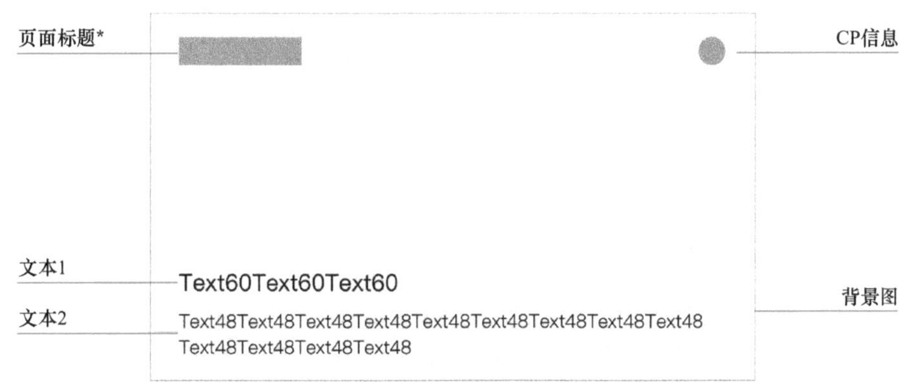

图4-57　大图模板

模板中的数据字段的详细信息见表4-4。

表4-4　大图模板数据字段详细信息

字　段	必　选	描　述	数据字段
播报语	声音	- 播报语与音频必填一项 - 播报语为独立选项，与显示文本无必然关联 - 播报语与音频共存时，先播放播报语，再播放音频	
音频	声音	- 播报语与音频必填一项 - 播报语与音频共存时，先播放播报语，再播放音频	

（续）

字　段	必　选	描　述	数据字段
页面标题	必选	– 选择使用固定文本或用户语料	
背景图	必选		globalInfo.backgroundImage
文本1	可选	– 无则不显示 – 文本至少保留一个 – 字符数不作限制，建议在一行以内	listItems[].title
文本2	可选	– 无则不显示 – 字符数不作限制，建议在一行以内	listItems[].textContent
CP信息	可选	– 无则不显示 – CP信息由技能ICON+技能名称组成，均从TSK平台拉取 – 技能ICON为90×90px	baseI

模板使用示例如图4-58所示。

图4-58　大图模板示例图

（3）宫格模板

宫格模板是以图文选项为主，供用户进行选择决策的模板，通常用于展现多个同类的消费选项和非音频类的模板内音频类的选择，使用音频模板的专辑页面。

模板id：GridTemplate。　　t_id：40001是否已Web化：已Web化，可直接调用

UI参考模板如图4-59所示。

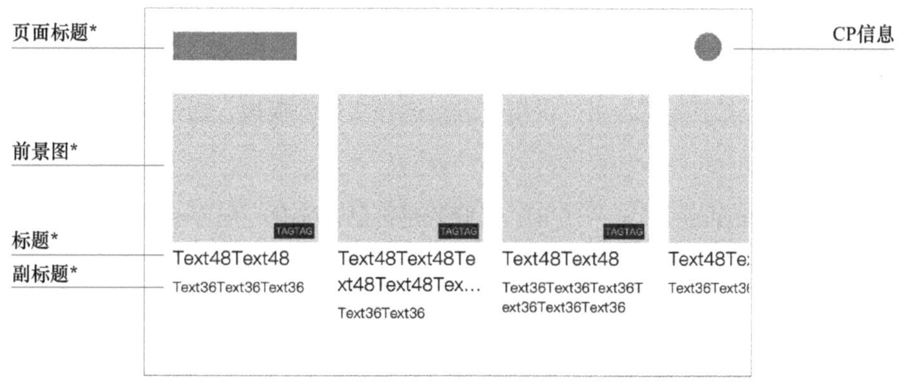

图4-59　宫格模板

模板中的数据字段的详细信息见表4-5。

表4-5　宫格模板数据字段详细信息

字　段	必　选	描　述	数据字段
播报语	声音	– 播报语与音频必填一项 – 播报语为独立选项，与显示文本无必然关联 – 播报语与音频共存时，先播放播报语，再播放音频	
页面标题	必选	– 选择使用固定文本或用户语料	
前景图	必选	– 图片	listItems[].image
标题	可选	– 字符建议不超过两行	listItems[].textContent
副标题	可选	– 字符建议不超过两行 – 如有，则需要每个宫格都有	listItems[].textContent
标签信息	可选	– 用于显示该宫格选项的属性 – 文本，不超过4个汉字	listItems[].tags
CP信息	可选	– 无则不显示 – CP信息由技能ICON+技能名称组成，均从TSK平台拉取 – 技能ICON为90×90px	baseInfo

模板使用示例如图4-60所示。

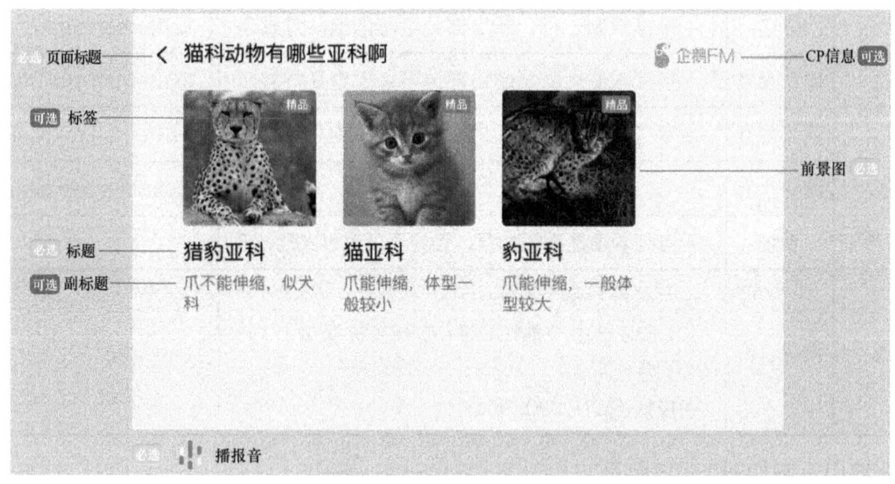

图4-60　宫格模板示例图

（4）列表模板

列表模板，是以文字选项为主，供用户进行选择决策的模板，通常用于展现多个同类的消费选项。

模板id：ListTemplate。　　t_id：30002是否已Web化：已Web化，可直接调用。

UI参考模板如图4-61所示。

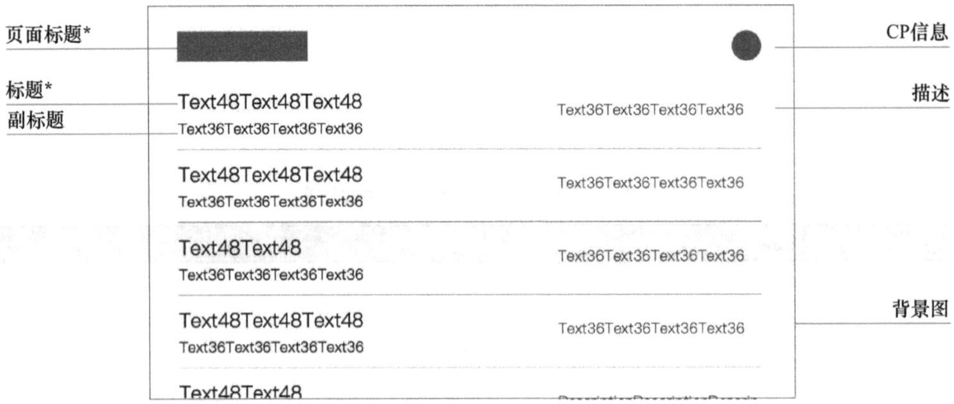

图4-61　列表模板

模板中的数据字段的详细信息见表4-6。

表4-6　列表模板数据字段详细信息

字　段	必　选	描　述	数据字段
播报语	声音		
页面标题	建议舍弃	– 选择使用固定文本或用户语料	
标题	必选	– 字符限制一行，超出部分可考虑跑马灯展示	listItems[].title
副标题	建议舍弃	– 字符限制一行，超出部分可考虑跑马灯展示	listItems[].subTitle
描述	建议舍弃	– 字符限制一行，超出部分可考虑跑马灯展示	listItems[].textContent
背景图	建议舍弃		globalInfo.backgroundImage
加载更多按钮	系统	– 当列表项是在线加载，且列表项超过20时出现	
CP信息	建议舍弃	– 无则不显示 – CP信息由技能ICON+技能名称组成，均从TSK平台拉取 – 技能ICON为90×90px	baseInfo

模板使用示例如图4-62所示。

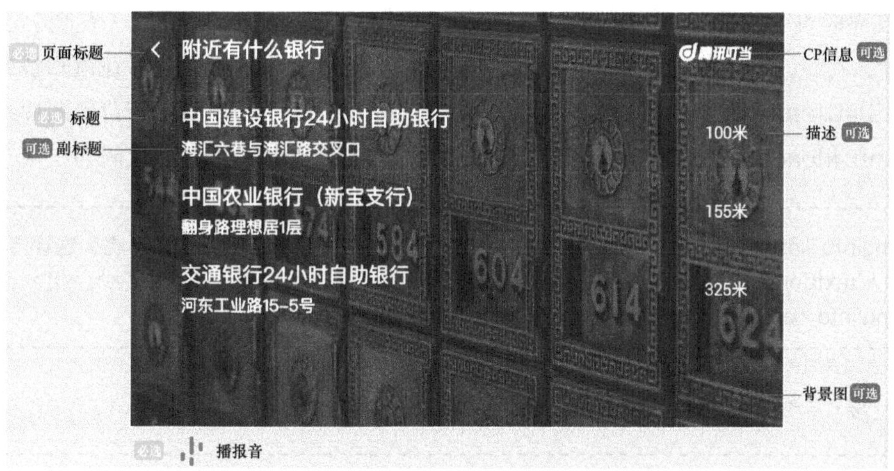

图4-62　列表模板示例图

任务实施

为图4-63选择合适的技能VUI模板，写出调用技能VUI模板的JSON代码。

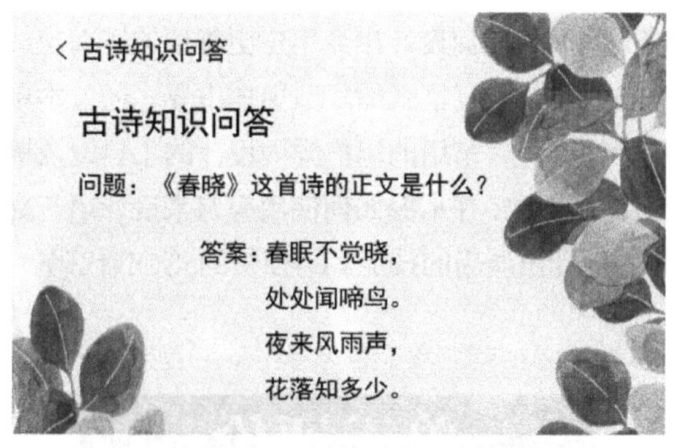

图4-63　知识问答界面

第一步：分析图4-63，选择合适的技能VUI模板。

通过界面元素文本包含标题、子标题、正文和背景图可以确定技能VUI模板类型为长文本模板。t_id为10001，当前协议为TEXT，界面不涉及语音播报。根据数据协议可以得到相关的JSON代码为：

```
String info_skill="\"controlInfo\":{\"textSpeak\":\"false\",\"titleSpeak\":\"false\",\"type\":\"TEXT\",\"version\":\"1.0.0\"},\"templateInfo\":{\"skill_info\":\"history_kbqa|1026355973436379136\",\"t_id\":\"10001\"},\"uriInfo\":{\"ui\":{\"url\":\"https://3gimg.qq.com/trom_s/dingdang/sdk/templates/templates.html?_tid=10001\"}}";
```

第二步：分析界面中的基础元组。

通过界面可以分析出：标题为“古诗知识问答”，子标题为“问题：《春晓》这首诗的正文是什么？”，正文为“答案：春眠不觉晓，处处闻啼鸟。夜来风雨声，花落知多少。”，分别对应listItems []的title、subTitle和textContent。另有相应的CP和背景图片，分别对应baseInfo和backgroundImage。根据数据协议可以得到相关的JSON代码为：

```
Stringinfo_list="\"listItems\":[{\"title\":\"古诗知识问答\"},{\"subTitle\":\"问题:《春晓》这首诗的正文是什么？ \"},{\"textContent\":\"答案：春眠不觉晓，处处闻啼鸟。夜来风雨声，花落知多少。\"}]";
String info_background=\"globalInfo\":{\"backgroundImage\":\"image.png \"};
```

第三步：合成相应的JSON代码。

```
String info="{"+info_skill+","+info_list+","+info_background+"}";
```

单元小结

在人机交互快速发展的同时，如何设计出令用户更舒适的界面也成了很重要的一个问题，其中，作为基于语音输入的新一代交互模式的VUI更加重要。通过本单元的学习，了解了交互界面的发展、用户界面设计的流程、常用的用户界面设计的工具以及语音交互的发展和应用场景。读者要熟悉墨刀和云小微模板，并掌握如何使用墨刀来设计语音交互原型界面以及如何选择合适的技能VUI模板，并设计出调用的技能VUI模板的JSON代码。

单元评价

通过学习以上任务，看自己是否掌握了以下技能，在技能检测表中标出已掌握的技能。

评价标准	个人评价	小组评价	教师评价
交互界面初识			
VUI的发展			
语音交互产品的应用场景			
用户界面设计流程与原则			
墨刀实现用户界面原型设计			
腾讯云小微的技能VUI模板使用方法			

备注：A为能做到；B为基本能做到；C为部分能做到；D为基本做不到。

课后习题

一、单项选择题

1．______是图形化交互，______是语音交互，______是对话式交互。（　　）

①CUI　②VUI　③GUI

A．③②①　　B．①②③　　C．①③②　　D．②③①

2．在用墨刀设计原型时，要想在同一个地方循环播放两张图片，可以使用哪一种元件？（　　）

A．图片元件　　B．多行输入元件　　C．轮播图元件　　D．矩形元件

3．一个分段器元件最少要有几个按钮？（　　）

A．1　　B．2　　C．3　　D．4

4．以下哪项不是数据结构设计的内容？（　　）

A．数据特征的描述　　B．确定数据的结构特性

C．数据库的设计　　D．算法实现

二、简答题

1．用户界面设计一般分为几个阶段？分别是什么？

2．常见的交互方式有哪几种？分别有什么特点？

3．墨刀中的单行输入元件与多行输入元件的主要区别是什么？

UNIT 5

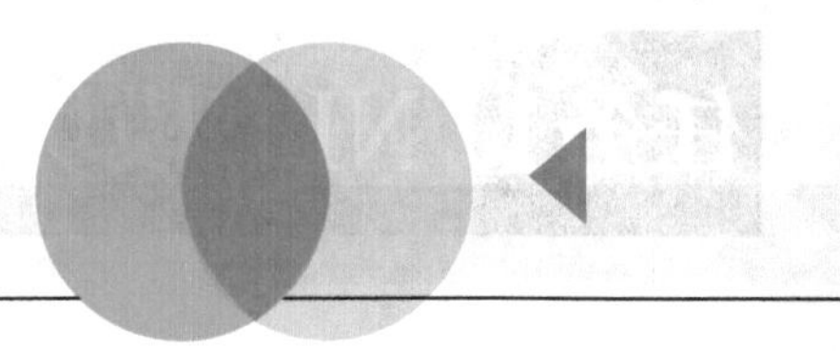

单元 5 人机对话系统中的自然语言处理

学习目标

⇨知识目标

- 了解对话管理系统的概念和主要模块
- 理解NLU自然语言理解模块中意图和槽位的功能与实现
- 了解DM对话管理模块的概念
- 理解DST对话状态追踪与DPL对话策略学习模块的设计与实现
- 理解NLG自然语言生成模块的概念与实现

⇨技能目标

- 使用腾讯云小微技能平台实现人机对话中的NLU、DM、DST三大模块
- 能够熟练使用腾讯云小微技能平台

⇨素质目标

- 尊重腾讯云小微技能平台的操作规则
- 提高动手能力和逻辑思维能力
- 能从用户角度出发解决人机对话系统中的自然语言处理问题

任务1 NLU模块设计与实现

任务描述

本任务主要讨论如何在面向任务的对话系统设计自然语言理解（NLU）模块，包括根据特定任务定义意图和相应的槽位，以及从用户的语料中获取任务目标的意图识别方法和对应的槽位填充方法。

任务目标

通过本任务了解对话管理系统的概念和主要的三个模块；熟悉第一个模块NLU的意图和槽位功能以及实现方法；掌握使用腾讯云小微平台实现订餐机器人NLU模块的技术。

任务分析

实现NLU模块功能的思路如下：

第一步：在技能平台中新建技能并命名。

第二步：新建意图，并在意图中输入初始语料。

第三步：创建槽位，并在每个槽位中添加引导语。

第四步：在槽位语料中添加语料，并对语料进行标记。

知识准备

一、对话管理系统概述

对话管理系统根据不同的设计目的，主要分为三类：闲聊型对话系统、问答系统和任务型对话系统。

1）闲聊型对话系统是让用户与系统进行更深入的对话交流，主要作用是情感陪护和娱乐。

2）问答系统是回答用户关于事实性问题的提问，有基于地理知识的问答、生活常识的问答、文本问答、社区服务问答以及表格使用方式问答等领域。

3）任务型对话系统是帮助用户完成特定的任务（如订票、订房等）。因为任务型对话系统使用对话来完成任务，所以这种完成任务的方式更自然。

当谈论对话系统时，通常谈论的是任务导向型对话系统。创建一个系统的目的是要在生活中发挥一定的功能和辅助作用。任务导向型对话系统按其模型可分为两类：一类是基于管道（Pipeline）的方法，另一类是基于端到端（End-to-end）的方法。

1．基于管道（Pipeline）的方法

Pipeline：表达的意思是一个系统包含了多个模块，数据输入到系统之后，按顺序被一个个模块处理，把前一个模块的输出作为后一个模块的输入，最终得到输出。

基于Pipeline的方法中，任务型对话系统从结构上可以划分为三个模块：自然语言理解（NLU）、对话管理（DM）、自然语言生成（NLG），图5-1为对话系统的主要模块。

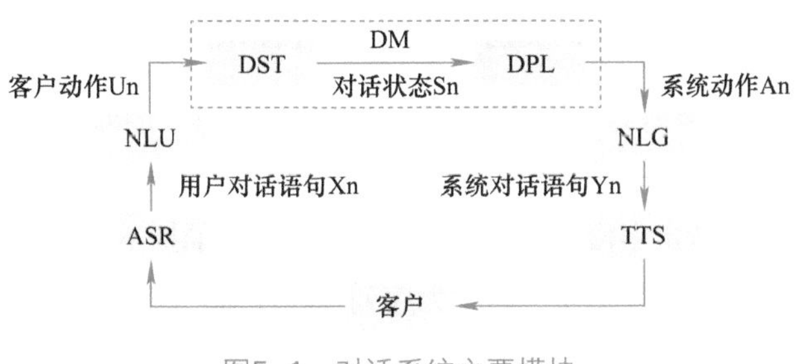

图5-1　对话系统主要模块

1）自然语言理解（NLU）：主要作用是对用户输入的句子或者语音识别的结果进行处理，提取用户的对话意图以及用户所传递的信息。

2）对话管理（DM）：对话管理分为两个子模块，对话状态追踪（DST）和对话策略学习（DPL），其主要作用是根据NLU的结果来更新系统的状态，并生成相应的系统动作。

3）自然语言生成（NLG）：其主要作用是将DM输出的系统动作文本化，用文本的形式将系统的动作表达出来。

在与用户直接关联的两个模块中，ASR指的是自动语音识别，TTS指的是语音合成。ASR和TTS并不是系统必备的模块，也不是本书介绍的重点，因此在面向任务的对话系统中不对这两部分技术做详细介绍。

2．基于端到端（End-to-end）的方法

End-to-end：是指用一端输入原始数据，一端输出最后的结果，忽略中间过程，只关心输入和输出。

Pipeline和End-to-end从模型的设计上来说，更注重对于输入序列的分析，注重如何有效提取特征以及如何避免梯度消失之类的问题。正是因为它们能够有效地从句子中提取特征，所以不论是在对话系统，还是在其他NLP各式各样的子领域都得到很好的效果。

二、NLU模块功能及实现

对面向任务的对话系统来说，NLU模块的主要任务是将用户输入的自然语言映射为用户的意图和相应的槽位值。因此，在面向任务的对话系统中，NLU模块的输入是用户对话语句，输出是解析对话语句后得到的用户动作。该模块涉及的主要技术是意图识别和槽位填充，这两种技术分别对应用户动作的两项结构化参数，即意图和槽位。

1. 意图识别和槽位的定义

意图识别和槽位共同构成了“用户动作”，机器是无法直接理解自然语言的，因此用户动作的作用便是将自然语言映射为机器能够理解的结构化语义表示。

意图识别主要目的是判断用户想要做什么。比如，用户向机器人提问，机器人需要判断用户是否询问天气、旅游或电影等信息。意图识别可以理解为是一个文本分类问题，需要明确意图的类型，即需要预先定义意图的类别，然后考虑意图识别的问题。

槽位即意图所承载的参数。一个意图可以对应多个槽位，例如，在订购机票时，必须提供必要的参数，如出发地、目的地和时间。上述参数是与“订购”意图相对应的槽位。语义槽位填充主要目的是在已知特定字段或特定意图的语义框架的前提下，从输入语句中提取预先定义的语义槽值。语义槽位填充任务可以转化为序列标注任务，即将一个单词标记为语义槽的开始、延续或非语义槽。

为了使任务型对话系统能够正常工作，首先需要对意图和槽位进行设计，它们可以让系统知晓要执行哪个特定任务，并给出执行任务所需的参数类型。以“查询机票”的具体需求为例，设计任务型对话系统中的意图和槽位，具体如下所示。

用户输入示例：“帮我查询明天到北京的机票。”

用户意图定义：查询机票，Ask_ticket

槽位定义：

槽位一：时间，Date

槽位二：出发地，Start_place

槽位三：目的地，End_place

“查询机票”的需求对应的意图和槽位如图5-2所示。

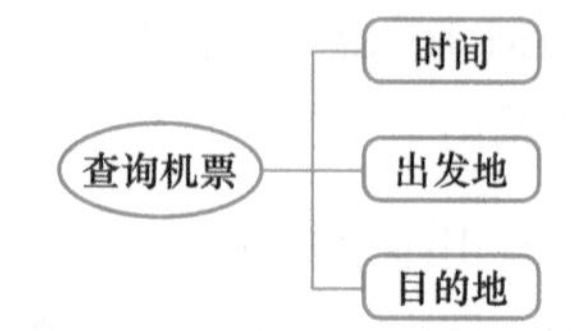

图5-2 “查询机票”的意图和槽位

对于简单的任务，通过图5-2就可以解决任务需求。然而在现实环境中，任务型对话系统通常需要能够同时处理多项任务。例如，订票系统应能回答“查询机票”之外的“查询机票信息”问题。

对于同一系统处理多项任务的复杂情况，优化的策略是比定义更高级别的领域，例如将“查询机票”意图和“查询机票信息”意图归属于“机票”领域。在这种情况下，领域可以理解为意图的集合。定义领域和领域识别的优点是可以限制领域知识的范围，以此来减少后续意图识别和槽位填充的搜索空间。因此改进了图5-2中的示例，并添加了“机票”领域，具体改进如下：

用户输入示例

1．“帮我查询明天到北京的机票。”

2．“帮我查询一下机票信息。”

领域定义：订票， Book_ticket

用户意图定义

1．查询机票，Ask_ticket

2．查询机票信息，Ask_ticket information

槽位定义

槽位一：时间，Date

槽位二：出发地，Start_place

槽位三：目的地，End_place

槽位四：航班号，Flight_number

槽位五：剩余票数，Remaining_votes

槽位六：票价，Ticket _price

改进后的“查询机票”的需求对应的意图和槽位如图5-3所示。

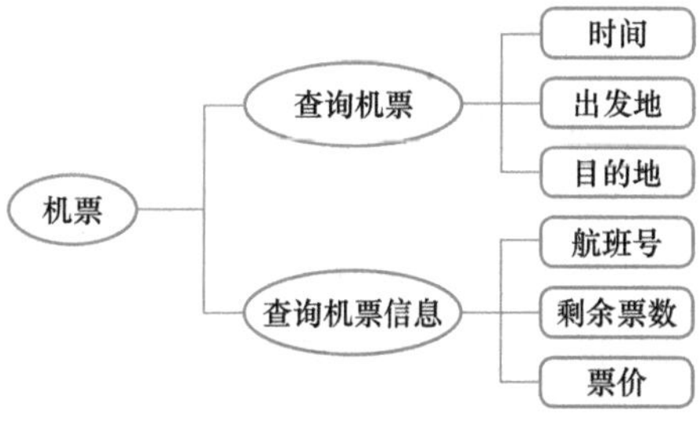

机票
查询机票
时间
出发地
目的地
查询机票信息
航班号
剩余票数
票价

图5-3 改进后的“查询机票”意图和槽位

2．意图识别和槽位填充

（1）如何实现意图识别

实现意图识别的方式主要有以下三个：规则模板、统计机器学习和深度学习。

1）规则模板。

通过人工分析每个意图下的代表性例句，总结出规则模板，然后经过分词标注、词性标注、命名实体识别等方式，将用户的输入语句应用到现有模板中。当相应的意图模板达到某个阈值时，此输入将被认为属于此意图类别。以“订机票”意向为例，需事先收集一些用户的相关查询语料，然后总结形成一个模板。

从广州到贵阳市的航班

东营到济南的航班

济南去大连的航班

查询大大后天广州到武汉的航班

十月四号从广州到北京的飞机票多少钱

查询上海到丽江飞机票的价格

明天从桂林飞往杭州的航班

武汉到北京的飞机票

归纳出模板示例如下：

[地名]{到|去|飞|飞往}[地名]{机票|飞机票|航班}*

其中*表示任何字符，{}表示关键词，[]表示实体类型或词性，|表示或。当用户输入“查询明天大连到北京的机票”时，对查询语料进行分词和词性标注，匹配地名“大连”和“北京”，关键词“到”和“机票”，它们的组合高度匹配预定义的模板，因此我们确认查询的目的是“订票”；另外，对于“下周二是否有前往贵阳的航班”，模板只能匹配一个地名“贵阳”和一个关键词“航班”。此外，如果匹配度高于其他预期模板，则可以认为此查询语料库是“订机票”的意图。

使用规则模板进行意图识别的准确率比较高，但召回率较低，尤其是对于长尾查询语料；此外，该方法在规则模板的制定过程中需要大量的人工参与，不易自动化，也不易移植。

2）统计机器学习。

使用统计机器学习算法进行文本分类需要人工提取文本特征，如词性特征和实体类型特征；特征提取后，进行TF-IDF矢量化，然后采用支持向量机、逻辑回归、随机森林等算法进行训练。显然，该方法在设计领域的相关特征也需要大量的人工操作，而且使用统计机器学习算法进行文本分类的效果并不理想。

3）深度学习。

使用神经网络对文本进行建模和分类。它省去了人工设计和提取特征的过程，也可以借助预先训练好的具有语义知识的词向量进行训练。然而这种方法需要大量的训练数据，训练数据又需要大量的人工标注。规则模板方法不需要标注数据。

（2）如何实现槽位填充

槽位填充包括命名实体识别和槽位预测。事实上，命名实体识别并不严谨。例如，在“订机票”的语义槽位中，应该有“出发地”和“目的地”。“出发地”和“目的地”都是地名，但顺序不能改变，也就是说，不能被“地名”所取代，命名实体识别的实践是将它们视为“地名”。只能说槽位填充是一项序列标注任务，但不能说序列标注任务是命名实体识别，且不能在标注数据时标注相同。图5-4中的标注数据显示了两种标注方式的差异。

	武	汉	到	北	京	的	飞	机	票
命名实体识别标注：	B-city	I-city	O	B-city	I-city	O	O	O	O
槽位填充标注：	B-dept	I-dept	O	B-arr	I-arr	O	O	O	O

图5-4　命名实体识别标注和槽位填充标注区别

从图中可以看出，在槽位填充标注中，使用dept和arr来区分出发地和目的地实体，以便对具有订机票意图的城市实体进行标注。因此，应该使用图5-4中的第二种标注方法对数据进行标注，然后训练序列注释模型，最后使用该模型识别槽位值。

三、腾讯云小微NLU功能及实现

1. 腾讯云小微意图识别技术

从语义数据结构角度来看，一个意图由基本信息、语料和槽位组成。意图分为自定义意图和系统意图，如图5-5为意图分类示意图，其中自定义意图由开发者自己创建和管理，可以任意编辑语料和槽位，系统意图是一些基础的控制指令类意图，比如暂停、继续、下一个、上一个等，它们已经建好，开发者通过引用的方式直接使用即可。

图5-5　意图分类示意图

（1）自定义意图

自定义意图具有很强的灵活性，整个意图的对话模型完全由开发者自己来定制。如果选择了自定义意图，则需要开发者自己来完成槽位创建、添加语料、语料标注、实体添加的过程，自定义意图如图5-6所示。

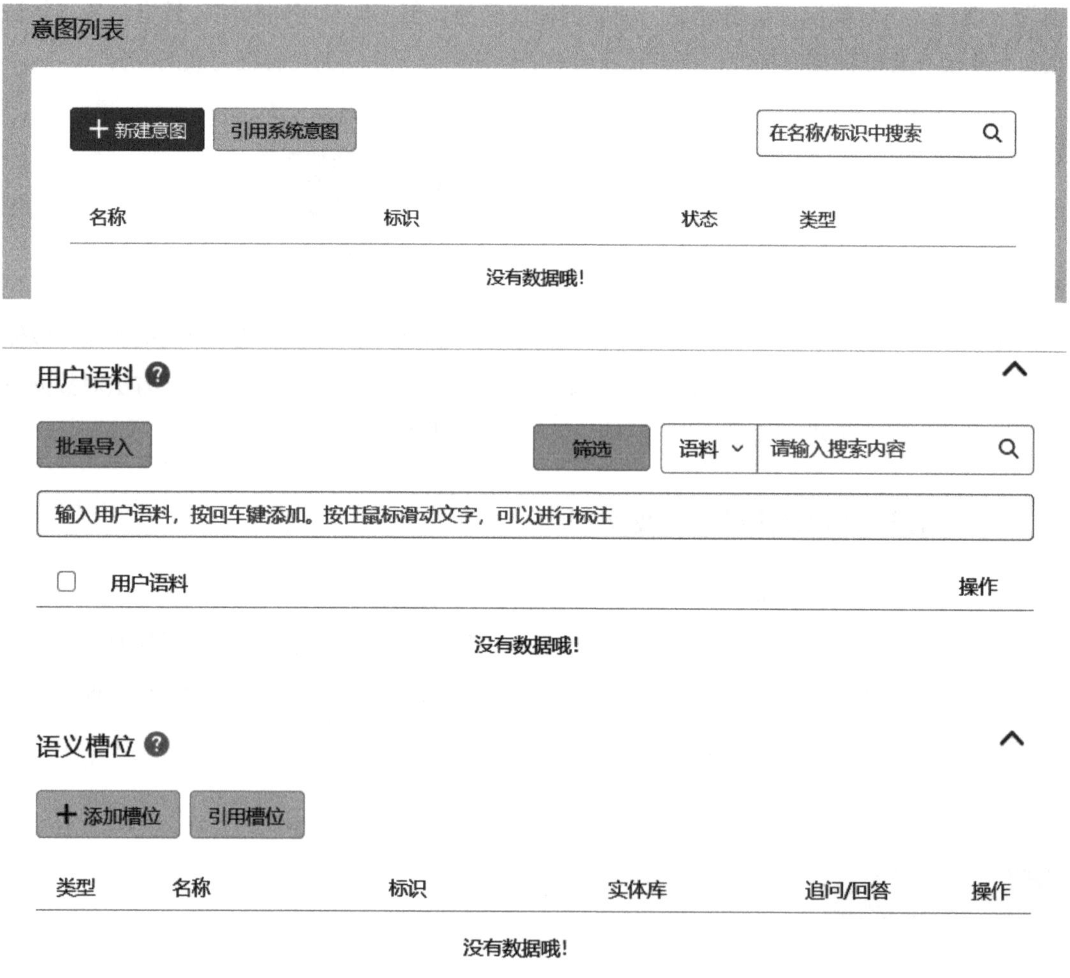

意图列表

+ 新建意图　引用系统意图　在名称/标识中搜索

名称　标识　状态　类型

没有数据哦！

用户语料

批量导入　筛选　语料　请输入搜索内容

输入用户语料，按回车键添加。按住鼠标滑动文字，可以进行标注

用户语料　操作

没有数据哦！

语义槽位

+ 添加槽位　引用槽位

类型　名称　标识　实体库　追问/回答　操作

没有数据哦！

图5-6　自定义意图

（2）系统意图

开发者也可以通过引用系统意图来完成意图创建。引用系统意图的好处是，无须再去建设意图内容，省去开发成本。但目前只支持有限的系统意图可供引用，主要是控制类意图，比如暂停、继续、退出、快进等，系统意图如图5-7所示。

目前平台支持的系统意图如下：

普通控制类：上一个、下一个、第几个、退出、返回、取消、上一页、下一页等。

媒体控制类：上一首、下一首、暂停播放、继续播放、停止播放、循环播放、快进、快退等。

视频播放

技能概览
语义配置
意图列表
实体库
服务配置
服务部署
测试
质量测试
真机调试
发布
发布上线
发布记录
工具
线上学习
技能访问数据

+ 新建意图　引用系统意图　在名称/标识中搜索

名称	标识	状态	类型
总的播放意图	play	可发布	模板类
小视频查询	search_short_video	可发布	模板类
指定集数播放	play_by_episode	可发布	模板类
暂停	pause	可发布	系统类(模板类)
倍速播放	double_speed	可发布	模板类
打开视频	open	可发布	模板类
继续播放	resume	可发布	系统类(模板类)
退出	exit	可发布	系统类(模板类)
快进	fast_forward	可发布	系统类(模板类)

图5-7　系统意图

2. 腾讯云小微槽位填充技术

在用户表达意图的句子中，用来准确表达该意图的关键信息的标识被称为槽位。槽位是一种变量，帮助机器从语义角度来理解人类的意图。每个槽位关联一个或多个实体库。技能下已有的槽位可以被这个技能的其他意图直接引用。槽位与实体库之间的关系如图5-8所示。

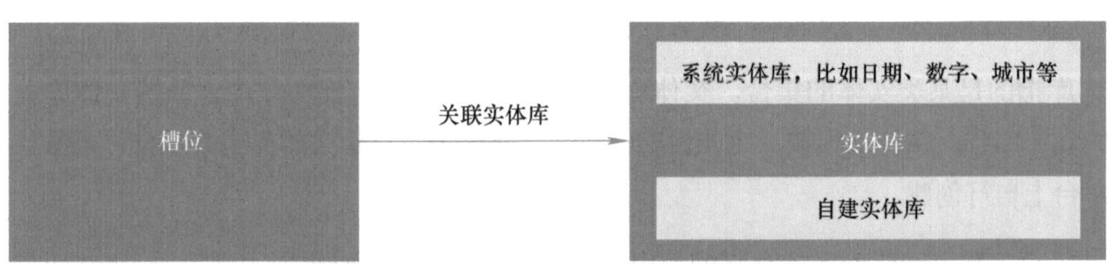
槽位
关联实体库
系统实体库，比如日期、数字、城市等
实体库
自建实体库
• 槽位基本信息包含槽位名称、槽位标识
• 对于已经创建的槽位，平台支持直接引用（同技能下）
• 优先选择系统实体库，如果没有合适的，再自建实体库

图5-8　槽位与实体库之间的关系

例如，在“查询 [明天] [深圳] 的天气”中意图的槽位有两个：“{时间}”“{查询地点}”。时间槽位的标识是datetime，查询地点槽位的标识是location。“查询天气”槽位标

识如图5-9所示。

必选	名称	标识	实体库	槽位问法	槽位回答	操作
非必选	时间	datetime	sys.datetime	请输入问法	添加	🗑
非必选	查询地点	location	sys.geo.county	请输入问法	添加	🗑

图5-9 “查询天气”槽位标识

（1）槽位分类

槽位分为必选槽位和非必选槽位。在与用户对话的过程中，如果一个意图所需搜集的关键信息必须包括某个槽位的值，则称它为必选槽位。反之，如果某个槽位的值允许为空，则是非必选槽位。可以在平台上把普通槽位标记为必选。被标记为必选的槽位，需要添加对应的槽位追问和槽位回答语料。

比如，在“订机票”意图中，假如必选槽位是“目的地”。当用户说“我想买张明天的机票”时，技能不知道用户想要飞行的目的地，于是会去追问“请问您想去哪个城市？”（即槽位追问），然后用户可能会说“我想去北京”“去北京”“买张去北京的吧”或者直接说“北京”（这些即槽位回答语料）。

（2）槽位引用

如果发现同技能下的其他意图已经创建过相同槽位，并且关联的实体库也正好满足所需，则可以通过在平台上一键操作，直接引用过来。

注意：目前可引用的范围是本技能当中其他意图的槽位。不能跨技能引用其他技能的槽位。

（3）自建槽位

当发现本技能中的已有槽位无法满足需求时，可以自建一个新槽位。首先，创建一个空的槽位，包含槽位名称、槽位标识。其次，需要给槽位关联所需的实体库。

实体库指的是某类实体的集合。实体库分为系统实体库和自建实体库。系统实体库是一些通用的实体库，由系统来维护。比如日期、数字、城市等。自建实体库由大家自己来维护，可以在平台上自行创建。

槽位只有关联上实体库，才有它的使用价值。类似在开发代码里只定义了一个变量a是不够的，还需要给变量关联上变量类型。同理，语义里也是一样。

1）一个槽位可以关联多个实体库，槽位值优先匹配排序靠前的实体库。

2）关联实体库的时候，一般建议首选系统实体库。如果找不到合适的，再去自建实体库去关联。

任务实施

本任务是使用腾讯云小微平台设计订餐机器人系统中NLU（自然语言理解）的意图识别和槽位填充。

第一步：在技能平台中，单击左上角蓝色的“新建技能”按钮，如图5-10所示。

图5-10　新建技能

第二步：选择自定义类，命名为“订餐系统”，如图5-11所示。

图5-11　技能命名

第三步：单击左上角的“新建意图”按钮，意图名称为“下单”，意图标识为“place_order”，如图5-12和图5-13所示。

图5-12　新建意图

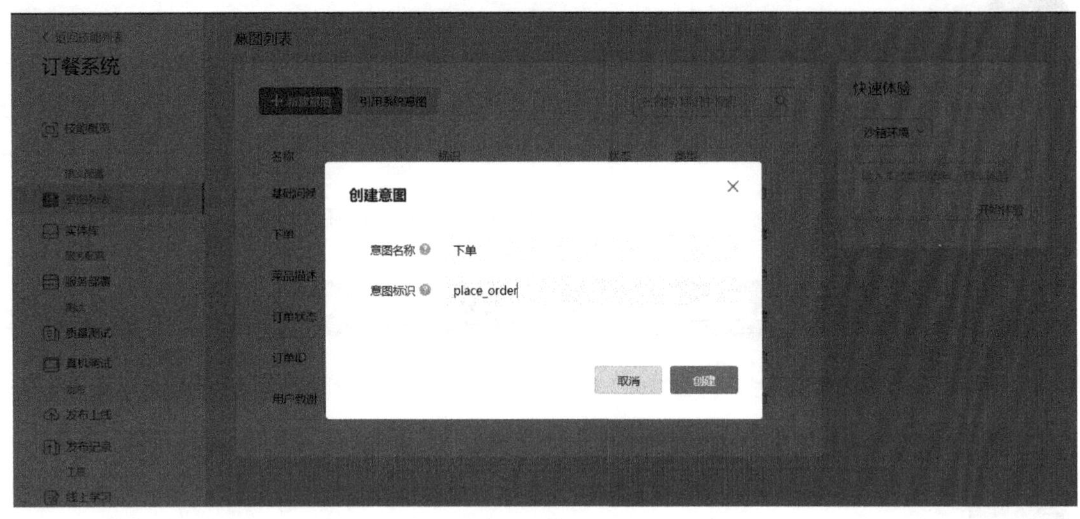

图5-13　意图命名

第四步：在用户语料中输入能引导出该意图的语句，输入“我要订购中餐”“我想要订购西餐”“我想要订购中餐”，如图5-14所示。

图5-14　输入用户语料

第五步：创建两个槽位，如图5-15所示。第一个槽位为：必选－菜名－caiming－usr. food_items，第二个槽位为：必选－数量－shuliang－usr. quantities。

第六步：填充实体库，其中usr. quantities是系统自带的数量实体库，而usr. food_items是新增的实体库，需自行填写实体名，具体内容如图5-16所示。

图5-15　槽位填充

我的默认项目 / 实体库 / usr.food_items

实体信息

实体管理

＋添加实体　批量导入

实体名	别名
糖醋排骨	输入别名，按回车键添加
宫保鸡丁	输入别名，按回车键添加
毛血旺	输入别名，按回车键添加
水煮鱼	输入别名，按回车键添加
口水鸡	输入别名，按回车键添加
回锅肉	输入别名，按回车键添加

图5-16　usr.food _ items实体库

第七步：对“菜名”进行配置。在引导语1处输入“当然可以，您今天想订购什么？”作为回复用户的语料，如图5-17所示。

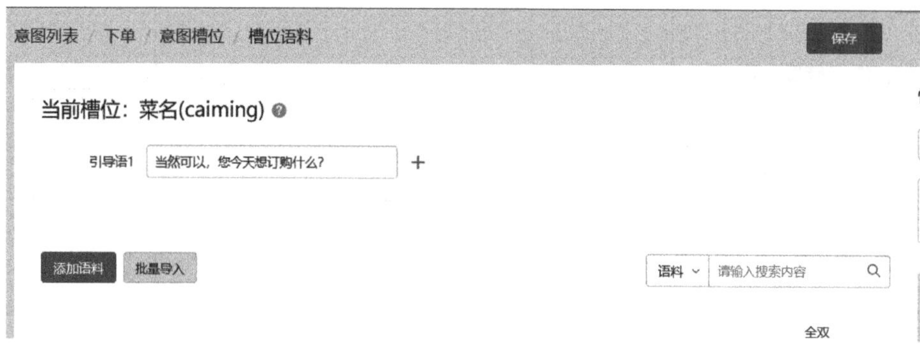

图5-17　添加引导语

第八步：在添加语料处输入接下来用户可能说的语句，并选中进行标记，如在语料中添加“毛血旺”，图5-18为选中语料后显示出槽位的下拉列表，图5-19为“毛血旺”被标注后，显示所属槽位为“菜名”以及链接了“usr. food_items”实体库的详细情况，槽位填充总体情况如图5-20所示。

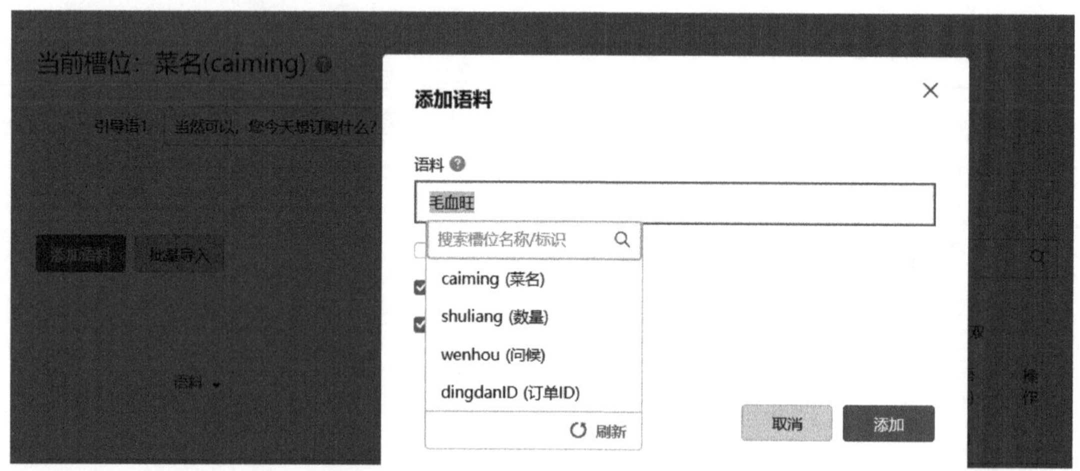

图5-18　选中语料后显示出槽位的下拉列表

图5-19　“毛血旺”被标注

		语料	标注	关键语料	全双工(模板)	全双工(语料)	操作
	1	毛血旺	<caiming>毛血旺</caiming>	否	可用	可用	
	2	水煮鱼	<caiming>水煮鱼</caiming>	否	可用	可用	
	3	口水鸡	<caiming>口水鸡</caiming>	否	可用	可用	

图5-20　槽位填充总体情况

第九步：将“数量”槽位按照上面的步骤依次进行填写，如图5-21所示，即可完成订餐机器人系统中NLU（自然语言理解）的意图识别和槽位填充。

		语料	标注	关键语料	全双工(模板)	全双工(语料)	操作
	1	1份	<shuliang>1</shuliang>份	否	可用	可用	
	2	三份	<shuliang>三</shuliang>份	否	可用	可用	
	3	二份	<shuliang>二</shuliang>份	否	可用	可用	

图5-21　数量槽位填充

任务2 DM模块设计与实现

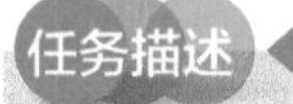

任务描述

DM（对话管理）是任务型对话中至关重要的一部分。如果把对话系统比作计算机的话，NLU（自然语言理解）相当于输入设备，NLG（自然语言生成）相当于输出设备，而DM相当于CPU（运算器+控制器）。在本任务中，通过了解对话管理系统（DM）的一些基本概念及实现方法，能够借助腾讯云小微技能开放平台实现DM模块的基本操作。

任务目标

本任务通过学习对话策略的相关知识，掌握智能问答基于任务的对话系统中“根据所有对话历史信息推断当前对话状态Sn和用户目标”的DST模块和“通过当前的状态表示，做出响应动作的选择”的DPL模块。同时借助腾讯云小微技能开放平台来实现两者组合成的DM模块。

任务分析

实现DM模块功能的思路如下：

第一步：查看槽位的填充情况。

第二步：查看对话过程中的动作顺序。

知识准备

一、DM对话管理模块

1．DM对话管理模块概述

DM（Dialog Management）对话管理模块是对话系统的“大脑”，用来控制用户和对话系统之间的对话。用户的输入经过语音识别变成相应的文本，在对文本进行分词、词性标注、语法分析、语义分析后传递给对话管理模块，对话管理模块会通过访问知识库做出相应的匹配，同时也考虑历史对话信息和上下文的语境等信息进行全面的分析以及利用基于规则或者基于马尔可夫决策运算来获取最佳返回值给予用户回复，以此来引导对话的正确方向并确保对话高效准确进行，让用户有和人聊天的感觉。

在整个对话系统中，对话管理模块处于一个非常重要的地位。计算机通过对话管理沟通数据库发出语言来进行信息完善、消除歧义、存储、查询以及返还，构建出相应的对话模板，具体如下：

1）信息完善。通过构建的对话模板设计出语言文本，向用户询问任务所需的明确信息与知识，使系统完善信息储备并准确执行任务。

2）信息消歧。如果自然语言处理存在文本歧义就需要对话管理来进行消歧，将系统难以确定的多义语句归纳出含义供用户选择并加以确认。

3）信息存储。进行多次对话后，将用户的常用信息与高频任务整合存储于数据库，并将历史信息进行分类处理与模块联系，使用户任务的再次执行更加高效与便利。

4）信息查询。将系统的基础设置与功能和对话常见问题编成通用的对话模板，为用户的使用提供说明和相应的帮助信息。

5）信息返还。在信息明确、任务准备就绪后，整合任务对话的关键信息并返还给用户加以确认，还需在任务完成后，将结果精确简洁地返还给用户，确保任务执行的准确性与安全性。

对话管理模块被认为是整个聊天机器人系统的核心组成部分，主要包括DST（对话状态追踪）和DPL（对话策略学习）两部分，分别对应于维护更新对话状态任务和动作选择任务，该模块具体的实现过程如图5-22所示，图中框出的对话状态跟踪和对话策略学习共同组成了对话管理模块。对话状态是一种计算机能够处理的对话数据表征，其包含所有可能会影响系统下一步决策的对话信息，如用户输入的特征、管道上游自然语言理解模块的输出等。通过判断对话状态跟踪已完成或是未完成，可以紧接着进行对话策略学习，判断接下来应该选择什么合适的动作进行决策输出（动作选择是基于当前系统对话状态），例如向用户追问需要补充的槽位值信息、执行应用程序接口调用（API Call）等。

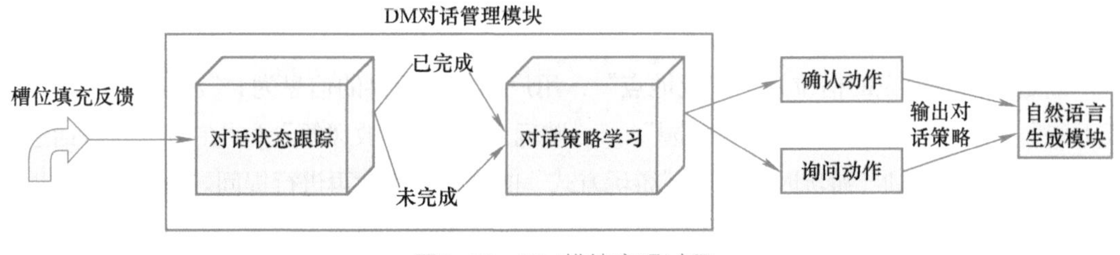

图5-22　DM模块实现过程

具体来说，对话管理模块获取到NLU（自然语言理解）模块提取出来的意图和槽位信息并将这些信息存储在数据库中，然后查询用户意图所需要的必要槽位信息是否填充完成，如果还有槽位没有填充完毕，再由对话策略学习模块做出决策，接着由自然语言生成模块生成回复语言。如果槽位填充完成，达到可执行任务的状态，决策模块发送给任务执行模块执行具体任务，然后生成自然语言回复给用户。以电商推荐系统的任务型多轮对话过程为例，见表5-1。

表5-1　电商推荐系统的DM模块实现

轮　次	客户/系统	对话内容	行为判断
1	系统	您好，很高兴为您服务	聊天
2	客户	我想买一件羽绒服	意图识别（买衣服&羽绒服）
3	系统	好的，您想要什么价位的羽绒服	澄清需求
4	客户	1000元左右	槽位填充（1000元&羽绒服）
5	系统	对品牌有要求吗	澄清需求
6	客户	最好是波司登的	槽位填充（1000元&羽绒服&波司登）
7	系统	给您推荐符合您要求的羽绒服	推荐，进入自然语言生成

2．DM对话管理模块分类

根据对话管理模块采用的策略不同，可划分为基于有限状态机的对话管理模块、基于槽位填充的对话管理模块以及基于强化学习的对话管理模块，具体如下：

（1）基于有限状态机的对话管理模块

对话管理部分由有限状态机实现。有限状态机的主要组成部分包括状态和动作，系统从一个状态进行动作选择再转移到下一个状态是完全由系统主导的。有限状态机简单易实现，但它的状态和动作集合是有限的，每当新增状态时都需要编写大量的规则进行控制，缺乏灵活性。

（2）基于槽位填充的对话管理模块

基于槽位填充的对话管理模块由有限状态机扩展而来，将对话流程扩展成一个填充槽位的过程，提前设置需要填充的槽位，然后从用户提供的信息中抽取关键实体进行填充，可以有效处理用户过度回答的问题。例如：

问：你是去什么地方游玩的?

答：我是昨天下午去××公园放风筝。

问题中需要填充的槽位为“游玩地点”，用户回答中提供的信息为{“游玩时间”=“昨天下午”，“游玩地点”=“××公园”，“游玩方式”=“放风筝”}。在后续的对话过程中，系统已经收集到“游玩时间”与“游玩方式”的信息，不会再进行提问。槽位填充的性能优于有限状态机，但仍然需要人工编写规则来控制对话的先后顺序。

（3）基于强化学习的对话管理模块

根据强化学习算法实现对话管理框架，将对话流程抽象成马尔可夫决策过程，通过智能体与环境的交互跟踪对话状态，从而进行学习，产生最优的对话策略，具有很高的应用价值。

二、DST对话状态追踪模块设计与实现

1. DST对话状态追踪概述

对话状态：在某时刻（n），结合当前的对话历史和当前的用户输入来给出当前每个槽位（slot）取值的概率分布情况，作为DPL（对话策略学习）的输入，此时的对话状态表示为Sn。

DST（Dialogue State Tracker，对话状态追踪）：根据所有对话历史信息推断当前对话状态Sn和用户目标。

DST是根据用户意图（intention）、槽值对（slot-value pairs）、之前的对话状态（state）以及之前系统的动作（action）等来追踪当前状态。它的输入是Un（n时刻的意图和槽值对，也叫用户action）、An-1（n-1时刻的系统action）和Sn-1（n-1时刻的状态），输出是Sn（n时刻的状态）。

对话状态的表示（DST-State Representation）通常由以下三部分构成。

1）目前为止的槽位填充情况（slots）。

2）本轮对话过程中的用户动作（Un）。

3）对话历史（history）。

DST在判断当前的对话状态时有两种选择，分别对应了两种不同的处理方式，一种是“1-Best”方式，另一种则是“N-Best”方式。

（1）“1-Best”方式

“1-Best”方式指DST判断当前对话状态时只考虑置信程度最高的情况，即对每一个槽位值，填充一个意图（槽值对），因此维护对话状态的表示时，只需要等同于槽位数量的空间，如图5-23所示。

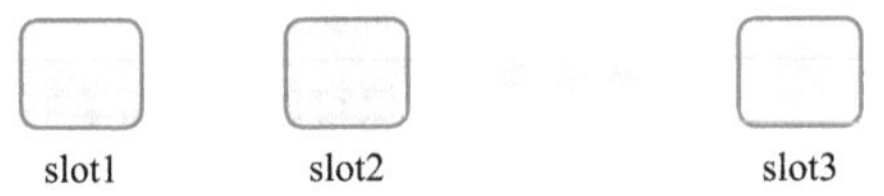

图5-23 “1-Best”方式下的对话状态与槽位的对应

（2）“N-Best”方式

“N-Best”方式指DST判断当前对话状态时会综合考虑所有槽位的所有置信程度（对于语音识别，不是输入一条句子，而是N条句子，每条句子都带有一个置信度。对于槽位值的填充，不是输入一条意图（槽值对），而是N个意图（槽值对），每个意图（槽值对）都带一个置信度，因此每一个槽位的“N-Best”结果都需要考虑和维护，并且最终还需要维护一个槽位组合在一起的整体置信程度，将其作为最终的对话状态判断依据，如图5-24所示。

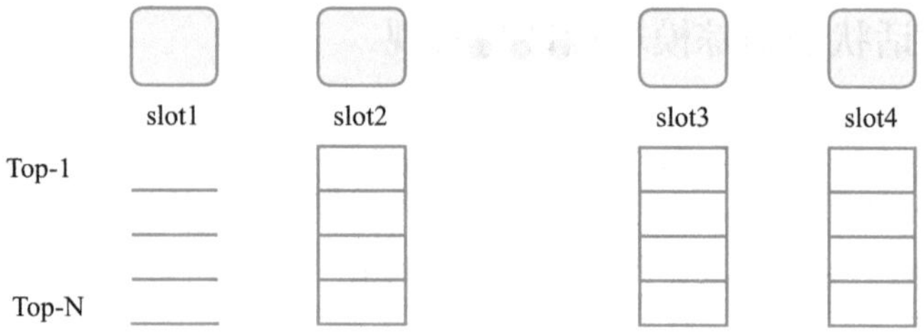

图5-24 “N-Best”方式下的对话状态与槽位的对应

2．DST对话状态追踪建模常用实现方法

DST模块常用的实现方法主要分为三类：基于人工规则模型、基于生成式模型和基于判别式模型。

1）基于人工规则模型：有限状态机（FSM）需要提前手动定义所有状态和状态转移条件，并使用得分或概率最高的NLU模块的分析结果来更新状态。

2）基于生成式模型：从训练数据中学习相关联合概率密度分布，计算出所有对话状态的条件概率分布作为预测模型，通俗来讲即使用统计学学习算法将对话过程映射为一个统计模型。

3）基于判别式模型：其把对话状态当作分类任务，相比其他方法更为有效，因其可以结合深度学习等方法进行特征的自动提取从而可以对对话状态进行准确建模。例如，要确定一只猫是波斯猫还是英短猫，用判别式模型的方法从英短猫和波斯猫之间的不同之处入手来判断，从而得到这只猫是波斯猫还是英短猫的概率。

DST模块三类方法的优缺点和适用场景见表5-2。

表5-2 DST模块三类方法的优缺点和适用场景

方法类型	优点	缺点	适用场景
基于人工规则模型	无须训练数据；很容易将领域知识编码到规则中；适当缓解ASR和NLU的错误识别	相关参数需要人工编写制定，对于复杂状态无法手工指定更新机制，缺少灵活性；无法追踪多种状态	适用于无训练数据集的场景，即冷启动场景
基于生成式模型	追踪到的状态的准确性高于基于人工规则的方法；无须人工构建对话管理机制，具有较好的鲁棒性；可以建模所有状态及状态转移的可能性	仅可以建模简单的依赖关系；忽略对话历史中的有用信息；需要精确建模所有特征之间的依赖关系，而完整的建模和优化计算代价巨大	适用于状态和动作空间较小的数据集的场景
基于判别式模型	模型从大量数据中学习用户行为，无须人工构建对话管理机制；善于利用对话历史中的潜在信息特征；可以建模任意长度的依赖关系；可以缓解梯度消失或梯度爆炸问题	需要大量的标注训练数据；由于可能存在梯度消失或梯度爆炸问题，很难去训练	适用于大规模含有标注的数据集的场景

3. DST对话状态追踪建模实例

例如，要向对话系统询问本地的天气情况，整个流程的模拟对话情况如下：

```
-用户：我要查天气
-系统：好的，要查哪个城市的？
-用户：天津
-系统：好的，查询哪天的？
-用户：明天
-系统：明天天津的天气是×××
```

在这个过程中可以认为有三轮用户和对话系统的交互，如果写成用户行为和系统行为，示例如下：

```
-User：requestWeather() //用户询问天气
-Sys:request(city) //系统询问查询城市
-User:inform(city=天津) //用户告知城市为天津
-Sys:request(date) //系统询问查询日期
-User:inform(date=明天) //用户告知日期为明天
-Sys:informWeather(city=天津,date=明天) //系统返回明天天津的天气信息
```

用户和对话系统进行第一轮对话，DST对话状态追踪建模如下：

```
-User:requestWeather() //用户询问天气
-State Before DST: //在DST之前的状态
  -user_action_t = null //t时刻用户动作为空
  -sys_action_t-1 = null //t-1时刻系统动作为空
  -city = null //城市槽位值为空
  -date = null //日期槽位值为空
-State After DST: //在DST之后的状态
  -user_action_t = requestWeather() //t时刻用户动作为询问天气
  -sys_action_t-1 = null //t-1时刻系统动作为空
  -city = null //城市槽位值为空
  -date = null //日期槽位值为空
-Sys:request(city) //系统询问查询城市
```

在通过DST之前，系统是一片空白，都是null（空）；在DST之后，更新了user_action，而用户行为可以认为是自动更新，第二轮DST对话状态追踪建模如下：

```
-User:inform(city=天津) //用户告知城市为天津
-State Before DST: //在DST之前的状态
```

```
  -user_action_t = requestWeather() //t时刻用户动作为询问天气
  -sys_action_t-1 = request(city) //t-1时刻系统动作为询问查询城市
  -city = null //城市槽位值为空
  -date = null //日期槽位值为空
-State After DST: //在DST之后的状态
  -user_action_t = inform(city=天津) //t时刻用户动作为告知系统城市为天津
  -sys_action_t-1 = request(city) //t-1时刻系统的动作为询问查询城市
   -city = 天津 //城市槽位值为天津
   -date = null //日期槽位值为空
-Sys:request(date) //系统请求日期
```

在通过DST之前，State和前一轮通过DST之后是一致的。因为提供了“天津”这个信息，所以DST更新了city这个项。本质上DST在这里的作用只有一个，决定某个语义帧的一项要不要更新，第三轮DST对话状态追踪建模如下：

```
-User:inform(date=明天) //用户告知日期为明天
-State Before DST: //在DST之前的状态
  -user_action_t = inform(city=天津) //t时刻用户动作为告知查询城市为天津
  -sys_action_t-1 = request(date) //t-1时刻系统动作为请求日期
  -city = 天津 //城市槽位值为天津
  -date = null //日期槽位值为空
-State After DST: //在DST之后的状态
  -user_action_t = inform(date=明天) //t时刻用户动作为告知系统日期为明天
  -sys_action_t-1 = request(date) //t-1时刻系统动作为请求日期
   -city = 天津 //城市槽位值为天津
   -date = 明天 //日期槽位值为明天
-Sys:informWeather(city=天津,date=明天)//系统返回明天天津的天气信息
```

三、DPL对话策略学习模块设计与实现

1．DPL对话策略学习概述

DPL（Dialog Policy Learning，对话策略学习）也称为对话策略优化，目的是为了训练得到聊天机器人的“大脑”（对话策略）。具体来说，根据当前的对话状态，对话策略决定下一步执行什么系统动作，而对话策略学习则是负责去训练聊天机器人的对话策略，使得人机对话系统在基于当前对话状态下，知道应该选取什么系统动作作为决策输出。DST+DPL组成了任务型对话中至关重要的DM。

DPL模块将利用对话状态跟踪模块的信息，进行数据库相关查询操作或查询结果的筛选操作，然后根据查询结果与当前系统槽位状态，来决定下一步的对话行为。

查询结果有三种可能：查询结果为空；查询结果为多条；查询结果为唯一。

槽位填充状态较为复杂，情况可能分为以下几种：全为空；部分已填充且填充部分均确认；部分填充且填充部分均未确认；部分填充且填充内容为部分确认；全部填充且全部确认；全部填充且部分确认；全部填充且全未确认。

将槽位状态与查询结果状态的各种组合整合为系统状态表。表5-3为一个系统状态表，根据当前的对话状态，定义不同的系统状态，选择不同的对话回复行为。

表5-3 DPL系统状态表

系统状态	对话回复行为	当前对话状态
Begin	问候与系统引导语	对话开始；槽位填充状态全为空，查询结果为空
Need_confirm	回复槽位值确认话术	槽位填充状态可构成查询条件，填充内容部分确认或均未确认，但查询结果为空；用户对已有查询结果做出否认；当前获取的填充内容与历史槽位内容冲突
No_speech	回复未听清提示话术	用户在5s内没说话；或用户使用方言导致未能识别
No_result	回复抱歉话术	槽位填充状态可构成查询条件，但未查询到具体结果
Request	回复其他槽位询问话术	槽位填充状态可构成查询条件，查询结果为多条
Play	播报查询结果	槽位填充状态可构成查询条件，查询结果为唯一
Bye	结束该轮对话，可询问是否继续开始下一轮	用户已经确认查询结果
Other	回复礼貌引导话术	用户询问天气、时间、聊天等常见不相干问题

2. DPL对话策略学习建模常用实现方法

对话策略模块可以通过监督学习、强化学习和模仿学习得到。

（1）基于监督学习

基于监督学习的对话策略学习需要专家或开发人员去手工设计对话策略规则，通过上一步输出的动作进行监督学习，是最基础的对话策略方法，此处的对话策略方法只是定义好的一个决策规则，即条件匹配（当前是什么样的对话状态就采取什么动作），因此这种看起来较为死板僵硬的对话策略一直沿用至今，并且目前业界很多的聊天机器人产品的对话策略也是基于特定规则去实现的。

（2）基于强化学习

基于强化学习的对话策略学习方法也逐渐受到人们的追捧，通过强化学习方法所学到的智能体可以代替专家或开发人员手工设计的一系列复杂的对话决策规则。强化学习是通过一个马尔可夫决策过程（Markov Decision Process，MDP）寻找最优策略的过程。MDP可以描述为五元组（S, A, P, R, γ）。

S：表示所有可能状态（States）的集合，即状态集。

A：针对每个状态，做出动作（Actions）的集合，即动作集。

P：表示各个状态之间的转移概率，例如$P_{s,a}^{s'}$表示在状态s下采取动作a之后转移到状态s'的概率。

R：表示各个状态之间的转换获得的对应回报，即奖励函数（Reward Function）。每个状态对应一个值，或者一个状态－动作对（State-Action）对应。

γ：一个奖励值，例如$R_{s,a}$表示状态s下采取动作a获得的回报；表示为折扣因子，用来计算累计奖励，取值范围是0～1。一般随着时间的延长作用越来越小，表明越远的奖励对当前的贡献越少。

对话策略需要基于当前状态Sn和可能的动作来选择最高累计奖励的动作。该过程仅需要定义奖励函数，例如在预订餐厅的对话中，用户成功预订则获得正奖励值，反之则获得负奖励值。

（3）基于模仿学习

模仿学习（Imitation Learning）也称为基于演示的学习（Learning By Demonstration）或者学徒学习（Apprenticeship Learning）。

机器是可以与环境进行交互的，但在大部分情况下，机器却不能从这个过程中显示获得的奖励（例如在游戏中，获得的分数就是奖励）。奖励函数是难以确定的，人工制定的奖励函数往往会导致不可控制的结果，因此考虑让机器学习人类的做法，使机器可以去做人类才能完成的事。

以上三类方法的优缺点和适用场景见表5-4。

表5-4 DPL三类方法的优缺点和适用场景

方法类型	优　点	缺　点	适用场景
监督学习	具体领域内效果较好	需要专家手工设计对话策略规则；可拓展性差；不能从失败中学习	适用于无训练数据集的场景，即冷启动
强化学习	逐渐摆脱专家手工设计决策规则；不需要大规模数据集；收敛速度比传统强化学习快；算法具有通用性；其有效性得到验证	面对过多的状态或动作空间，很难进行高效的探索；奖励设计困难；不能避免局部最优；无法应用于连续动作控制；奖励稀疏且行动空间很大时，对话策略往往会失败；过高估计问题	适用于手工特征提取、状态低维且完全可观测的领域；适用于无大规模数据集的场景
模仿学习	能够解决传统强化学习难以解决的多步决策问题	模仿成本较高，需要专家提供的策略覆盖最优结果；采用深度网络的学习方式需要大量训练数据；面对复杂困难的行为，很难达到好的效果	适用于多步决策、含有大规模数据集和行为简单的场景

3．DPL对话策略学习建模实例

DPL模块的输入是DST模块输出的当前对话状态Sn，通过预先设计的对话策略，选择系统动作an作为输出，它是一个序列决策的过程。下面结合具体案例介绍基于监督学习（基于规则）的DPL方法，也就是通过人工设计有限状态自动机的方法实现DPL。

以有限状态自动机的方法进行规则的设计，有两种不同的方案：一种以点表示数据（槽位状态），以边表示操作（系统动作）；另一种以点表示操作（系统动作），以边表示数据（槽位状态），这两种方案各有优点，在具体实现时可以根据实际情况进行选择。

案例：询问时间。

方案一：以点表示数据（槽位状态），以边表示操作（系统动作），如图5-25所示。

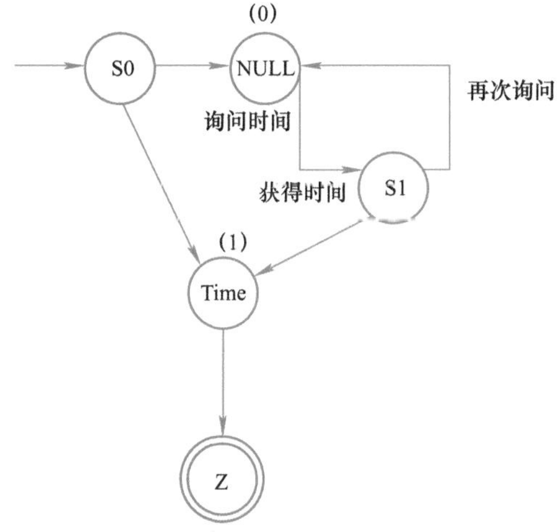

图5-25 “询问时间”有限状态自动机设计（1）

在这种情况下，有限状态自动机中每一个对话状态S表示槽位的填充情况，槽位为时间（Time），例如槽位均为空时，状态为NULL，表示为（0）；时间（Time）槽位被填充时，状态表示为（1）。

方案二：以点表示操作（系统动作），以边表示数据（槽位状态），如图5-26所示。

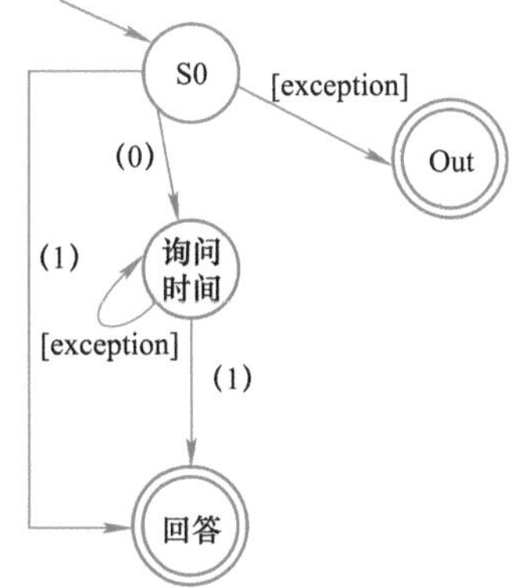

图5-26 “询问时间”有限状态自动机设计（2）

在图5-26中，有限状态自动机中每一个对话状态S表示一种系统动作，系统动作共有两种，分别是问讯动作“询问时间”（Ask Time）和系统回复“回答时间”（Answer）动作。有限状态自动机中状态的迁移则是由槽位的状态变化即“用户动作”引起的。

对比上述两种方案可以发现，第二种有限状态自动机以系统动作为核心，设计方式更加简洁，并且易于工程实现，更适合人工设计的方式。第一种有限状态自动机以槽位状态为核心，枚举所有槽位情况的做法过于复杂，更适合数据驱动的机器学习方式。

任务实施

本任务是使用腾讯云小微技能开放平台来实现DM模块对话状态的设计。

第一步：查看任务1的语义槽位，通过图5-27可以看出“菜名”和“数量”两个槽位是必选的，分别链接了“usr.food_items”和“usr.quantities”两个数据库，并都添加了追问和回答，即只有将所有槽位均填满时才能执行。

语义槽位

＋添加槽位　引用槽位

类型	名称	标识	实体库	追问/回答	操作
必选	菜名	caiming	usr.food_items	配置	🗑
必选	数量	shuliang	usr.quantities	配置	🗑

图5-27　语义槽位

第二步：查看动作顺序：通过图5-28可以把系统的动作定义为“询问菜名”和“询问菜品数量”，再通过图5-27语义槽位的顺序得知，优先执行“询问菜名”，再执行“询问数量”。

当前槽位：菜名(caiming)

引导语1　当然可以，您今天想订购什么?　＋

当前槽位：数量(shuliang)

引导语1　请问您要几份?　＋

图5-28　引导语

基于腾讯云小微开放平台实现对话系统的核心部分DM模块，其设计思路与有限状态自动机的一致，只是用了另外一种形式进行配置，本质上仍然是状态的迁移。

任务3 NLG模块设计与实现

NLG（自然语言生成）主要是将DPL（对话策略学习）模块生成的抽象动作转化为自然语言形式的浅层表达，输出到用户端。好的NLG需要具备四个特性：恰当、流畅、易读、灵活，即回复的自然语言不仅要精确表达出策略动作的语义，还要具备一定的“类人性”，让人机对话尽可能靠近人与人之间的对话。在本任务中，通过学习NLG的基本概念和相关知识，能够借助腾讯云小微技能开放平台实现NLG模块的基本操作。

任务目标

本任务通过学习NLG自然语言生成的基本概念和相关知识，利用腾讯云小微技能平台实现将非语言格式的数据转换成人类可以理解的语言格式，实现NLG自然语言生成。

任务分析

实现NLG自然语言生成的思路如下：

第一步：登录腾讯云小微技能平台。

第二步：在NLU、DST、DPL的基础上，根据学习到的策略来生成对话回复，一般回复包括澄清需求、引导用户、询问、确认、对话结束语等。

知识准备

一、NLG自然语言生成模块概述

NLG（自然语言生成）模块将DM模块输出的抽象表达转换为句法合法、语义准确的自然语言句子，一个好的应答语句应该具有上下文的连贯性、回复内容的精确性、可读性和多样性，即根据系统得到的动作生成客户容易理解的自然语言文本，负责把对话策略模块选择的系统动作转化为自然语言，最终反馈给用户。传统的方法通常是基于模板，通过调用外部的资源库等方式来获得模板中需要更换的部分。现代NLG技术本身有了很大的进步，各种深度学习模型已经被用于语言的自动生成。NLG模块的输入是DPL模块输出的系统动作an，输出是系统对用户输入Xn的回复Yn。

NLG本质是根据输入的序列信号来生成（预测出）输出的序列信号。例如它可以用来进行数学运算公式的输出、时间序列的预测等。通过深度学习建立神经网络模型来教机器如何以合理的方式生成自然语言的技术，比如，以句子的形式回复的邮件。谷歌使用数百万封电子邮件，制作了一个NLG模型，该模型通过深度学习来生成或预测任何给定邮件的最相关回复，如果使用谷歌的新收件箱，当回复任何邮件时，会得到三个最相关的回复，如图5-29所示。

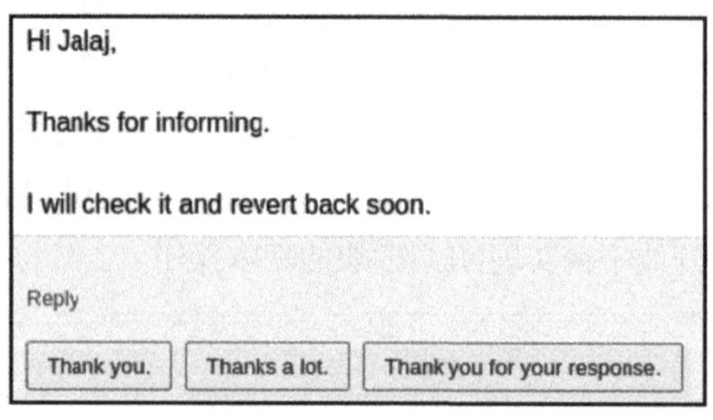

图5-29　邮箱自动回复

二、NLG自然语言生成建模常用实现方法

NLG的方法可以划分为：基于规则模板或句子规划的方法、基于语言模型的方法和基于深度学习的方法。基于深度学习的模型还多处于研究阶段，实际应用中还以采用基于规则模板的方法为主。

1．基于模板的方法

需要人工设定对话场景，并根据每个对话场景设计对话模板，这些模板的某些成分是固定的，而另一部分需要根据DM模块的输出填充模板。例如，可以用一个简单的模板对电影票预定领域的相关问题生成回复：[主演人1]、[主演人2]、[…] 主演的 [电影名称] 电影将于 [放映日期] 的 [放映时间] 点在 [影院名称] 进行放映。该模板中，[××] 部分需要根据DM模块的输出进行填充。这种方法简单、回复精准，但是其输出质量完全取决于模板集，即使在相对简单的领域，也需要大量的人工标注和模板编写，需要在创建和维护模板的时间和精力以及输出的话语的多样性和质量之间做不可避免的权衡，因此使用基于模板的方法难以维护，且可移植性差，需要逐个场景去扩展。

2．基于句子规划的方法

基于句子规划的方法将NLG拆分成三个模块：文本规划、句子规划、表层实现，如图5-30所示。将输入的语义符号映射为类似句法树的中间形式的表示，如句子规划树

（Sentence Planning Tree，SPT）。然后通过表层实现把这些中间形式的结构转换为最终的回复。基于句子规划的方法可以建模复杂的语言结构，同样需要大量的领域知识，并且难以产生比基于人工模板方法更高质量的结果。

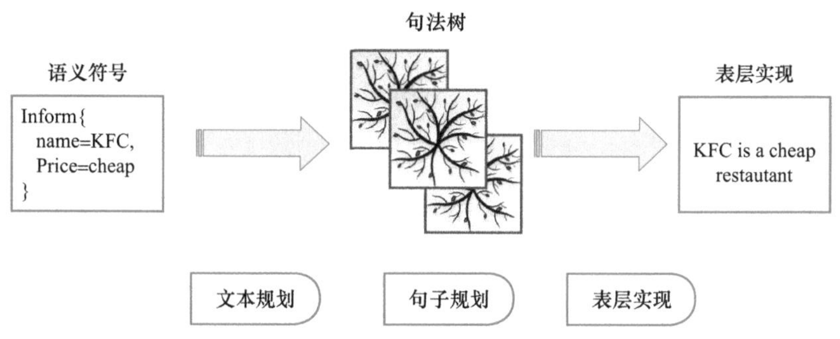

图5-30　基于句子规划的NLG自然语言生成过程示意图

以上两种方法的优缺点以及适用场景见表5-5。

表5-5　NLG自然语言生成方法的优缺点及适用场景

方法类型	优　　点	缺　　点	适用场景
基于模板的方法	无须训练数据；简单，领域内回复精准	依赖于模板的质量；无法建模复杂的语言结构；需要人工编写模板，可以执行和可拓展性差	适用于无训练数据集的场景，即用户冷启动场景
基于句子规划的方法	无须训练数据；可以建模复杂的语言结构	需要大量的领域知识；难以产生比基于人工模板方法更高质量的结果	适用于无训练数据集的场景，即用户冷启动场景

目前，NLG模块仍广泛采用传统的基于规则的方法，图5-31给出了3个示例规则的方法。根据规则可以将各个系统动作映射成自然语言表达。

系统动作	系统回复
Ask Date()	“请告诉我查询的时间”
Ask Location()	“请告诉我查询的地点”
Answer(date=$date, location=$location, content=$weather)	“$date，$location的天气，$weather”

图5-31　NLG模块规则提供方法

三、NLG自然语言生成实现步骤

1．基本步骤

自然语言生成NLG主要通过如图5-32所示的6个步骤实现。

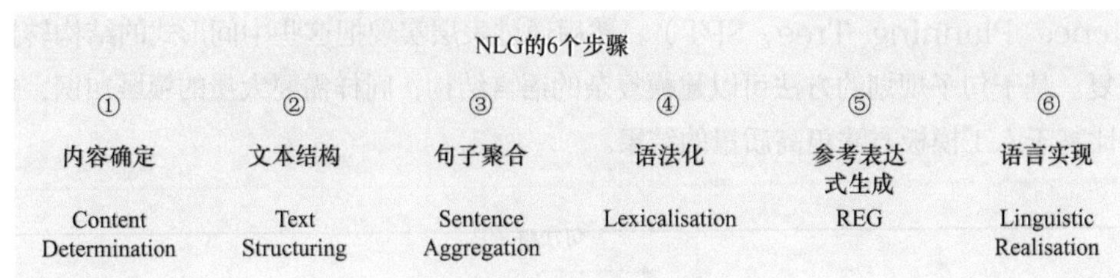

图5-32　NLG的6个步骤

（1）内容确定

此步骤中，NLG模块需要对文本构建中所需的信息进行筛选与确定，利用对齐机制来解决自动学习数据与文本之间的对齐关系问题。

（2）文本结构

在所需的信息被确定后，NLG模块需要以逻辑的方式组织信息呈现的顺序以及结构，通常采用树形层次结构。

（3）句子聚合

这一阶段决定哪些信息应该出现在同一个句子中，哪些信息需要单独呈现，以确保可读性和流畅性，使信息的冗余性降低。例如对上述语言进行“聚合”，就是指用言简意赅的话语准确表达想要表达的语言信息。

（4）语法化

即在聚合成的句子词语之间添加连接词进行修饰，使其更像自然语言，添加的连接词不能改变句子原本的意思，要同时考虑语义相似性、近反义词以及一些必要的语言风格。

（5）参考表达式生成

与上一步类似，同样是构造自然语言句子，但区别是本步先识别要表达的对象，然后选用合适的词语表示，而上一步是选用恰当的词语来表达上下文相关的语义信息。

（6）语言实现

经由以上步骤，所有相关的词语都被确定，将所有的词语组合成结构良好的自然语言句子。包括句子组成部分的排序并生成正确的形态形式，通常还会插入虚词（如助动词和介词）以及标点符号等。

2. NLG自然语言生成具体实例

以一个二手车回访真实场景的人机语音交互对话为例，阐述对话系统各模块间如何协同运作，以及利用上文NLG自然语言生成步骤来实现整轮对话的输出。

整个问答示例如下：

1 –系统：您好，我是本网站客服，看到您之前咨询过二手车，可以为您做个回访吗？（开场白）
2 –用户：你好。（问候）
3 –系统：您好。（问候回复）
4 –系统：您好，我是本网站客服，看到您之前咨询过二手车，可以为您做个回访吗？（拉回策略）
5 –用户：嗯，你说。（肯定意图）
6 –系统：请问新车和二手车是否都在您的考虑范围之内呢？（需求了解）
7 –用户：只考虑二手车。（提供信息）
8 –系统：那您最近关注的是哪款车呢？稍后我们可以将最新的二手车降价信息推送给您。（车型了解）
9 –用户：丰田凯美瑞。（提供信息）
10 –系统：好的，我这边先帮您记录下来，最后请问您贵姓？（姓名了解）
11 –用户：刘。（提供信息）
12 –系统：好的，请您稍后保持电话畅通，后期会有专业销售与您联系，祝您生活愉快!再见！（结束）

考虑从第三轮对话入手，即第6步开始。当系统执行问槽位策略时，槽位名称为“需求了解”，执行话术“请问新车和二手车是否都在您的考虑范围之内呢？”

（1）自然语言理解

用户回复“只考虑二手车”时，系统识别用户的输入文本并同时将其转入到自然语言理解模块。自然语言理解模块首先根据预先设定好的问题和回复进行回答，如果没有预先准备好的情境出现，那么就输入到意图机器学习模型进行意图识别。同时会执行自然语言理解模块的另一项功能“槽位识别”，在这里将“需求了解”的槽位值填充为“二手车”。

（2）对话管理

对话管理模块需要自然语言理解模块输出的意图和槽位值信息作为输入。对话管理模块中的对话状态需要结合系统状态、用户状态以及历史状态等更新当前的对话状态，当前槽位名称和槽位值分别为“需求了解”和“二手车”。然后根据当前的对话状态，下一步的策略设定为继续询问“车型”槽位，以便更加精准地定位用户的需求。

（3）自然语言生成

1）内容确定：通过之前自然语言理解和对话管理模块获取到用户的需求为“只考虑二手车”，接下来回复围绕“二手车”领域进行构建，例如继续询问客户感兴趣的“二手车品牌”等信息。

2）文本结构：由上一步确定接下来的问题为询问“二手车品牌”，对话系统组织表达文本的次序结构，例如先询问“什么品牌”，再推送该品牌的降价信息等。

3）句子聚合：将询问“二手车品牌”和推送降价信息整合为一句，方便客户阅读和理解。

4）语法化：初步确定回复内容以及文本结构，在句子词语信息之间加入连接词，如“那”“最近”“请”“稍后”“呢”等，使句子情感上更加丰富完善。

5）参考表达式生成：与上一步相似，但侧重于选用用户被识别到的意图方面的词汇，例如本轮对话识别到关于“二手车”的领域，可以选用“降价信息”这一贴近二手车领域的词汇。

6）语言实现：当以上步骤实现完毕后，将组合整理好的句子“那您最近关注的是哪款车呢？稍后我们可以将最新的降价信息推送给您。”插入适当的停顿以及标点符号，此轮自然语言实现即完成。后续即进行重复的对话流程循环，直到对话任务主动或被动结束。

任务实施

本任务是借助腾讯云小微平台实现NLG自然语言生成。步骤如下：

第一步：在腾讯云小微技能开放平台右侧的沙箱环境下进行NLG体验，在输入框中输入“我要订购中餐”，系统命中“订购”意图，并进行NLG，返回给用户恰当的回复语“当然可以，您今天想订购什么？”，如图5-33所示。

第二步：继续在输入框中输入“水煮鱼”，系统即能识别出意图，接着进行NLG，返回给用户回复语“请问您要几份？”，如图5-34所示。

第三步：最后在输入框中输入“1份”，系统即完成了此次订餐的全部流程，如图5-35所示。

图5-33　输入框输入“我要订购中餐”效果

图5-34　输入语料“水煮鱼”

图5-35　输入语料“1份”效果

单元小结

自然语言处理是人工智能领域一个十分重要的方向。通过本单元对自然语言处理技术的学习，了解什么是对话管理系统，对话管理系统分为哪几大类，理解NLU模块、DM模块和NLG模块，并通过腾讯云小微开放平台对“订餐系统”进行实现，加深对任务导向型对话系统中基于管道方法的理解，并且具备了自己使用腾讯云小微平台创建人机对话管理系统的能力。

单元评价

通过学习以上任务，看自己是否掌握了以下技能，在技能检测表中标出已掌握的技能。

评 价 标 准	自 我 评 价	小 组 评 价	教 师 评 价
了解什么是对话管理系统，对话管理系统的分类和利用到哪些技术			
理解NLU模块，熟悉意图识别和槽位填充技术			
能够在腾讯云小微平台上实现意图识别和槽位填充技术			
了解DM模块的理论和设计，并理解DST和DPL的设计与实现			
能够在腾讯云小微上实现DM模块			
了解NLG模块，并理解NLG模块的实现步骤			
可以将NLG模块在腾讯云小微平台上实现			

备注：A为能做到；B为基本能做到；C为部分能做到；D为基本做不到。

素质拓展学习

扫码观看

课后习题

一、多项选择题

1．对话管理系统有哪几类？（　　）

A．闲聊型对话系统　　　　B．问答系统

C．任务型对话系统　　D．ALICE系统

2．DM模块包括下面哪几个模块？（　　）

A．NLU模块　　B．DST模块　　C．NLG模块　　D．DPL模块

3．DST对话状态追踪建模的常用方法有哪些？（　　）

A．基于人工规则模型　　B．基于生成式模型

C．基于判别模式模型　　D．基于管道的方法模型

二、填空题

1．基于Pipeline的方法从结构上可以分为________、________、________模块。

2．NLU模块涉及的主要技术是________、________。

3．被认为是聊天机器人系统核心组成部分的是________模块。

4．实现意图识别的方式主要有________、________、________。

三、简答题

谈一谈自然语音生成的步骤。

UNIT 6

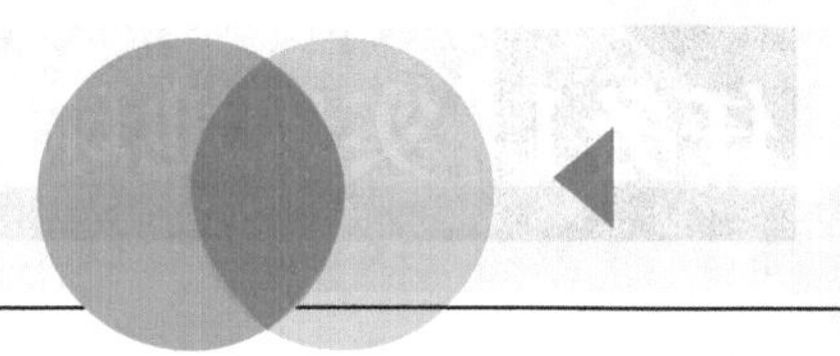

单元6 基于腾讯云小微的人机对话系统实战

学习目标

⇨知识目标

- 了解问答对话管理系统概念和两种导入问答信息的方式
- 掌握NLU、DM、NLG模块在腾讯云小微平台创建自定义技能中的使用方式

⇨技能目标

- 使用腾讯云小微技能平台实现地球的小知识问答系统
- 使用腾讯云小微技能平台实现酒店预订系统

⇨素质目标

- 能够尊重酒店预订系统的规则
- 能够从用户角度出发思考问题

任务1 实现地球知识问答系统

任务描述

地球是人类的家园，它的面积有多大呢?地球表面的面积约5.1亿km^2。其中海洋面积约3.62亿km^2。陆地面积约1.495亿km^2。海洋面积占地球总面积的71%，陆地占29%。其中陆地主要分布在北半球和东半球，海洋主要分布在南半球和西半球。本任务运用腾讯云小微技能平台创建一些关于地球知识的问答技能。

任务目标

通过本任务了解问答管理系统概念、单条添加和批量添加问答的功能以及实现方法；掌握使用腾讯云小微平台创建“地球的小知识”的技术。

任务分析

实现问答技能的思路如下：

第一步：在技能平台中新建技能并选择模板、命名。

第二步：单条添加或批量添加问答内容。

第三步：如有需要可在扩展信息处添加注释或链接。

第四步：在快速体验区进行体验并发布。

知识准备

知识问答技能概述

知识问答技能是一种专门为问答类场景定制的技能。开发者只需要在平台上添加自定义问答对，就可以创建知识问答技能，操作简单、自由度高。

这类技能适合一些垂直问答类的场景，比如疾病知识问答，动物知识问答，十万个为什么、世界之最等。知识问答类的需求可以选择用这些技能进行开发。

知识问答技能由一系列的问答对组成。每个问答对可以由多个问题答案状语从句组成。

以“世界之最”知识问答为例，讲述知识问答与用户的交互过程。

用户：叮当叮当，世界上最高的山峰是什么？

叮当：世界上最高的山峰是珠穆朗玛峰，海拔8848.86m。

本任务通过创建一个“地球的小知识”的技能，使用平台回答地球直径和地球距月球距离的问题。

第一步：用QQ或微信登录后单击右上角的“技能平台”，进入技能创建界面，如图6-1所示。

图6-1　技能创建界面

第二步：单击左侧蓝色“新建技能”按钮，弹出图6-2所示界面，选择“知识问答类”，在技能名称中输入“地球的小知识”，问答模板选“问答对”，如图6-3所示，最后单击右上角的“创建”按钮。

第三步：进入“地球的小知识”技能界面，单击图6-4左上角的蓝色“添加问答”按钮（单次添加），初始界面如图6-5所示，在输入框后面的两个图标分别是添加和删除功能。

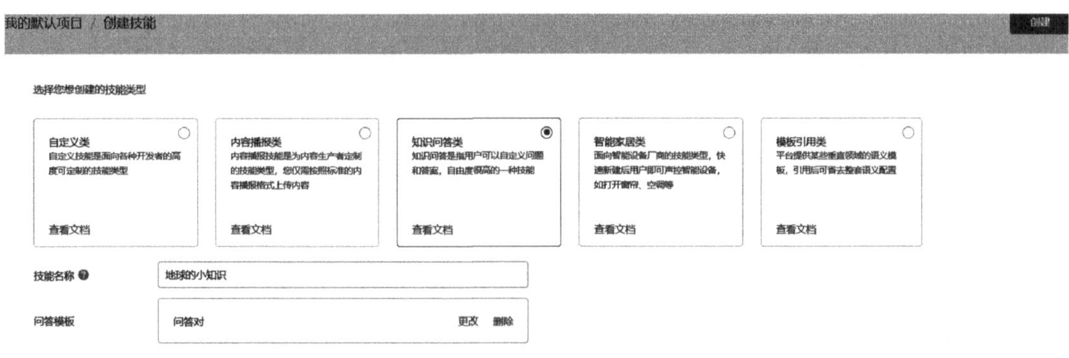

图6-2　技能类型配置界面

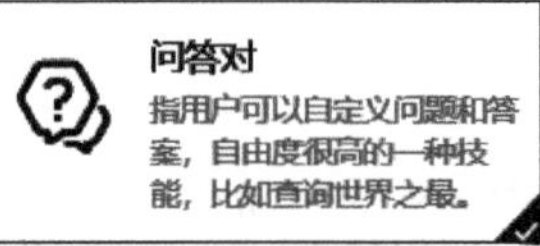

行业问答

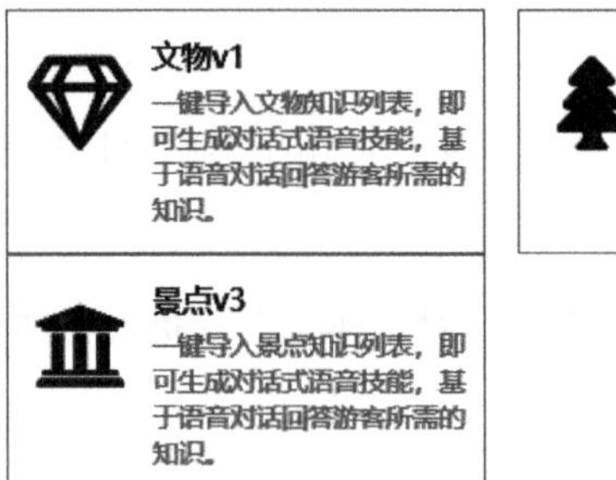

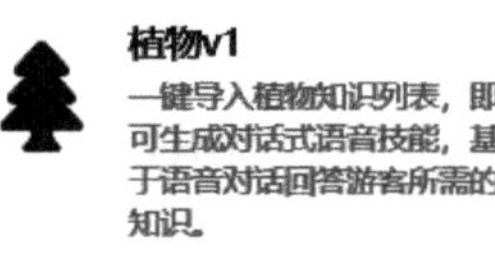

图6-3　问答模板

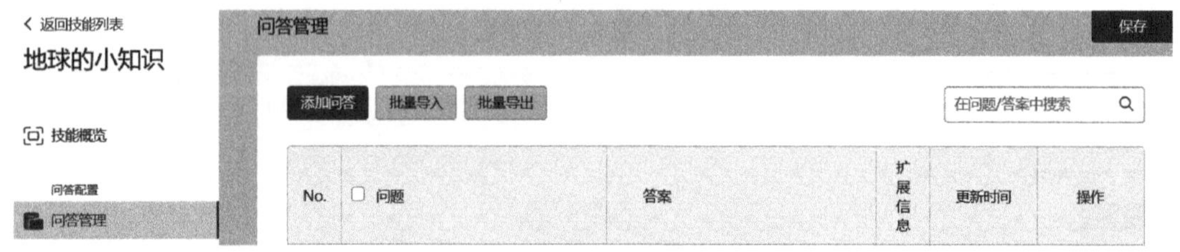

图6-4　“地球的小知识”技能界面

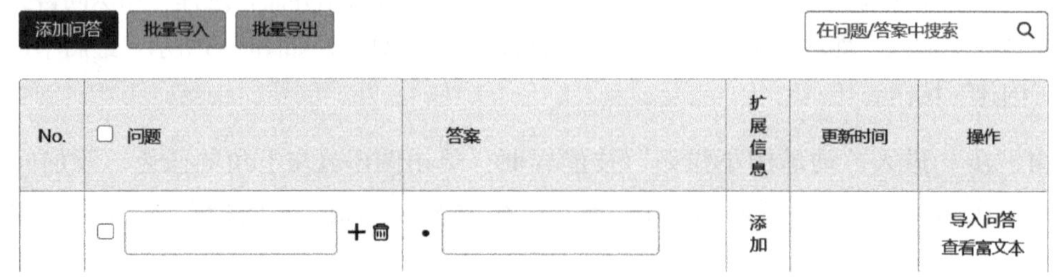

图6-5　添加问答界面

第四步：填写问答，如图6-6所示，知识问答技能与用户之间的交互是通过问答来实现的，问答配置多组问题，添加的问答越多，技能的识别效果越好。

问题1：地球的直径、地球直径是多少

答案1：地球的直径有12742km、12742km

问题2：地球和月球之间的距离、地球距离月球多远

答案2：地球与月球的平均距离是38.4万km，近地点的距离是36.3万km，远地点的距离是40.6万km

No.	问题	答案	扩展信息	更新时间	操作
1	• 地球的直径 地球直径是多少	• 12742km • 地球的直径有12742km	详情	2021-10-19 20:58:59	导入问答 查看富文本
2	• 地球和月球之间的距离 • 地球距离月球多远	• 地球与月球之间的距离 地球与月球的平均距离是38.4万km。月球与地球近地点的距离是36.3万km，与地球远地点的距离是40.6万km	添加	2021-06-07 22:50:06	导入问答 查看富文本

图6-6　添加问答样例

第五步：添加扩展信息。

比如，针对“地球的直径”的问题，除了返回地球直径的具体答案外，针对有屏设备还要求给出具体照片给用户看。

用户：地球直径是多少？

云小微：地球的直径有12742km（同时要在有屏设备场景中展示地球的照片）。

单击扩展信息栏的“添加”按钮，扩展信息的格式由精细的<key，value>组成，需要自行添加key和value的内容，单击“新增”按钮可以进行多条扩展信息的添加，如图6-7和图6-8所示。

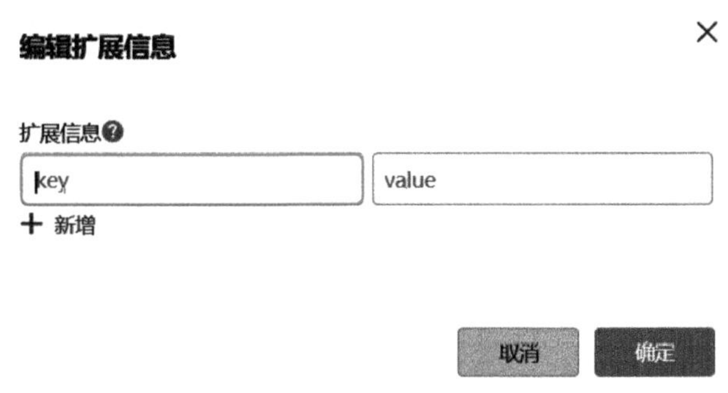

图6-7　编辑扩展信息

这里添加一个地球的照片扩展信息：

key：照片地址变量PictureURL。

value：地球照片的URL地址。

单击“保存”按钮后就添加完成。当问到地球直径的问题时，有屏设备终端只要能轻松读取到PictureURL的值，地球的图片信息也会展示出来，带来比纯文字服务更好的视觉效果。

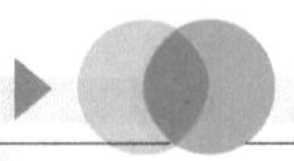

编辑扩展信息

扩展信息

PictureURL

https://gimg2.baidu.com/im

+ 新增

取消 确定

图6-8　添加地球扩展信息

第六步：批量添加。

单击“添加问答”右侧的“批量导入”按钮会显示图6-9所示的界面。单击蓝色的“模板文件”可以查看导入文件所需要的格式，如图6-10所示。

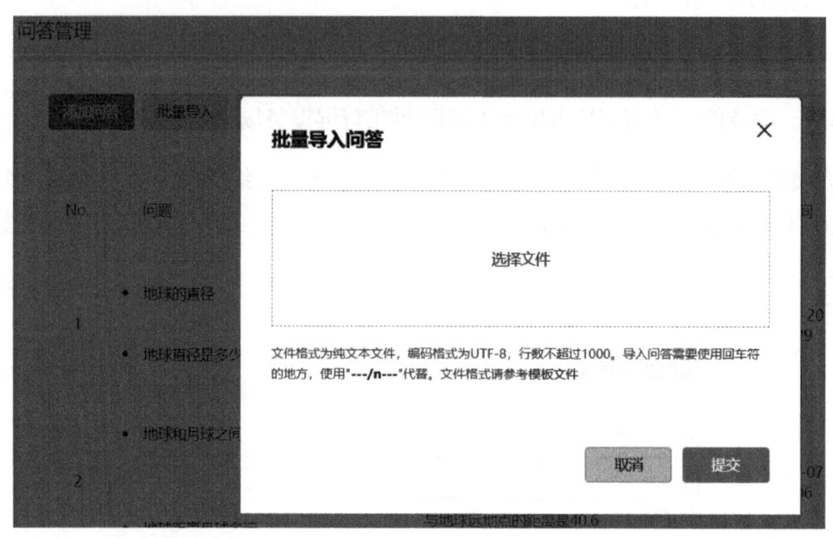

图6-9　批量导入

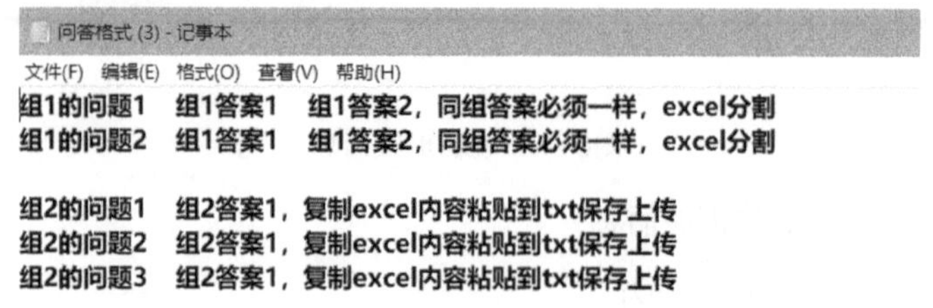

问答格式 (3) - 记事本

文件(F) 编辑(E) 格式(O) 查看(V) 帮助(H)

组1的问题1　组1答案1　组1答案2，同组答案必须一样，excel分割
组1的问题2　组1答案1　组1答案2，同组答案必须一样，excel分割

组2的问题1　组2答案1，复制excel内容粘贴到txt保存上传
组2的问题2　组2答案1，复制excel内容粘贴到txt保存上传
组2的问题3　组2答案1，复制excel内容粘贴到txt保存上传

图6-10　批量导入文件格式

将“地球的小知识”里面的问答输入Excel，之后选中并复制到txt里，最后选择文本文件，单击“提交”按钮即可，具体如图6-11和图6-12所示。

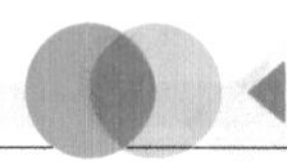

	A	B	C
1	地球的直径	地球的直径有12742㎞	12742㎞
2	地球直径是多少	地球的直径有12742㎞	12742㎞
3			
4	地球和月球之间的距离	地球与月球的平均距离是38.4万㎞，近地点的距离是36.3万㎞，远地点的距离是40.6万㎞	
5	地球距离月球多远	地球与月球的平均距离是38.4万㎞，近地点的距离是36.3万㎞，远地点的距离是40.6万㎞	

图6-11　Excel文件格式

问答格式 - 记事本
文件(F)　编辑(E)　格式(O)　查看(V)　帮助(H)
地球的直径 地球的直径有12742km　　12742km
地球直径是多少　　地球的直径有12742km　　12742km

地球和月球之间的距离 地球与月球的平均距离是 38.4万km，近地点的距离是36.3万km,远地点的距离是40.6万km
地球距离月球多远　　地球与月球的平均距离是 38.4万km，近地点的距离是36.3万km,远地点的距离是40.6万km

图6-12　txt文件格式

第七步：快速验证。

在沙盒环境中进行快速体验，分别输入“地球直径是多少”和“地球和月球之间的距离”进行测试，如图6-13所示，又因为第一问地球的直径带扩展信息，可以在JSON中看到图片的链接地址，如图6-14所示。

图6-13　快速体验

```
    "qapair_info": ⊟{
      "qapair_item": ⊟{
        "sDomain": "diqiudexiaozhishi-1401900267618615296",
        "sQuestion": "地球直径是多少",
        "sAnswerPrint": "12742㎞",
        "sAnswerRead": "12742㎞",
        "enmAnswerType": 0,
        "fSimi": 1.5,
        "sQuestionID": "1401901600933330944",
        "sClickUrl": "",
        "sPicUrl": "",
        "sExt": "
{"PictureURL":"https://gimg2.baidu.com/image_search/src=http%3A%2F%2Fimg
14062520230131.jpg&refer=http%3A%2F%2Fimg.taopic.com&app=2002&size=
sec=1637240080&t=4655909840ef2d281d63bd48637d8e7d","dingdang_topk_a
12742公里"]}",
```


图6-14　JSON信息

第八步：发布上线。

单击左侧“发布上线”选项，在这里可以更改技能名称、技能亮点、开发者名称、技能图标等，这里最重要的是不要勾选“公开发布”，直接进行私有发布，这样2～3个小时后会通过，如图6-15所示。

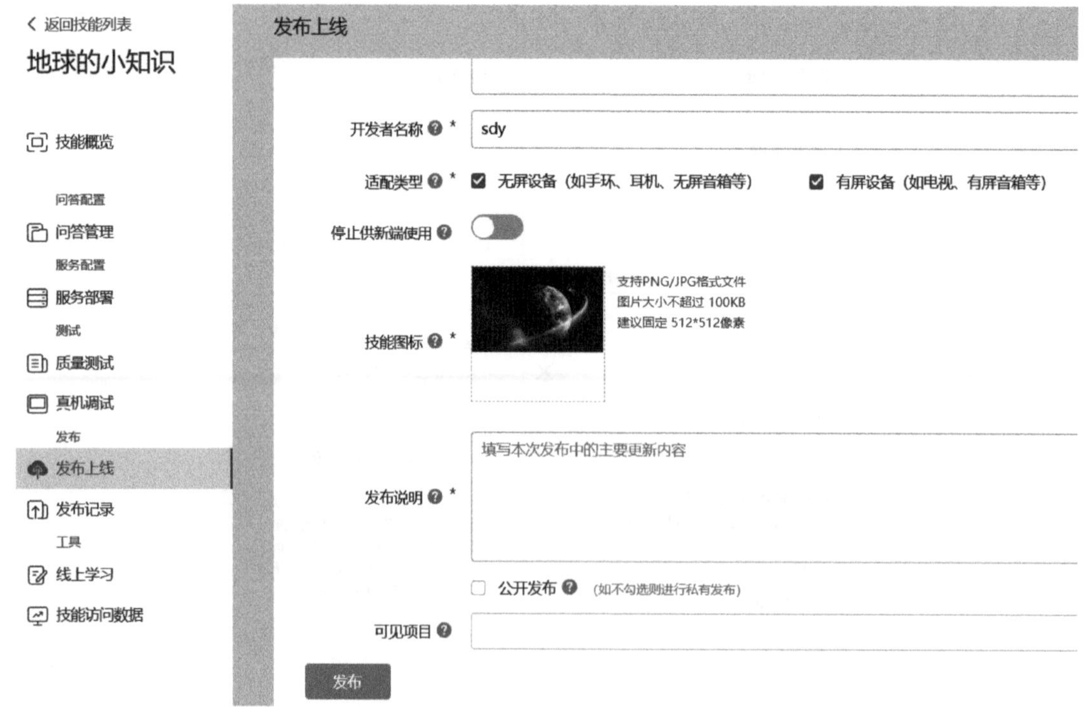

图6-15　发布界面

任务2 实现酒店预订系统

任务描述

酒店的收入大部分依赖于成功地租出房间，并使客人使用酒店的其他设施获得利润，所以酒店客房预订是极为重要的一环。对客人的意义有以下几点：

1）可以有效计划好自己的行程，节约时间，以免酒店客满导致行程出现变动，所以越来越多的客人愿意提前向酒店预订客房，以便到达后能及时入住。

2）客人在预订时可以对要居住的房间提出具体要求，有利于客人及时入住理想的房型。

客房预订对酒店的意义：

1）开展预订业务可以使酒店最大限度地利用客房，提高客房出租率，对酒店经营来说是具有重要意义的。

2）预订客房对酒店来说是产品的预销售，有助于酒店更好地预测客源情况，以便及时调整经营策略。

3）提前了解客人的基本情况，例如姓名、电话、到达时间、离店时间以及客人在住店期间对客房、餐饮等的要求，可以提前协调好各部门的业务，提高工作效率和服务质量。

本任务主要是通过腾讯云小微技能平台，学会创建一个酒店预订房间的技能。

任务目标

通过本任务了解自定义技能中的四个重要概念，熟悉使用腾讯云小微技能平台，并通过技能平台创建酒店预订系统自定义技能。

任务分析

实现酒店预订系统的思路如下：

第一步：完成酒店预订系统的NLU模块，填充意图和槽位。

第二步：完成酒店预订系统的DM模块，查看填充情况和动作顺序。

第三步：完成酒店预订系统的NLG模块，进行沙盒测试。

知识准备

一、意图概述

意图是指用户说话的目的，用户通过这句话想要表达什么、想要做什么。

从语义数据结构角度来看，一个意图可以由基本信息、语料、槽位组成。意图分为自定义意图和系统意图。

1）自定义意图具有很强的灵活性，整个意图的对话模型完全由开发者自己来定制。如果选择了自定义意图，那么接下来就需要开发者自己来完成槽位创建、添加语料、语料标注、实体添加的过程。

2）开发者也可以通过引用系统意图，来完成意图创建。引用系统意图的好处是，无须再去建设意图内容，省去开发成本。

二、槽位概述

在用户表达意图的句子中，用来准确表达该意图的关键信息的标识被称为槽位。每个槽位关联一个或多个实体库。

槽位分为必选槽位和非必选槽位。技能在与用户对话的过程中，如果一个意图所需搜集的关键信息必须包括某个槽位的值，则称它为必选槽位。反之，如果某个槽位的值允许为空，则是非必选槽位。

当发现本技能中的已有槽位无法满足需求时，可以自建一个新槽位。首先，创建一个空的槽位，包含槽位名称、槽位标识。其次，需要给槽位关联所需的实体库。实体库分为系统实体库和自建实体库。

三、语料概述

语料是用户为了发起意图说出的自然语句，每个意图都包含一些常用的语料。它可以帮助训练意图分类模型，语料添加对数量和质量都有要求。语料数量太少，会导致识别的效果提升不大；质量太差，会导致识别错误。因此，在添加语料时要尽量保证全面和准确。

如果添加的是原始语料，需要人工对关键信息进行标注，将每条语料的槽位值标出来，也就是语料标注。

添加语料是意图最基本的也是最频繁的工作。平台支持单条添加和批量添加。

1）单条添加是在语料输入栏添加语料并按<Enter>键保存即可。语料问法越多样化，意图的识别效果越好。

2）同时平台提供批量添加的功能，支持一次性导入大量语料。这里导入的语料可以是原始的，也可以是经过语料标注的。语料添加得越多，意图的识别效果也会越好。

四、实体概述

实体是自然语言处理领域中的基本概念，通常是某个领域的基本词汇。实体允许具有别名。

实体库分为两类，一类是系统实体库，如数量词、日期、时间、地区等通用实体库，由平台自身维护，所有技能都能直接使用。还有一类是某个技能的自建实体库，比如“电话号码库”“房间名”“好友列表”，只有自己项目下的技能才能使用。

自建实体库一开始里面是空的，就跟空的房间一样，什么也没有。需要根据服务需求往实体库中添加自定义的实体才能发挥实体库的作用。自建实体库需要开发者自己来维护，实体添加得越多，识别效果也会越好。

本任务使用自定义技能创建一个“酒店预订系统”。

第一步：用QQ或微信登录后单击右上角的“技能平台”，进入技能创建界面，如图6-16所示。

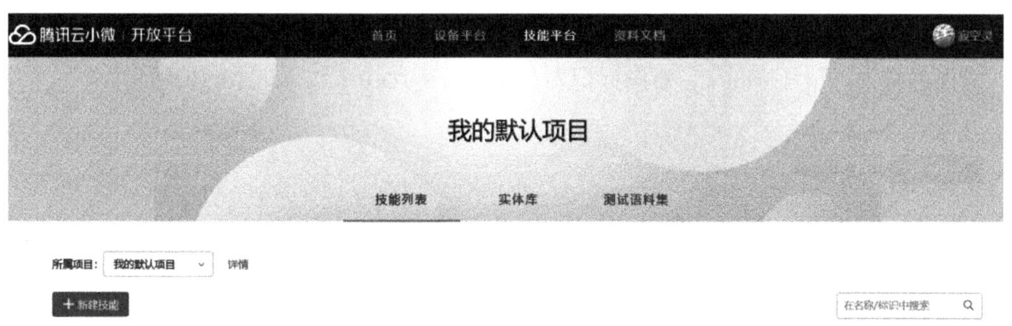

图6-16　技能创建界面

第二步：单击左侧蓝色“新建技能”按钮，弹出图6-17所示界面，选择“自定义类”，在技能名称中输入“酒店预订系统”，最后单击右上角的“创建”按钮。

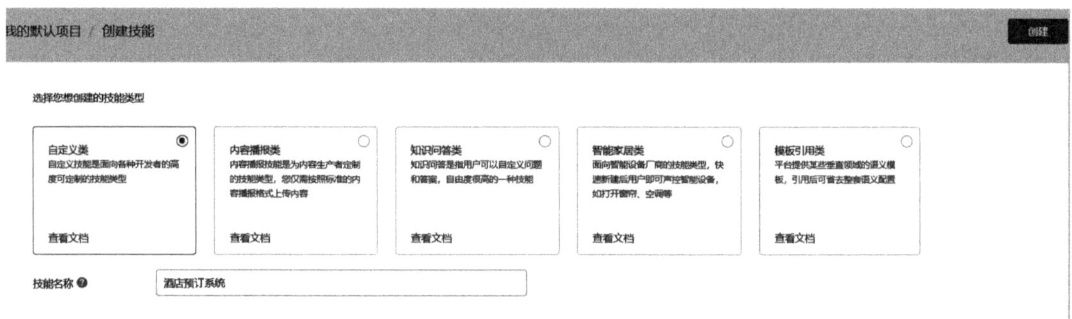

图6-17　技能命名

第三步：进入技能界面后，单击图6-18中蓝色的“新建意图”按钮，此时弹出创建意图的界面，并在其中输入，创建意图，如图6-19所示。

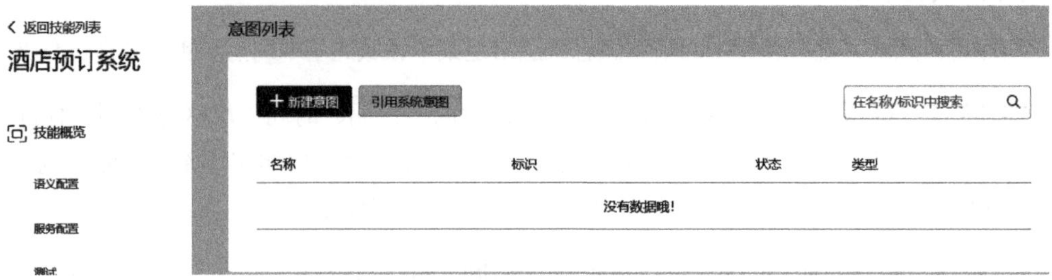

图6-18　创建意图

图6-19　意图命名

意图名称为“预订房间”，意图标识为“reserve_room”，如图6-20所示。

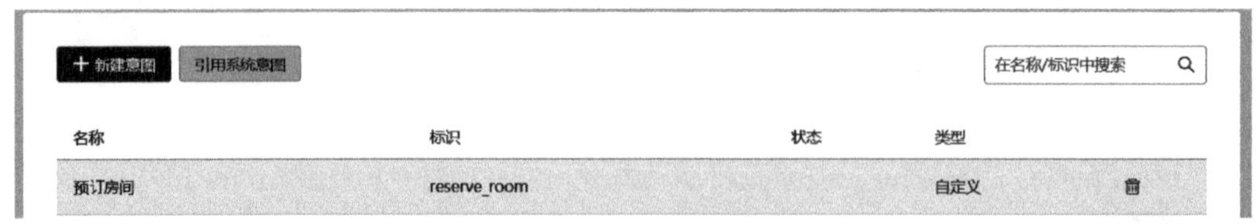

图6-20　预订房间意图

第四步：进入预订房间意图界面后，在用户语料中输入用户想要说的话，例如“我想订一间客房”“你好，我想订房间”“我要订房间”等，如图6-21所示。

图6-21　用户语料

第五步：在语义槽位中添加9个槽位，具体的槽位定义如下：

类型：必选；名称：预约；标识：reserve；实体库：usr. huifu。

类型：必选；名称：姓名；标识：name；实体库：usr. name。

类型：必选；名称：人数；标识：number；实体库：usr. quantities。

类型：必选；名称：房型；标识：model；实体库：usr. room_model。

类型：必选；名称：时长；标识：live_time；实体库：usr. live_time。

类型：必选；名称：证件；标识：paper；实体库：usr. paper。

类型：必选；名称：支付方式；标识：pay_mode；实体库：usr. pay_mode。

类型：必选；名称：联系方式；标识：contact；实体库：usr. contact。

类型：必选；名称：结束预约；标识：end；实体库：usr. huifu。

如果没有找到想要的实体库，则需要添加槽位，如图6-22所示，选择对应的槽位添加实体库，如图6-23所示。

第六步：配置新增的实体库。

由于预约和结束预约两个槽位共用一个实体库，所以共新增8个实体库，usr. huifu、usr. name、usr. quantities、usr. room_model、usr. live_time、usr. paper、usr. pay_mode、usr. contact，并对其填充实体名和别名（选填）。

usr. huifu实体库中添加：谢谢（非常感谢）、好的（没问题）、是的、有、没有，效果如图6-24所示。

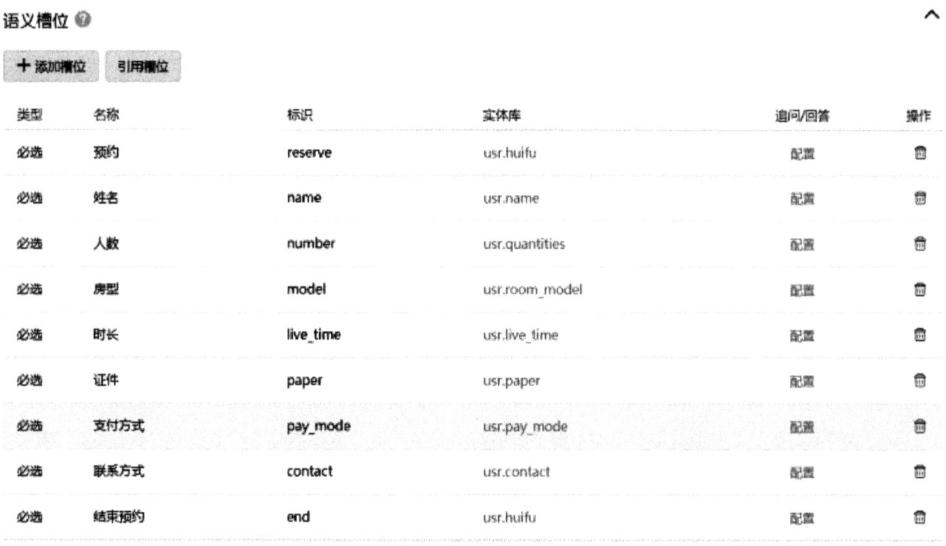

语义槽位

+ 添加槽位　引用槽位

类型	名称	标识	实体库	追问/回答	操作
必选	预约	reserve	usr.huifu	配置	
必选	姓名	name	usr.name	配置	
必选	人数	number	usr.quantities	配置	
必选	房型	model	usr.room_model	配置	
必选	时长	live_time	usr.live_time	配置	
必选	证件	paper	usr.paper	配置	
必选	支付方式	pay_mode	usr.pay_mode	配置	
必选	联系方式	contact	usr.contact	配置	
必选	结束预约	end	usr.huifu	配置	

图6-22　创建槽位

图6-23　新增实体库

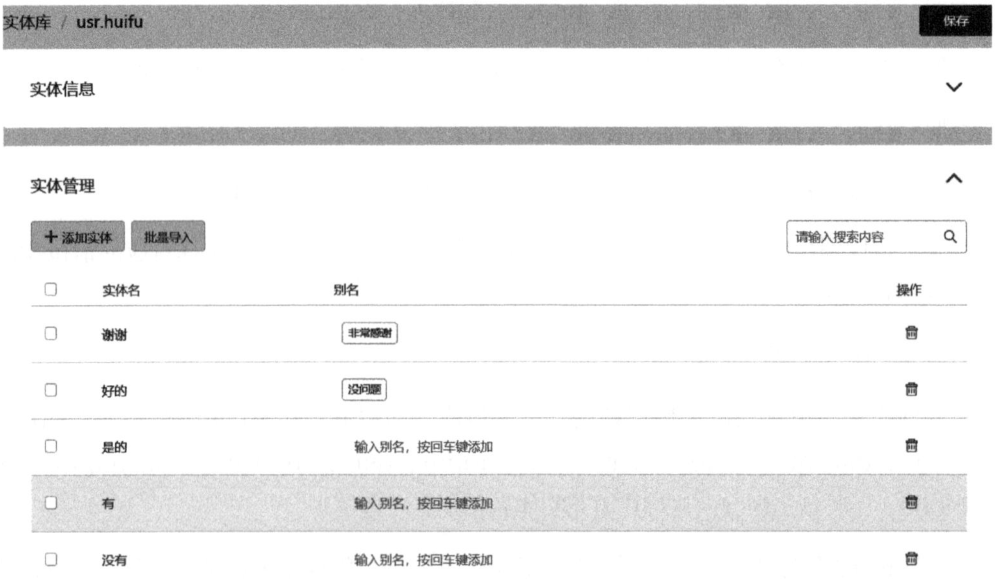

图6-24　usr.huifu实体库

usr. name实体库中添加3个人名：李丽、张三、李四，效果如图6-25所示。

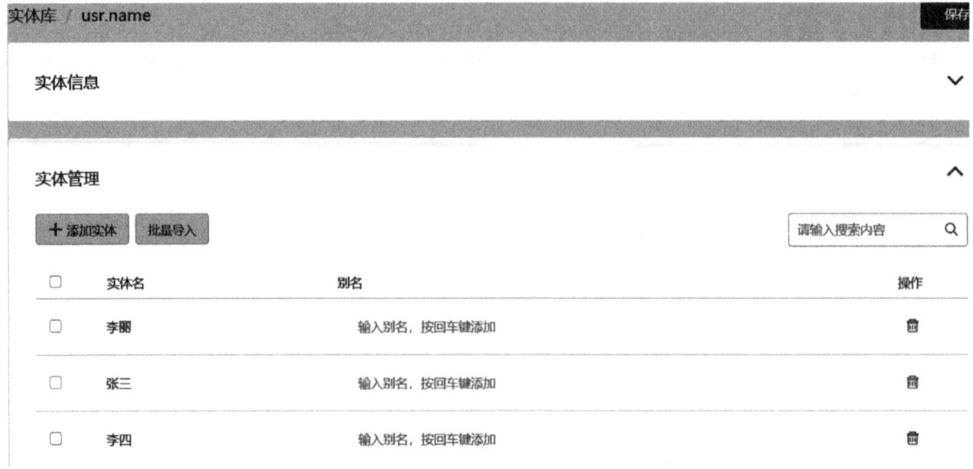

图6-25　usr.name实体库

usr. quantities实体库中添加：0（零、0个、零个）、1（一）、2（二、两）、3（三）等，效果如图6-26所示。

实体库 / usr.quantities 保存

实体管理

+添加实体 批量导入 请输入搜索内容

实体名	别名	操作
0	零 0个 零个	
1	一	
2	二 两	
3	三	

图6-26 usr.quantities实体库

usr. room_model实体库中添加两个房型：湖景房、豪华套房（豪华房），效果如图6-27所示。

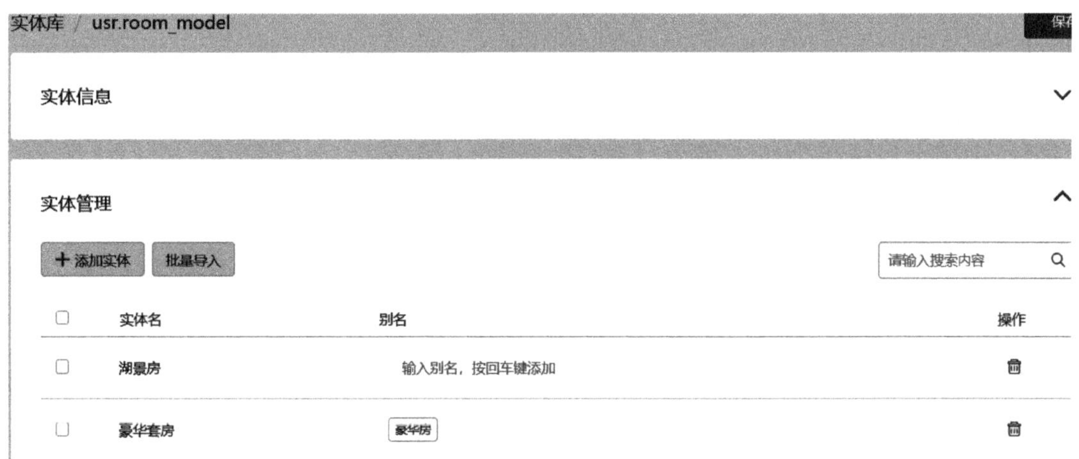

图6-27 usr.room_model实体库

usr. live_time实体库中添加：三晚（三天）、一晚（一天）、两晚（两天），效果如图6-28所示。

usr. paper实体库中添加一个证件号：211302199703101456（可添多个），效果如图6-29所示。

usr. pay_mode实体库中添加两种支付方式：微信和支付宝，效果如图6-30所示。

usr. contact实体库中添加手机号：18332116789，效果如图6-31所示。

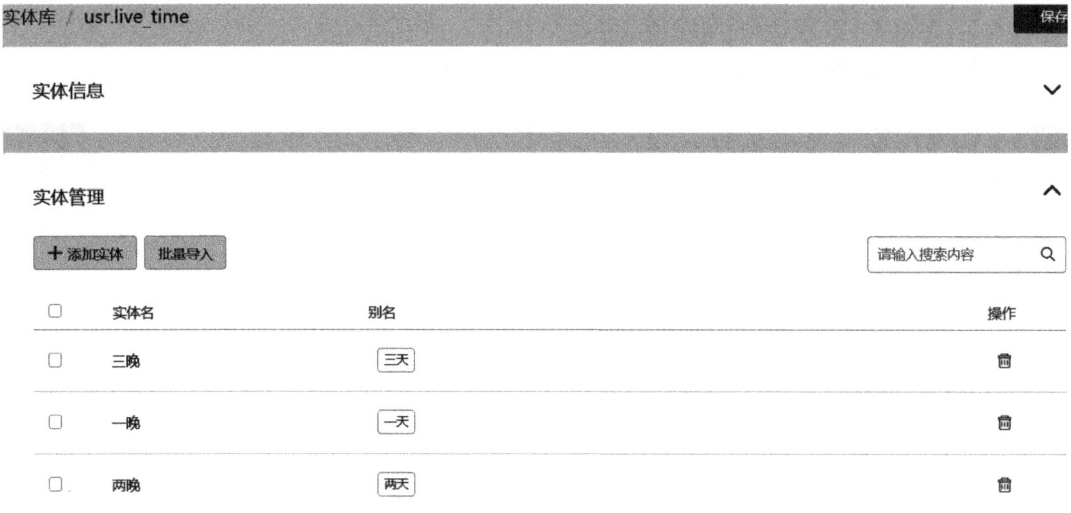

实体库 / usr.live_time 保存
实体信息
实体管理
+ 添加实体 批量导入 请输入搜索内容

实体名	别名	操作
三晚	三天	
一晚	一天	
两晚	两天	

图6-28　usr.live_time实体库

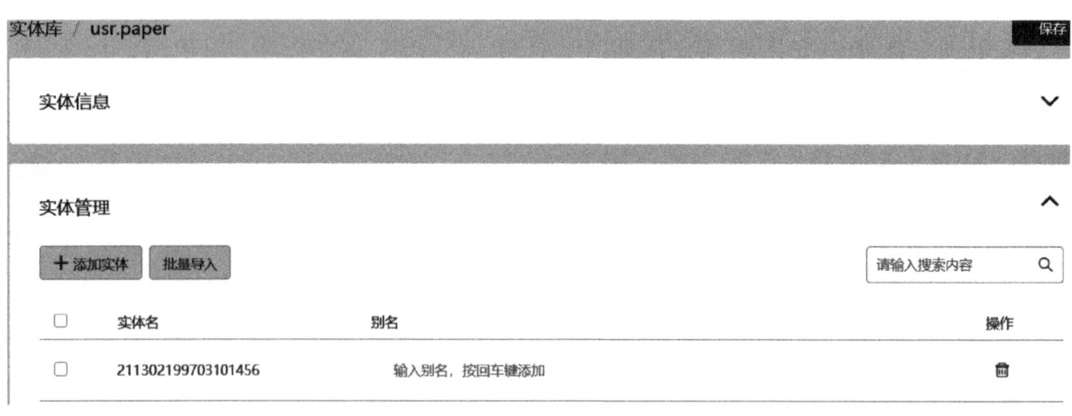

图6-29　usr.paper实体库

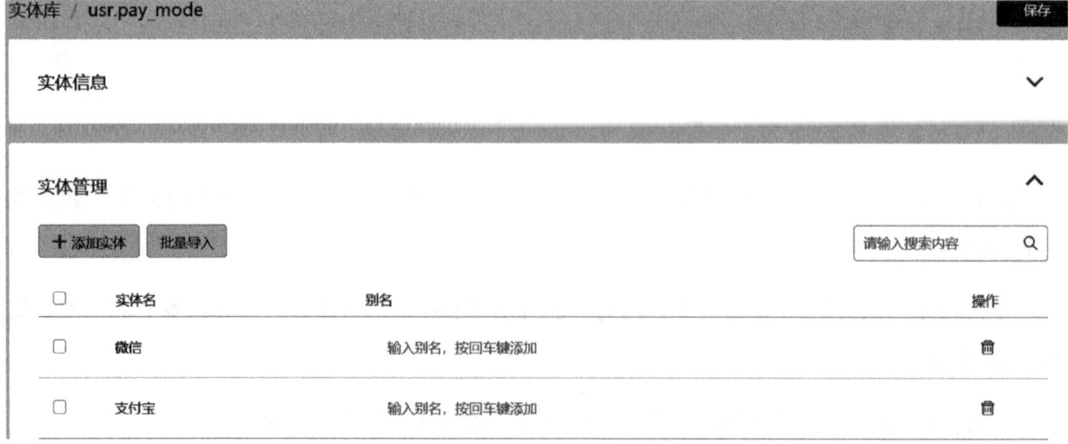

图6-30　usr.pay_mode实体库

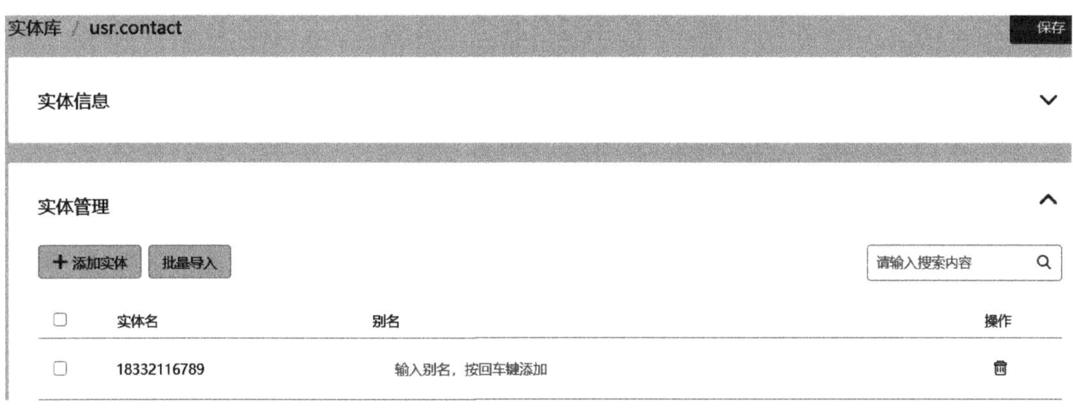

图6-31　usr.contact实体库

第七步：对语义槽位中的追问进行配置。

在“预约”中添加的引导语是“请问您有预订吗？”，添加的语料是“没有”，并对其进行标注，如图6-32所示。

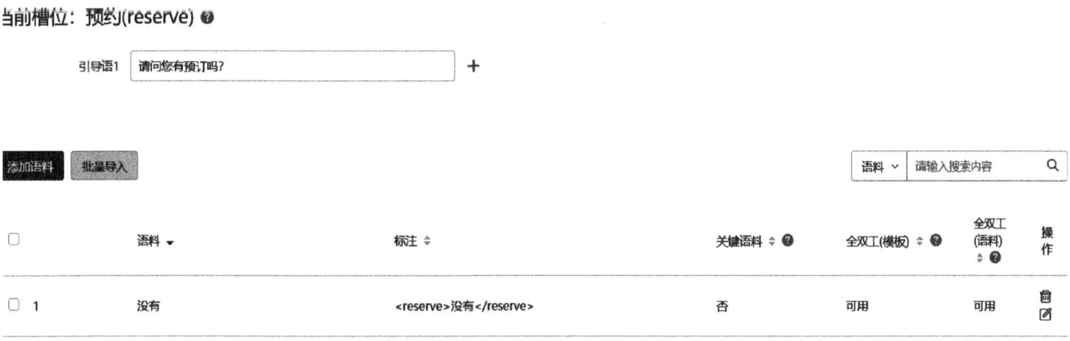

添加语料　批量导入　　语料　请输入搜索内容

	语料	标注	关键语料	全双工(模板)	全双工(语料)	操作
1	没有	<reserve>没有</reserve>	否	可用	可用	

图6-32　填充槽位“预约”

在“姓名”中添加的引导语是“好的，请问一下您的姓名？”，添加的语料是“我叫李丽”“李丽”，并对其进行标注，如图6-33所示。

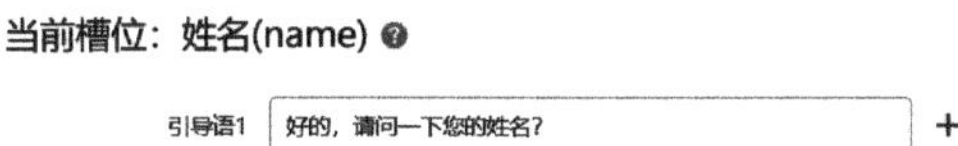

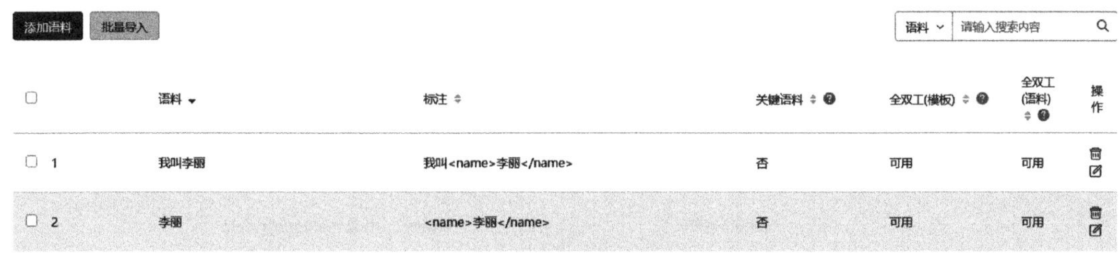

图6-33　填充槽位“姓名”

在“人数”中添加的引导语是“请问是几个人入住呢？”，添加的语料是“一个人”“两人”和“一人”，并对其进行标注，如图6-34所示。

当前槽位：人数(number)

引导语1 请问是几个人入住呢?

添加语料 批量导入

	语料	标注
1	一个人	<number>一</number>个人
2	两人	<number>两</number>人
3	一人	<number>一</number>人

图6-34　填充槽位“人数”

在“房型”中添加的引导语是“好的，请问您喜欢什么房间类型？我们这儿有豪华套房，房间是一室一厅宽大舒适，房内配有高贵典雅的红木家具，房价每晚880元含早餐；还有湖景房房间舒适安静而且可以欣赏到美丽的湖景，每晚680元不含早餐，您看，您喜欢哪种房间类型？”，添加的语料是“湖景房”“就湖景房吧”“豪华房”和“就要豪华套房吧”，并对其进行标注，如图6-35所示。

当前槽位：房型(model)

引导语1 好的，请问您喜欢什么房间类型？我们这儿有豪华套房，房间

添加语料 批量导入

	语料	标注
1	湖景房	<model>湖景房</model>
2	就湖景房吧	就<model>湖景房</model>吧
3	豪华房	<model>豪华房</model>
4	就要豪华套房吧	就要<model>豪华套房</model>吧

图6-35　填充槽位“房型”

在“时长”中添加的引导语是“好的，请问您住几晚呢？”，添加的语料是“一天”和“一晚”，并对其进行标注，如图6-36所示。

当前槽位：时长(live_time)

引导语1 好的，请问您住几晚呢?

添加语料 批量导入

	语料	标注
1	一天	<live_time>一天</live_time>
2	一晚	<live_time>一晚</live_time>

图6-36 填充槽位“时长”

在“证件”中添加的引导语是“麻烦您出示下您的身份证件，我现在帮您做一下登记。”，添加的语料是“我的证件号是211302199703101456”和“211302199703101456”，并对其进行标注，如图6-37所示。

当前槽位：证件(paper)

引导语1 麻烦您出示下您的身份证件，我现在帮您做一下登记。

添加语料 批量导入

	语料	标注
1	我的证件号是 211302199703101456	我的证件号是<paper> 211302199703101456</paper>
2	211302199703101456	<paper>211302199703101456</paper>

图6-37 填充槽位“证件”

在“支付方式”中添加的引导语是“您每晚的房费是880元，我们需要收您1000元押金，您看您方便采取哪种方式支付呢，微信还是支付宝？”，添加的语料是“微信”和“支付宝”，并对其进行标注，如图6-38所示。

当前槽位：支付方式(pay_mode)

引导语1：您每晚的房费是 880 元，我们需要收您 1000 元押金，您看您

添加语料　批量导入

	语料	标注
1	支付宝	<pay_mode>支付宝</pay_mode>
2	微信	<pay_mode>微信</pay_mode>

图6-38　填充槽位“支付方式”

在“联系方式”中添加的引导语是“麻烦您说一下您的联系方式。”，添加的语料是“手机号是18332116789”“我的联系方式是18332116789”和“18332116789”，并对其进行标注，如图6-39所示。

当前槽位：联系方式(contact)

引导语1：麻烦您说一下您的联系方式。

添加语料　批量导入

	语料	标注
1	手机号是18332116789	手机号是<contact>18332116789</contact>
2	我的联系方式是18332116789	我的联系方式是<contact>18332116789</contact>
3	18332116789	<contact>18332116789</contact>

图6-39　填充槽位“联系方式”

在“结束预约”中添加的引导语是“已经登记完毕，如果您有任何需要可随时与我们联系，我们房务分机号是9，祝您住店愉快。”，添加的语料是“谢谢”，并对其进行标注，如图6-40所示。

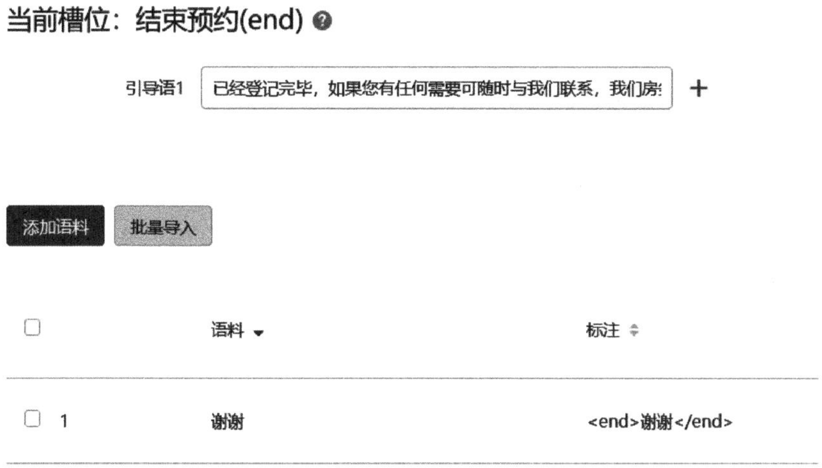

当前槽位：结束预约(end)

引导语1 已经登记完毕，如果您有任何需要可随时与我们联系，我们房 +

添加语料 批量导入

	语料	标注
1	谢谢	<end>谢谢</end>

图6-40 填充槽位“结束预约”

第八步：查看填充情况，通过图6-41可以看出以下九个槽位是必选的，分别链接了各自的实体数据库，并都添加了追问和回答，满足了可执行条件。

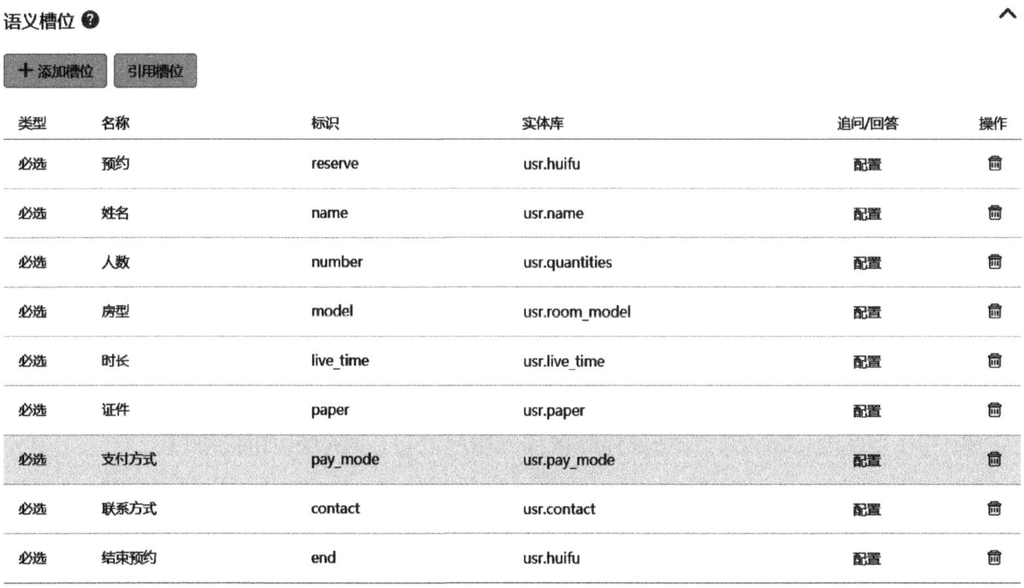

语义槽位

+ 添加槽位 引用槽位

类型	名称	标识	实体库	追问/回答	操作
必选	预约	reserve	usr.huifu	配置	
必选	姓名	name	usr.name	配置	
必选	人数	number	usr.quantities	配置	
必选	房型	model	usr.room_model	配置	
必选	时长	live_time	usr.live_time	配置	
必选	证件	paper	usr.paper	配置	
必选	支付方式	pay_mode	usr.pay_mode	配置	
必选	联系方式	contact	usr.contact	配置	
必选	结束预约	end	usr.huifu	配置	

图6-41 填充情况

第九步：查看动作顺序，通过图6-42可以把系统的动作定义为“询问是否预约”“询问姓名”“询问入住人数”“询问房间型号”“询问入住时长”“询问证件号”“询问支付方式”“询问联系方式”和“结束性回复”。

当前槽位：预约(reserve)

引导语1 请问您有预定吗?

当前槽位：姓名(name)

引导语1 好的，请问一下您的姓名?

当前槽位：人数(number)

引导语1 请问是几个人入住呢?

当前槽位：房型(model)

引导语1 好的，请问您喜欢什么房间类型? 我们这儿有豪华套房，房间:

当前槽位：时长(live_time)

引导语1 好的，请问您住几晚呢?

当前槽位：证件(paper)

引导语1 麻烦您出示下您的身份证件，我现在帮您做一下登记。

当前槽位：支付方式(pay_mode)

引导语1 您每晚的房费是 880 元，我们需要收您 1000 元押金，您看您

当前槽位：联系方式(contact)

引导语1 麻烦您说一下您的联系方式。

当前槽位：结束预约(end)

引导语1 已经登记完毕，如果您有任何需要可随时与我们联系，我们房:

图0-42 动作顺序

第十步：进行沙盒测试，在快速体验区输入用户语料，其中对话内容如下：

客户：你好，我想订房间

系统：请问您有预订吗?

客户：没有

系统：好的，请问一下您的姓名?

客户：李丽

系统：请问是几个人入住呢？

客户：一人

系统：好的，请问您喜欢什么房间类型？我们这儿有豪华套房，房间是一室一厅宽大舒适，房内配有高贵典雅的红木家具，房价每晚880元含早餐；还有湖景房房间舒适安静而且可以欣赏到美丽的湖景，每晚680元不含早餐，您看，您喜欢哪种房间类型？

客户：就要豪华套房吧

系统：好的，请问您住几晚呢？

客户：一晚

系统：麻烦您出示下您的身份证件，我现在帮您做一下登记。

客户：我的证件号是211302199703101456

系统：您每晚的房费是880元，我们需要收您1000元押金，您看您方便采取哪种方式支付呢，微信还是支付宝？

客户：微信

系统：麻烦您说一下您的联系方式。

客户：手机号是18332116789

系统：已经登记完毕，如果您有任何需要可随时与我们联系，我们房务分机号是9，祝您住店愉快。

客户：谢谢

具体数据如图6-43～图6-45所示。

图6-43　沙盒测试（1）

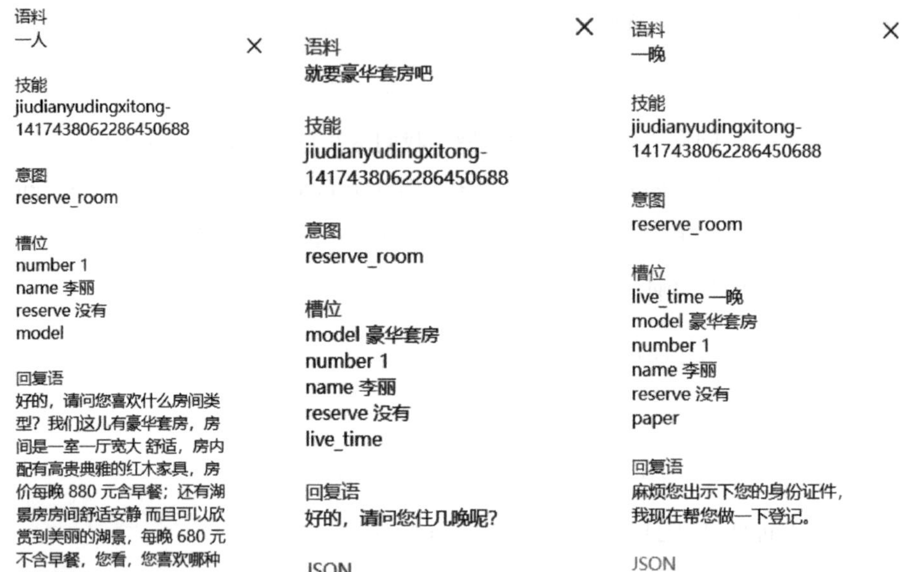

图6-44　沙盒测试（2）

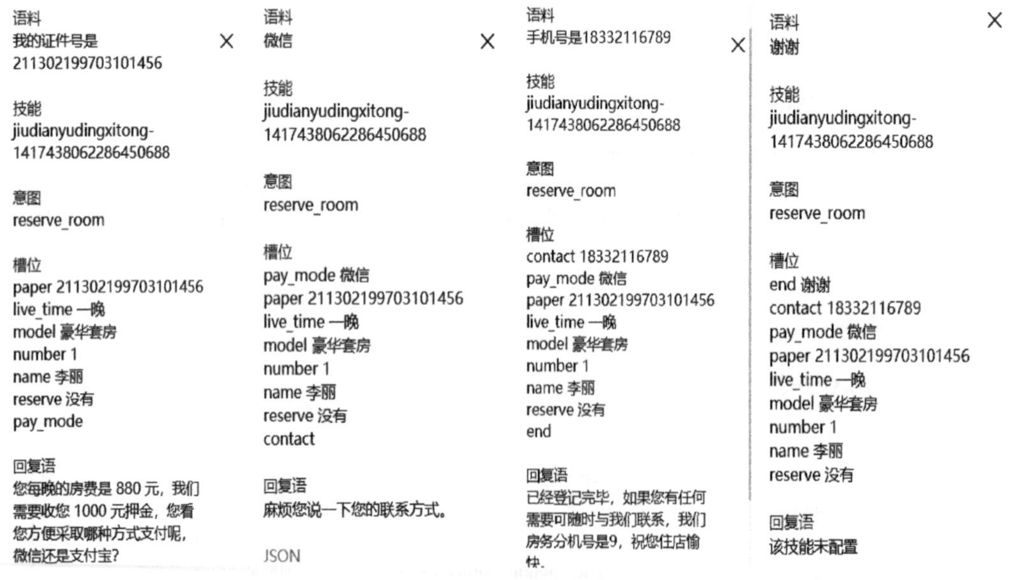

图6-45 沙盒测试（3）

单元小结

通过本单元的学习，了解如何进行知识问答的单条和批量导入，以及模块化创建自定义技能，并通过腾讯云小微平台实现“地球的小知识”和“酒店预订系统”技能，并进行沙盒测试。具备自己使用腾讯云小微平台创建技能的能力。

单元评价

通过学习以上任务，看自己是否掌握了以下技能，在技能检测表中标出已掌握的技能。

评价标准	自我评价	小组评价	教师评价
了解知识问答的单条和批量导入问答内容			
了解知识问答中添加扩展信息的方法			
掌握酒店预订系统的NLU模块，填充意图和槽位			
掌握酒店预订系统的DM模块，查看填充情况和动作顺序			
掌握酒店预订系统的NLG模块，进行沙盒测试			

备注：A为能做到；B为基本能做到；C为部分能做到；D为基本做不到。

素质拓展学习

扫码观看

课后习题

一、实践操作

1．创建“世界之最”知识问答技能

问题1：世界最长的跨海大桥是什么/全世界最长的跨海大桥叫什么名字/世界最长的跨海大桥

答案1：世界上最长的跨海大桥是港珠澳大桥/珠澳大桥，它的长度是55km，你想去吗？/港珠澳大桥

问题2：世界上最高的山峰是什么/告诉我世界上最高的山峰叫什么/世界上最高的山峰

答案2：地球上最高的山峰是珠穆朗玛峰，海拔8848.86m。你想去体验吗？/地球上最高的山峰是珠穆朗玛峰，海拔8848.86m，你去过吗/是珠穆朗玛峰

2．创建“房贷查询”自定义技能

意图：查月供标识：monthly_instalment

用户语料：我想查月供/查月供/贷款200万每月还多少/贷款总额640万每月还款多少/贷

款总额888万每月还款多少/贷款总额84万每月还款多少

槽位：贷款总额（loan）/贷款年限（years）/还款方式（method）

实体库：sys. number、usr. years、usr. method

房贷计算器如图6-46所示。

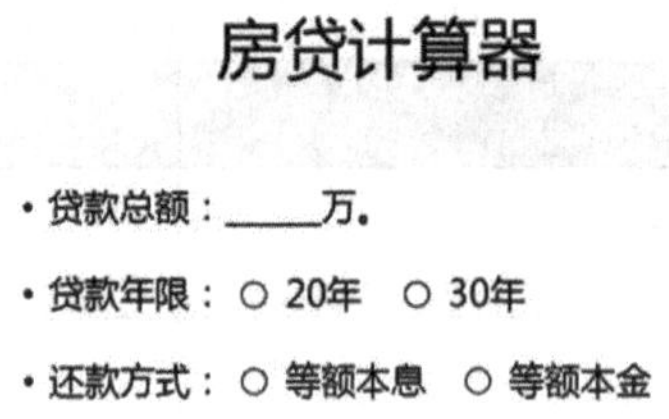

房贷计算器

- 贷款总额：_____万。
- 贷款年限：○ 20年　○ 30年
- 还款方式：○ 等额本息　○ 等额本金

图6-46　房贷计算器

用户：我想查月供

系统：请问贷款金额是多少

用户：200万（我想贷款100万、总金额是400万）

系统：请问您计划贷款20年还是30年

用户：20年（30年）

系统：请问您的还款方式是等额本息还是等额本金

用户：等额本金（等额本息）

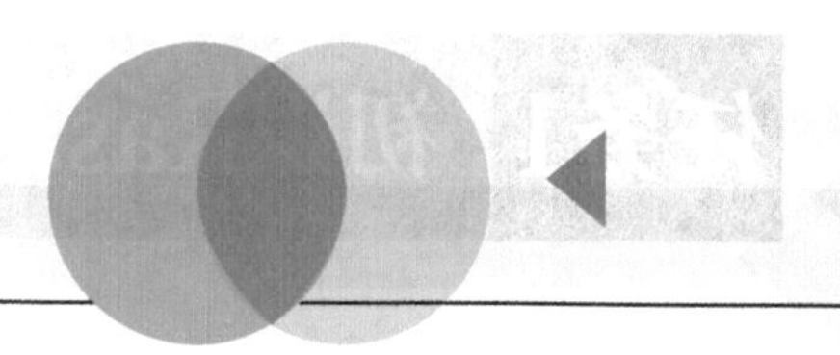

UNIT 7

单元 7

基于模块的人机对话系统实战

学习目标

⇨知识目标

- 了解Rasa是什么
- 理解Rasa的整体结构
- 理解RasaNLU的功能
- 理解RasaCore进行消息管理的流程
- 掌握Rasa相关命令的使用
- 掌握Rasa训练样本的书写方法
- 了解Flask是什么
- 了解PyQt5的部分函数

⇨技能目标

- 掌握Rasa环境的搭建
- 能够利用Rasa搭建聊天机器人
- 能够创建界面并连接聊天机器人

⇨素质目标

- 培养灵活的思维以及处理和分析信息的能力
- 具备一定的自主学习能力
- 具备一定的思考能力
- 通过学习国产人机对话库培养学生的爱国情怀

任务1 初识Rasa

任务描述

Rasa一款基于文本和语音的自动化、可自定义的开源机器学习框架，本任务主要根据对Rasa的相关组成模块和消息处理流程进行介绍，并能够独立完成Rasa框架的下载和安装。

任务目标

通过本任务了解Rasa的概念、Rasa三个组成模块，熟悉Rasa的消息处理流程，并能够掌握如何使用命令行下载安装Rasa库。

任务分析

实现Rasa下载与安装的思路如下：

第一步：创建并进入Python环境。

第二步：通过命令行界面安装Rasa。

第三步：验证安装是否成功。

知识准备

一、Rasa简介

Rasa是一款开源的机器学习框架，它提供了必要的基础架构和工具来进行自动化文本和语音对话，从而便于进行对话机器人的高效建立。Rasa包含了最新的自然语言理解（NLU）模块的研究，比如行业领先的机器学习研究：语义理解、意图分类、捕获上下文等。

拥有强大功能的Rasa使用起来并不困难，Rasa可以根据数据集的不同采取不同的算法，用户不需要通过编写规则理解文本，只要通过修改一部分配置文件，就可以利用机器学习轻松对数据进行训练和调整。

二、Rasa的组成

Rasa作为基于机器学习实现多轮对话的开源机器人框架，包含了三个模块，分别是RasaNLU、RasaCore和RasaX。

1. RasaNLU模块

RasaNLU是自然语言理解模型的集合，主要包括意图识别、实体识别，它会把用户的输入转换为结构化的数据。支持多种语言、单一和多种意图，以及预训练和自定义实体等功能。例如输入一句话：“Check the weather for Tianjin today”，NLU模块会提取出这句话的意图，即“询问天气”；还会提取出两个实体，即询问的地点“Tianjin”和日期“today”。

2. RasaCore模块

RasaCore是一个对话管理的平台，提供了多轮对话管理机制。主要决定机器该返回什么内容给用户，即实现与用户的交互逻辑。对话管理模块涉及的关键技术包括对话行为识别、对话状态识别、对话策略学习以及行为预测、对话奖励等。RasaCore包含两个内容，stories和domain。

stories理解为对话的场景流程，通过stories中的文本，机器可以得知多轮对话场景的细节。stories样本数据是RasaCore对话系统要训练的样本，描述了人机对话过程中可能出现的故事情节，通过对stories样本和domain的训练得到人机对话系统所需的对话模型。例如，在与天气对话机器人的对话中，具体流程为：用户问好→机器问好并问用户有什么需要→用户询问功能→机器回复可以进行天气的预测→用户询问天气→机器进行回复。

domain理解为机器的知识库，相当于大脑框架，所有聊天系统使用到的属性都在其中进行设置，其中定义了意图、实体、槽位、动作以及对应动作所反馈的内容。

3. RasaX模块

开发者总是期望用户能够按照自己所设计的方案进行对话，然而很多情况下用户的对话总是让人意想不到。而RasaX是一种用于“对话驱动开发”（Conversation-Driven Development）的工具，利用和用户的对话中所获取到的知识，该工具可以不断地改进系统。RasaX具有如下优点：

1）位于Rasa开源之上，可帮助开发人员构建更好的助手。

2）所有开发人员均可使用的免费的封闭源代码工具。

3）可以部署在任何地方，可以保证数据的安全性和专有性。

三、消息处理流程

在一次完整的对话当中，Rasa会通过解释器模块（Interpreter）、跟踪器模块

（Tracker）、策略模块（Policy）、动作模块（Action）对消息进行处理，消息处理的流程如图7-1所示。

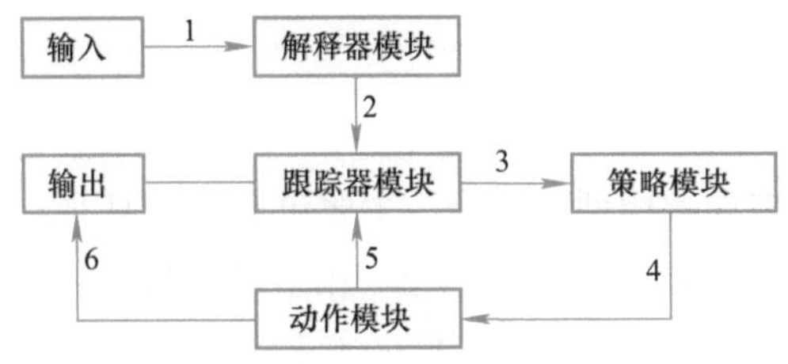

图7-1　消息处理流程图

消息处理的流程具体解释如下：

1）用户输入的信息会传递到解释器模块，该模块将用户信息提取出意图和实体。

2）解释器模块将意图和实体传递给跟踪器模块，跟踪器模块的作用在于跟踪对话的状态。

3）跟踪器模块将状态传递给策略模块。

4）策略模块进行状态的记录，并根据状态预测应该执行什么动作。

5）跟踪器模块记录系统执行的动作，以供下一次策略模块的使用。

6）通过动作模块中的相应动作对用户进行反馈。

任务实施

本任务主要是实现 Rasa下载与安装。步骤如下：

第一步：创建并激活一个新的Python环境。在命令行界面输入“python -m venv [name]”创建新环境；创建后输入“activate [name]”激活环境，如图7-2所示。

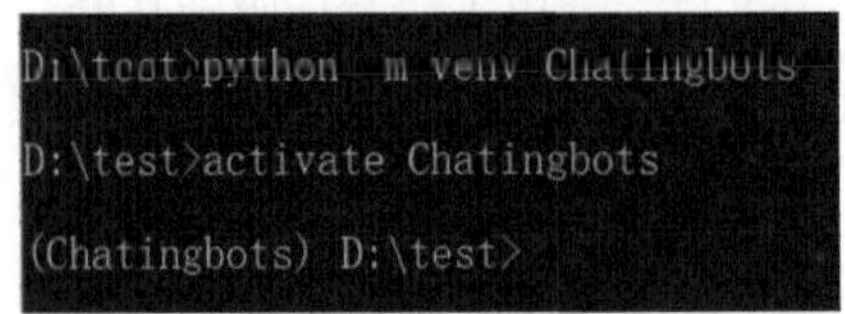

图7-2　创建虚拟环境

第二步：安装Rasa库。输入“pip install rasa”进行Rasa的安装，如图7-3所示。

第三步：安装完成后输入“python”进入Python环境，输入“import rasa”，不报错说明已经安装成功，再输入“rasa.__version__”可以显示当前Rasa版本，如图7-4所示。

```
C:\Windows\system32\cmd.exe
(Chatingbots) C:\Users\24479>pip install rasa
Collecting rasa
  Downloading rasa-2.8.7-py3-none-any.whl (767 kB)
     |████████████████████████████████| 767 kB 252 kB/s
Collecting sklearn-crfsuite<0.4,>=0.3
  Downloading sklearn_crfsuite-0.3.6-py2.py3-none-any.whl (12 kB)
Collecting terminaltables<3.2.0,>=3.1.0
  Downloading terminaltables-3.1.0.tar.gz (12 kB)
Collecting jsonpickle<2.1,>=1.3
  Downloading jsonpickle-2.0.0-py2.py3-none-any.whl (37 kB)
Collecting pykwalify<1.9,>=1.7
  Downloading pykwalify-1.8.0-py2.py3-none-any.whl (24 kB)
Collecting questionary<1.10.0,>=1.5.1
  Downloading questionary-1.9.0-py3-none-any.whl (32 kB)
```

图7-3　安装Rasa

```
(Chatingbots) C:\Users\Toweler>python
Python 3.8.11 (default, Aug  6 2021, 09:57:55) [MSC v.1916 64 bit (AMD64)]
Type "help", "copyright", "credits" or "license" for more information.
>>> import rasa
>>> rasa.__version__
'2.8.7'
>>>
```

图7-4　验证Rasa是否安装成功

任务2　基于Rasa搭建聊天机器人

任务描述

本任务通过RasaNLU开源库搭建一个天气聊天机器人。希望通过本任务的学习，对意图、实体等内容有一定的理解，并能够在本任务结束时，搭建一个能解决一定功能需求的聊天机器人。

任务目标

通过本任务的学习，能够使用Rasa库进行简单聊天机器人的搭建，学会Rasa工程的初始化方法，对Rasa的整体架构有一定的理解并创建出可以解决如下功能需求的聊天机器人。

任务分析

根据给定文本，搭建一个聊天机器人的大体思路如下：

第一步：搭建环境并创建初始化工程。

第二步：构建NLU样本。

第三步：构建Core样本。

第四步：训练NLU和Core的模型。

第五步：配置HTTP服务和Action服务。

第六步：运行Rasa服务和Action服务。

知识准备

一、Rasa常用命令

Rasa提供了许多命令接口以便于机器人的开发，常用的命令见表7-1。

表7-1　Rasa常用命令

命　令	描　述
rasa init	初始化命令，用于创建一个聊天机器人项目，包括了所有必需的文件模板
rasa train	训练命令，使用NLU数据和故事训练一个模型，将训练好的模型保存在./models中
rasa run	启动服务命令，使用训练模型启动一个服务器
rasa shell	运行命令，加载训练好的模型，使开发人员能够在命令行上与“助手”对话
rasa data splitnlu	数据拆分命令，将NLU文件拆分为测试样本和训练样本
rasa test	测试命令，利用测试数据集来评估模型
rasa interactive	交互式训练命令，启动交互式学习会话，通过聊天来创建新的训练数据

1．初始化命令

rasa　init命令用于创建一个聊天机器人项目，包括了所有必需的文件模板，初始化命令语法格式如下：

```
rasa init [--no-prompt]
```

命令中“--no-prompt”表示创建默认初始工程，如果不输入此后缀则系统会询问一些项目创建的问题（注意工程路径中不能出现中文）。

rasa init命令初始化默认工程，命令执行过程如图7-5和图7-6所示。

```
(Chatingbots) D:\test>rasa init --no-prompt
Welcome to Rasa! 

To get started quickly, an initial project will be created.
If you need some help, check out the documentation at https://rasa.com/docs/rasa.

Created project directory at 'D:\test'.
Finished creating project structure.
Training an initial model...
```

图7-5　执行初始化命令

```
NLU model training completed.
Training Core model...
2021-10-25 18:21:41 WARNING - The UnexpecTED Intent Policy is currently experimental and might
rum (https://forum.rasa.com) to help us make this feature ready for production.
Processed story blocks: 100%| 3/3 [00:00<00:00, 3002.37it/s, # trackers=1]
Processed story blocks: 100%| 3/3 [00:00<00:00, 1200.09it/s, # trackers=3]
Processed story blocks: 100%| 3/3 [00:00<00:00, 260.83it/s, # trackers=12]
Processed story blocks: 100%| 3/3 [00:00<00:00, 78.93it/s, # trackers=39]
Processed rules: 100%| 2/2 [00:00<00:00, 3998.38it/s, # trackers=1]
Processed trackers: 100%| 3/3 [00:00<00:00, 1499.75it/s, # action=12]
Processed actions: 12it [00:00, 4798.97it/s, # examples=12]
Processed trackers: 100%| 2/2 [00:00<00:00, 1999.19it/s, # action=5]
Processed actions: 5it [00:00, 10000.72it/s, # examples=4]
Processed trackers: 100%| 3/3 [00:00<00:00, 1500.47it/s, # action=12]
Processed trackers: 100%| 2/2 [00:00<00:00, 4000.29it/s]
Processed trackers: 100%| 5/5 [00:00<00:00, 1999.19it/s]
Processed trackers: 100%| 120/120 [00:00<00:00, 1200.81it/s, # intent=12]
Epochs: 100%| 100/100 [00:06<00:00, 15.01it/s, t_loss=0.135, loss=0.012, acc=1]
Processed trackers: 100%| 120/120 [00:00<00:00, 2525.89it/s, # action=30]
Epochs: 100%| 100/100 [00:06<00:00, 14.71it/s, t_loss=1.86, loss=1.68, acc=0.967]
2021-10-25 18:21:56 INFO - Persisted model to 'C:\Users\Toweler\AppData\Local\Temp\tmpvrwaryh6\core'
Core model training completed.
Your Rasa model is trained and saved at 'D:\test\models\20211025-182112.tar.gz'.
If you want to speak to the assistant, run 'rasa shell' at any time inside the project directory.
```

图7-6　执行初始化命令完毕

在使用初始化命令创建初始项目之后，系统会生成一些必要文件，如图7-7所示。

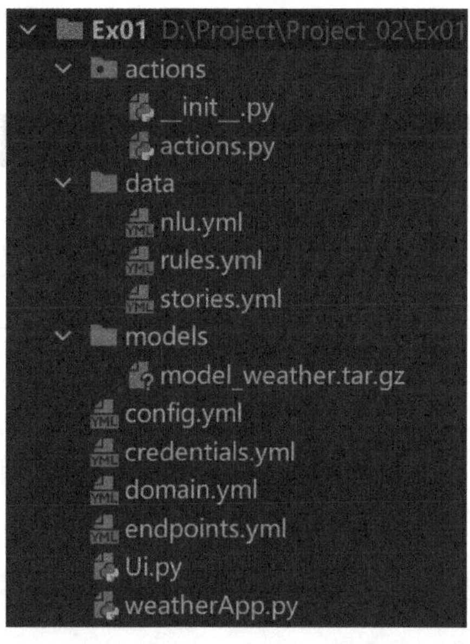

图7-7　初始化项目结构

项目文件作用见表7-2。

表7-2　项目文件作用

文　件	作　用
actions.py	自定义动作的代码
nlu.yml	NLU训练数据
rules.yml	用于训练对话管理模型（本任务中没有使用）
stories.yml	Core训练数据
xxx.tar.gz	初始化好的模型
config.yml	NLU和Core模型的配置
credentials.yml	连接到其他服务的详细信息（如Facebook）
domain.yml	对话域的设置
endpoints.yml	连接到其他频道的详细信息

2. 训练命令

rasa　train主要是实现对模型的训练，使用NLU数据和故事训练一个模型，将训练好的模型保存在. /models中。训练命令格式如下：

```
rasa train [-c CONFIG] [-d DOMAIN]
           [--fixed-model-name FIXED_MODEL_NAME]
           [--data DATA]
```

在终端界面输入此命令会根据输入的参数进行模型训练，其中各个参数说明见表7-3。

表7-3　train命令参数

命　令	描　述
-c/--config	指定policy和nluPipeline配置文件，默认为根目录下config.yml
-d/--domain	指定domain.yml文件，默认为根目录下domain.yml
--fixed-model-name	指定生成的模型文件名称，默认为none
--data	指定NLU和Core模型所有样本文件，默认为data目录

使用train命令执行模型训练，图7-8中使用train命令来训练模型model_weather，采用的设置文件为config. yml，采用的域文件为domain. yml，训练好的模型存在当前目录的data文件夹下，生成的模型文件如图7-9所示。

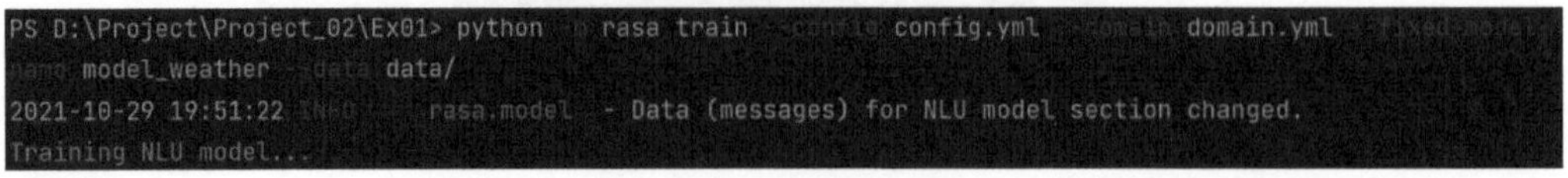

```
PS D:\Project\Project_02\Ex01> python -m rasa train --config config.yml --domain domain.yml --fixed-model-
name model_weather --data data/
2021-10-29 19:51:22 INFO     rasa.model  - Data (messages) for NLU model section changed.
Training NLU model...
```

图7-8　执行训练命令

```
NLU model training completed.
Core stories/configuration did not change. No need to retrain Core model.
Your Rasa model is trained and saved at 'D:\Project\Project_02\Ex01\models\model_weather.tar.gz'.
```

图7-9　训练结束生成模型

3．启动服务命令

rasa　run命令主要用于启动服务命令，可以将训练好的模型发布在HTTP服务器上，可以自定义服务，也可以启动Rasa服务。启动服务命令格式如下：

```
rasa run [--endpoints ENDPOINTS] [--port PORT]
         [--credentials CREDENTIALS]
         [actions ACTIONS]
```

在终端界面输入此命令会开启服务，如果命令结尾加上actions则是启动自定义动作服务，否则是启动Rasa服务。run命令的部分参数见表7-4。

表7-4　run命令的部分参数

命　　令	描　　述
--port	设置运行rasa server的端口号，默认为5005
--endpoint	指定endpoints.yml文件路径，默认为none
--credentials	指定credentials.yml文件路径
--actions	运行action server（不加此项则是运行rasa server）

启动自定义动作服务的过程如图7-10所示。

```
PS D:\Project\Project_02\Ex01> python -m rasa run actions --port 5055 --actions actions --debug
2021-10-29 18:49:31 INFO     rasa_sdk.endpoint  - Starting action endpoint server...
2021-10-29 18:49:31 INFO     rasa_sdk.executor  - Registered function for 'weather'.
2021-10-29 18:49:31 INFO     rasa_sdk.endpoint  - Action endpoint is up and running on http://0.0.0.0:5055
2021-10-29 18:49:31 DEBUG    rasa_sdk.utils  - Using the default number of Sanic workers (1).
```

图7-10　启动自定义动作服务

启动Rasa服务命令的过程如图7-11和图7-12所示。

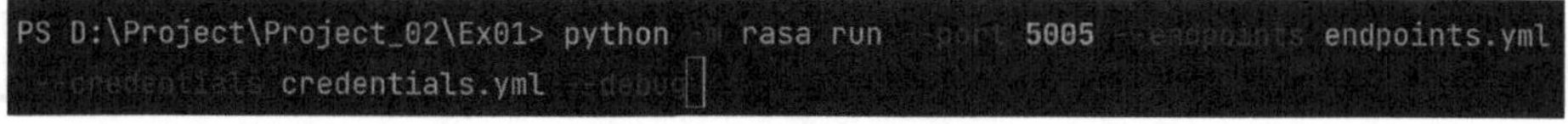

图7-11　启动Rasa服务

```
2021-10-29 18:52:34 DEBUG    rasa.utils.tensorflow.models  - Finished loading the model
.
2021-10-29 18:52:34 DEBUG    rasa.core.nlg.generator  - Instantiated NLG to 'TemplatedN
aturalLanguageGenerator'.
2021-10-29 18:52:34 INFO     root  - Rasa server is up and running.
```

图7-12　Rasa服务启动完成

4．运行命令

Rasashell命令可以启动一次在命令行中的对话（在运行shell命令时会自动运行启动Rasa服务命令，运行命令格式如下：

```
rasa shell [-m MODEL]
```

其中[MODEL]就是训练好的模型名称。使用shell命令运行model_weather. tar. gz模型时，运行过程及结果如图7-13和图7-14所示。

```
PS D:\Project\Project_02\Ex01> rasa shell -m model_weather.tar.gz
```

图7-13　执行shell命令

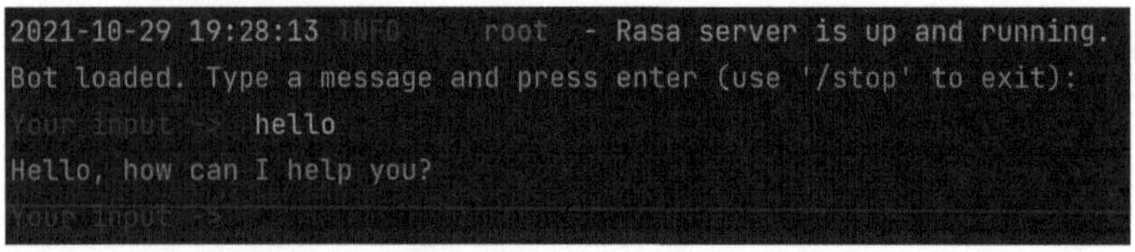

```
2021-10-29 19:28:13 INFO     root  - Rasa server is up and running.
Bot loaded. Type a message and press enter (use '/stop' to exit):
Your input ->  hello
Hello, how can I help you?
Your input ->
```

图7-14　shell命令执行完毕

5．数据拆分命令

在训练好了模型之后，可以先进行模型的检验，由于检验模型需要设置测试集，因此需要用到数据拆分命令来将原训练文件分为新的训练集和测试集，数据拆分命令格式如下：

```
rasa data split nlu [-u NLU]
                    [--training-fraction TRAINING_FRACTION]
                    [--out OUT]
```

在终端界面输入此命令会将训练数据分为训练集和测试集，split命令的部分参数见表7-5。

表7-5　split命令的部分参数

命　令	描　述
-u	包含要使用的nlu.yml文件的文件夹（默认为data）
--training-fraction	转换为训练集的百分比（默认为0.8）
--out	输出数据的文件夹名称（默认为train_test_split）

对训练数据nlu. yml使用数据拆分命令rasa data split nlu进行拆分，执行命令如图7-15所示，会将nlu. yml数据中的五分之一分割成测试集test_data，五分之四分割成训练

集training_data。数据拆分后的文件如图7-16所示。

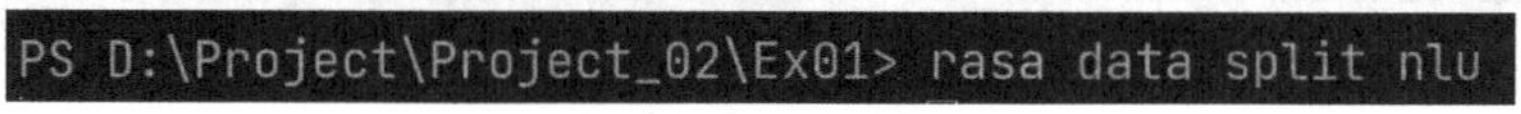

```
PS D:\Project\Project_02\Ex01> rasa data split nlu
```

图7-15　执行split命令

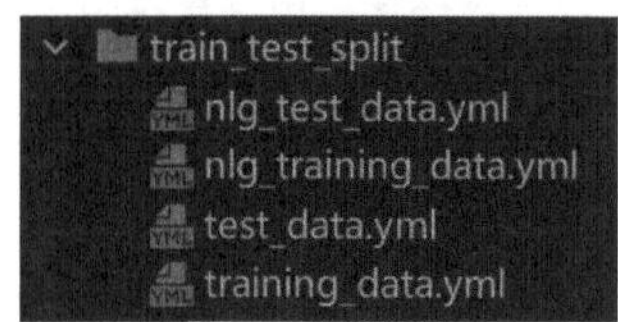

图7-16　拆分后的样本

6. 测试命令

在拆分出数据集和测试集后，可以通过测试集对训练好的模型进行测试，这就需要用到测试命令（该命令只以“test_”开头的文件作为测试文件），测试命令格式如下:

```
rasa test [-m MODEL] [-s STORIES][--out OUT]
```

在终端界面输入此命令会默认对最新训练的模型进行测试，test命令的部分参数见表7-6。执行测试命令的过程如图7-17所示。执行测试命令后测试结果会存放在一个文件夹中，如图7-18所示，其中各个文件的作用见表7-7。

表7-6　test命令的部分参数

命　　令	描　　述
-m	设置运行rasa server的端口号，默认为5005
-s	包含要使用的stories.yml文件的文件夹（默认为data）
-out	输出数据的文件夹名称（默认为results）

```
PS D:\Project\Project_02\Ex01> rasa test
2021-10-31 09:06:43 INFO     rasa.model  - Loading model models\model_weather.tar.gz...
```

图7-17　执行test命令

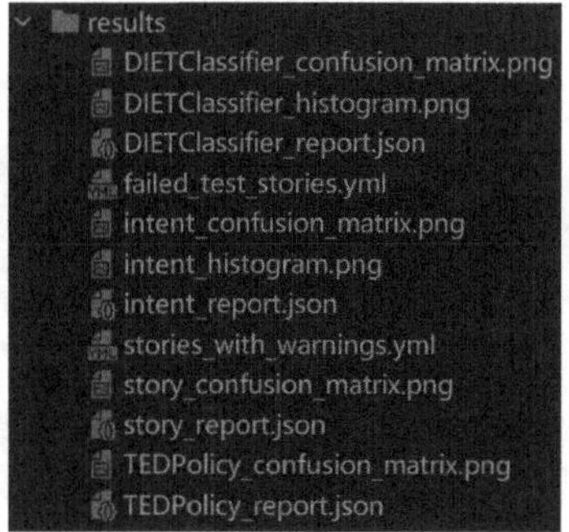

图7-18　测试结果输出文件

表7-7　测试结果文件的作用

名　称	作　用
DIETClassifier_confusion_matrix	实体提取模型混淆矩阵
DIETClassifier_histogram	实体提取模型信心直方图
DIETClassifier_report	实体提取模型报告
failed_test_stories	预测失败的故事（至少有一个动作预测是错误的，那么故事就会预测失败）
intent_confusion_matrix	意图分类模型混淆矩阵
intent_histogram	意图分类模型信心直方图
intent_report	意图分类模型报告
stories_with_warnings	警告文件（包含了所有做出action_unlikely_intent预测的故事）
story_confusion_matrix	对话模型混淆矩阵
story_report	对话模型报告
TEDPolicy_confusion_matrix	响应选择模型混淆矩阵
TEDPolicy_report	响应选择模型报告

二、NLU样本解析

在nlu. yml文件中提供了训练RasaNLU的数据，用于教会系统如何理解用户输入的消息，即进行语义的理解，当用户输入训练样本中没有的语句时，系统也能正确识别用户的意图。nlu. yml文件中主要包括几个部分：

1）intent（意图）：训练NLU模型时，需要将所有用户的intent写入，这些intent表明了模型都能识别什么样的意图。此外需要在每个intent下填充若干个examples。

2）examples（案例）：每个用户的intent下都要有相应的examples，这些examples通过训练让模型知道该如何去识别用户的intent。如用户的intent是greet（打招呼），则在examples中可以写入“hi”“hello”等打招呼的语句。

天气聊天机器人的部分nlu. yml文件如图7-19所示。

```
- intent: request_weather
  examples: |
    - weather
    - Check the weather for [tianjin](address) [today](date-time)
    - The weather for [beijing](address) [today](date-time)
    - Check the weather for [shanghai](address) [tomorrow](date-time)
    - What is the weather like in [tianjin](address) [tomorrow](date-time)?
    - The weather in [Tianjin](address) [today](date-time)
```

图7-19　NLU训练样本案例

三、Core样本解析

在stories. yml文件中提供了训练RasaCore的数据，用于教会系统如何回复用户的消息。系统从真实的对话中进行学习，每一个story就是一轮用户和机器人之间的一次对话。stories. yml文件中主要包括几个部分：

1）intent（意图）：训练Core模型时，需要将每轮对话中的intent依次写入，并且每个用户的intent都可能会有相应的action和entities。

2）action（动作）：在stories. yml文件中，每个intent后都会出现action与之对应，因为系统需要以某个action来回应用户的intent。

3）entities（实体）：在stories. yml文件中，若某个intent涉及了entities，则在intent下出现entities和slot_was_set，并且在slot_was_set中填充entities。

4）slot_was_set（填槽）：若在用户的intent中涉及了填槽的操作，则会出现slot_was_set来填充出现的entities。如用户的intent是询问天气，则对应的action应该是查询天气，并且涉及了entities“地址”和“时间”用于查询天气，并且会在用户的对话中查询这两个实体并进行slot_was_set的填槽。

用户与机器人的一轮对话如图7-20所示，对应的stories. yml文件如图7-21所示。

```
user:Hi
robot:Hello, how can I help you?
user:Check the weather for beijing today
robot:6℃~12℃,few clouds
```

图7-20 用户与机器人的对话案例

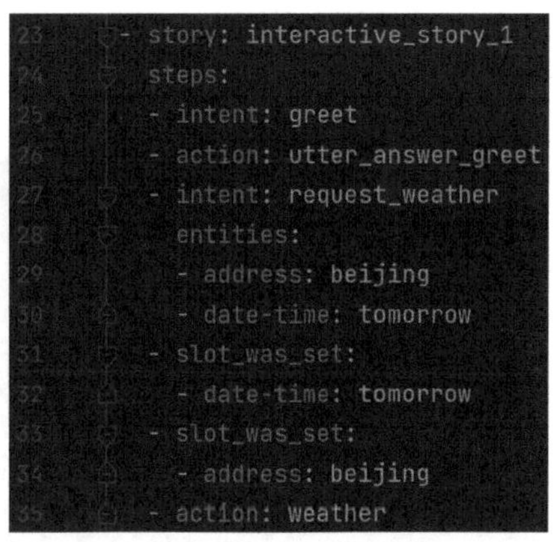

```
- story: interactive_story_1
  steps:
  - intent: greet
  - action: utter_answer_greet
  - intent: request_weather
    entities:
    - address: beijing
    - date-time: tomorrow
  - slot_was_set:
    - date-time: tomorrow
  - slot_was_set:
    - address: beijing
  - action: weather
```

图7-21 Core训练样本案例

四、Domain解析

在构建聊天机器人时，需要domain. yml文件来存储整个系统的数据，domain. yml文件可以理解为整个系统的数据库，文件中主要包括几个部分：

1）intents（意图）：intents列出了NLU数据和会话训练数据中的所有意图。

2）entities（实体）：entities中列举了系统可以识别哪些实体，即NLU模块能提取出哪些实体。

3）slots（槽）：slots中列举了系统可以填充哪些槽值，即存储用户提供的信息。分为文本

(text)、布尔（boolean）、分类（categorical）、浮点（float）、列表（list）、特征（featurized）这六种类型。

4）responses（回复）：responses中列举了当系统触发某个意图后，系统使用什么文本进行自动回复。

5）actions（动作）：actions中列举了系统可以执行的动作，例如用户询问天气，机器人就可以执行“查询天气（weather）”动作。

天气聊天机器人的部分domain. yml文件如图7-22所示。

```yaml
intents:
- greet
- request_weather
entities:
- address
- date-time
slots:
  date-time:
    type: text
  address:
    type: text
responses:
  utter_answer_greet:
  - text: Hello, how can I help you?
actions:
- utter_answer_greet
- weather
```

图7-22　domain.yml文件

五、Config解析

在config. yml中配置了Pipeline和Policy。用户传入的消息通过一系列组件处理，有实体提取、意图分类、响应选择、预处理等，这些组件就在Pipeline中一个接一个地执行。而Policy要根据用户消息中的意图、槽位等信息预测出下一步机器人应该给出的动作是什么。在Rasa中给出了许多种Pipeline和Policy，用户可根据需求自行选择。初始化的config. yml文件如图7-23和图7-24所示。

```yaml
language: en
pipeline:
   - name: WhitespaceTokenizer
   - name: RegexFeaturizer
   - name: LexicalSyntacticFeaturizer
   - name: CountVectorsFeaturizer
   - name: CountVectorsFeaturizer
     analyzer: char_wb
     min_ngram: 1
     max_ngram: 4
   - name: DIETClassifier
     epochs: 100
     constrain_similarities: true
   - name: EntitySynonymMapper
   - name: ResponseSelector
     epochs: 100
     constrain_similarities: true
   - name: FallbackClassifier
     threshold: 0.3
     ambiguity_threshold: 0.1
```

图7-23　config文件Pipeline部分

```yaml
policies:
   - name: MemoizationPolicy
   - name: RulePolicy
   - name: UnexpecTEDIntentPolicy
     max_history: 5
     epochs: 100
   - name: TEDPolicy
     max_history: 5
     epochs: 100
     constrain_similarities: true
```

图7-24　config文件Policy部分

相关属性的含义见表7-8和表7-9。

表7-8 Pipeline中的属性含义

名 称	含 义
name	表示了使用什么分词器、特征化器等（如WhitespaceTokenizer是以空格为分隔符的分词器，其余具体原理见Rasa开源文档）
analyzer	分析器，填充char或char_wb以使用n-grams模型
min_ngram	n-grams的下限
max_ngram	n-grams的上限
epochs	算法查看训练数据的次数
constrain_similarities	这个参数为true的时候将会对相似项进行sigmoid交叉熵误差，有助于模型推广到现实情况
threshold	设置了意图预测的阈值，若意图分类器预测的意图置信度小于阈值，则使用一个置信度为1.0的nlu_fallback意图的预测
ambiguity_threshold	模糊性阈值，当两个最高意图的置信度之差小于模糊性阈值时，也将预测nlu_fallback意图

表7-9 Policy中的属性含义

名 称	含 义
name	表示了使用什么政策来决定对话中采取何种行动，包括机器学习和基于规则的政策（具体原理见Rasa开源文档）
max_history	控制模型在进行推理之前要看多少对话历史

六、Action解析

在actions. py文件中可以进行自定义代码，执行用户自定义操作，如调用API、数据库操作等。创建新的动作需要先创建一个新的类，并且该类中包含至少两个函数“name”和“run”函数。“name”函数只包含一个动作名称的返回值，用于让系统找到该动作；“run”函数里包含了该动作所要执行的具体代码，如图7-25所示。

```
class weather(Action):

    def name(self):
        return 'weather'

    def run(self, dispatcher, tracker, domain):
        address = tracker.get_slot('address')
        date_time = tracker.get_slot('date-time')
        data = get_data(address, date_time)
        dispatcher.utter_message(data)
        return []
```

图7-25 weather方法

常用属性与方法见表7-10。

表7-10　Action中的部分属性与方法

名　称	描　述
dispatcher	调度器，是CollectingDispatcher类的一个实例，用于生成响应以送回给用户
tracker	对话跟踪器，是Tracker类的一个实例，可以通过追踪器的属性和方法获得过去的事件和对话的状态信息
domain	对话域，限定对话范围
tracker.get_slot	获取槽位的值
dispatcher.utter_message	向用户发送消息
get_data	自定义函数，此处用于调用爬虫获得天气数据

任务实施

本任务主要是基于Rasa搭建聊天机器人。具体步骤如下：

第一步：构建NLU样本。RasaNLU是核心模块，在训练时需要提供一份训练数据，也就是工程中的nlu. yml文件，nlu. yml文件的具体内容如下：

```
version: "2.0"
nlu:
- intent: greet
  examples: |
    - hi
    - hello
- intent: request_weather
  examples: |
    - weather
    - Check the weather for [tianjin](address) [today](date-time)
    - The weather for [beijing](address) [today](date-time)
    - Check the weather for [shanghai](address) [tomorrow](date-time)
    - What is the weather like in [tianjin](address) [tomorrow](date-time)?
    - The weather in [Tianjin](address) [today](date-time)
- intent: goodbye
  examples: |
    - see you
    - goodbye
```

第二步：构建stories. yml。对话管理是对话系统的核心，由RasaCore负责，在训练时也需要提供一份训练数据，具体代码如下：

```
version: "2.0"
stories:
- story: interactive_story_1
  steps:
  - intent: greet
  - action: utter_answer_greet
  - intent: request_weather
    entities:
    - date-time: today
  - slot_was_set:
    - date-time: today
  - action: weather
  - intent: request_weather
    entities:
    - date-time: today
    - address: tianjin
  - slot_was_set:
    - date-time: today
  - slot_was_set:
    - address: tianjin
  - action: weather

- story: interactive_story_2
  steps:
  - intent: greet
  - action: utter_answer_greet
  - intent: request_weather
    entities:
    - address: beijing
    - date-time: tomorrow
  - slot_was_set:
    - date-time: tomorrow
  - slot_was_set:
    - address: beijing
  - action: weather

- story: interactive_story_3
  steps:
  - intent: greet
  - action: utter_answer_greet
  - intent: request_weather
    entities:
```

```
    - address: tianjin
    - date-time: tomorrow
  - slot_was_set:
    - date-time: tomorrow
  - slot_was_set:
    - address: tianjin
  - action: weather
  - intent: goodbye
  - action: utter_answer_goodbye
```

在stories. yml中提供了故事的整个过程，包括每一步用户的意图，机器所应采取的动作以及所需要的实体，以此来训练对话管理模型。

第三步：构建domain. yml，代码如下：

```
version: '2.0'
session_config:
session_expiration_time: 60
carry_over_slots_to_new_session: true
intents:
- greet
- request_weather
- goodbye
entities:
- address
- date-time
slots:
  date-time:
    type: text
  address:
    type: text
responses:
utter_answer_greet:
  - text: Hello, how can I help you?
utter_answer_goodbye:
  - text: See you~
utter_default:
  - text: Pardon?
actions:
- action_default_fallback
- utter_answer_goodbye
- utter_answer_greet
- weather
```

第四步：配置config. yml，本任务中使用的是初始化后的config. yml文件，不进行修改，用户如有需求，可以到开源文档中进一步学习分词器、特征化器、分类器的选择。

第五步：训练模型，在PyCharm的终端中输入以下命令来进行模型的训练，如图7-26所示。

```
python -m rasa train --config config.yml --domain domain.yml --fixed-model-name model_weather --data data/
```

图7-26　模型训练

训练好之后在models文件夹下会出现训练好的模型“model_weather”，如图7-27所示。

图7-27　训练好的模型文件

第六步：配置endpoints. yml，使用运行自定义操作的服务器，通过endpoints. yml的配置可以将机器人发布为HTTP API，代码如下：

```
action_endpoint:
  url: "http://localhost:5055/webhook"
```

第七步：配置 actions. py，为用户提供自定义动作，具体内容如下：

```
class weather(Action):

    def name(self):
        return 'weather'

    def run(self, dispatcher, tracker, domain):
        address = tracker.get_slot('address')
date_time = tracker.get_slot('date-time')
        data = get_data(address, date_time)
dispatcher.utter_message(data)
        return []
```

第八步：运行Rasa服务、Action服务和HTTP服务。

在PyCharm中的终端输入以下命令，用于开启自定义动作服务。

```
python -m rasa run actions --port 5055 --actions actions --debug
```

再单击旁边的“+”，新建一个终端并输入rasa shell命令，就可以实现在命令行里与机器人进行对话了，效果如图7-28和图7-29所示。

```
rasa shell
```

```
Terminal:  Local  Local (2)  +
Windows PowerShell
版权所有 (C) Microsoft Corporation。保留所有权利。
尝试新的跨平台 PowerShell https://aka.ms/pscore6
PS D:\Project\Project_02\Ex01> python -m rasa run actions --port 5055 --actions actions --debug
2021-09-29 20:37:35 INFO     rasa_sdk.endpoint  - Starting action endpoint server...
2021-09-29 20:37:35 INFO     rasa_sdk.executor  - Registered function for 'weather'.
2021-09-29 20:37:35 INFO     rasa_sdk.endpoint  - Action endpoint is up and running on http://0.0.0.0:5055
2021-09-29 20:37:35 DEBUG    rasa_sdk.utils  - Using the default number of Sanic workers (1).
```

图7-28　开启自定义动作服务

```
Terminal:  Local  Local (2)  +
2021-09-29 20:38:41 DEBUG    rasa.utils.tensorflow.models  - Finished loading the model.
2021-09-29 20:38:41 DEBUG    rasa.core.nlg.generator  - Instantiated NLG to 'TemplatedNaturalLanguageGener
ator'.
2021-09-29 20:38:41 INFO     root  - Rasa server is up and running.
PS D:\Project\Project_02\Ex01> rasa shell
2021-09-29 20:45:45 INFO     rasa.model  - Loading model models\model_weather.tar.gz...
2021-09-29 20:45:49 INFO     root  - Starting Rasa server on http://localhost:5005
2021-09-29 20:45:49 INFO     rasa.model  - Loading model models\model_weather.tar.gz...
2021-09-29 20:42021-09-29 20:46:08 WARNING  rasa.shared.utils.common  - The UnexpecTED Intent Policy i
2021-09-29 20:42021-09-29 20:46:08 WARNING  rasa.shared.utils.common  - The UnexpecTED Intent Policy is c
WARNING  rasa.shared.utils.common  - The UnexpecTED Intent Policy is currently experim
ental and might change or be removed in the future �Please share your feedback on it in the forum (https
://forum.rasa.com) to help us make this feature ready for production.
2021-09-29 20:46:14 INFO     root  - Rasa server is up and running.
Bot loaded. Type a message and press enter (use '/stop' to exit):
Your input ->  hi
Hello, how can I help you?
Your input ->
```

图7-29　与机器人对话

任务3 进行交互式训练并使用VUI界面连接机器人

任务描述

本任务对Rasa提供的交互式训练进行介绍，它可以使机器的学习过程变得更加轻松，通过使用任务2训练好的模型，用交互学习的方式测试并修正它。除此之外使用PyQt5开源库搭建VUI界面与聊天机器人进行连接。

任务目标

通过本任务的学习，学会使用Rasa提供的交互式学习，对训练好的模型进行进一步加强。学会使用Flask建立简单的服务器，连接设计好的界面和Rasa服务。学会使用PyQt5进行基础的界面设计，并且连接聊天机器人进行正确的对话。

任务分析

设计一个进行交互式训练并使用VUI界面连接的机器人，大体思路如下：

第一步：使用交互式学习对任务2机器人进行完善。

第二步：搭建Flask服务器。

第三步：使用PyQt5编写交互式界面。

知识准备

一、Rasa交互训练命令

Rasa模型是由编写的训练数据（包含在nlu. yml和stories. yml文件中）训练而来的，然而每次都要准备训练数据是十分麻烦的事，因此Rasa提供了交互式学习的方法。Rasa的交互训练命令首先会训练一个模型并进行对话（如果在参数中定义了模型则使用已有模型），可以在对话过程中对机器人的行为进行纠正。命令格式如下：

```
rasa interactive
```

在终端界面输入此命令会进行交互式训练，系统会把和用户的对话存入训练文件，增加训练文本后可以进一步增强对话系统的准确性。

二、PyQt5简介

PyQt5是一个很流行的界面开发框架，PyQt5 API拥有620多个类和6000个函数。它是一个跨平台的工具包，可以运行在所有主流的操作系统上，包括Windows、Linux和Mac OS。其中包含若干个模块，下面对本文中使用到的模块进行介绍。更多的模块介绍，如连接数据库、连接蓝牙等功能可以到PyQt5的官方文档中进行学习。

1）QtCore模块：涵盖了包的核心的非GUI功能，此模块被用于处理程序中涉及的时间、文件、目录、数据类型、文本流、链接、QMimeData、线程或进程等对象。

2）QtWidgets模块：包含了一整套UI元素控件，用于建立符合系统风格的Classic界面，非常方便，可以在安装时选择是否使用此功能。

三、PyQt5常用函数

PyQt5中有很多种控件和控件对应的函数，本任务中仅列举了部分使用到的函数，若读者需要搭建更完善的界面，可以到PyQt的官方文档中进行学习。本任务中所使用的部分函数见表7-11。

表7-11　PyQt5常用函数

函　数	含　义
setObjectName	设置控件名
resize	调整用户区域大小
QGroupBox	创建分组框
setGeometry	调整用户区域大小（与resize的区别在于setGeometry中设定了原点的x和y坐标）
QLabel	创建标签
setWordWrap	数据项中文本是否进行换行
setStyleSheet	设置单元格格式（CSS格式）
QPlainTextEdit	创建文本编辑框（按行滚动）
QPushButton	创建按钮
clicked.connect	绑定按下按钮时触发的函数
setText	设置文本
Text	获取文本
clear	清除文本

四、Flask简介

建立过界面后，需要搭建Web服务与界面进行交互，而Flask就是目前十分流行的一种Web框架，它被称为微框架(microframework)，主要特征是核心构成比较简单，但具有很强的扩展性和兼容性，程序员可以使用Python语言快速实现一个网站或Web服务。

任务实施

本任务是在任务2基础上进行交互式训练并创建交互界面，具体步骤如下：

第一步：使用交互式学习对机器人进一步完善。

1）打开终端，输入以下命令，打开自定义的动作服务。

```
python –m rasa run actions ––port 5055 ––actions actions ––debug
```

再打开一个新的终端，输入以下命令，即可进入交互学习模式，进入后如图7-30所示。

```
python –m rasa interactive –m models/model_weather.tar.gz ––endpoints endpoints.yml
––config config.yml
```

```
Terminal: Local × Local (2) × + ∨
PS D:\Project\Project_02\Ex01> python -m rasa interactive -m models/model_weather.tar.gz -
l
2021-09-29 21:47:46 INFO rasa.cli.interactive - Loading visualization data from ['data
2021-09-29 21:47:50 INFO rasa.model - Loading model models\model_weather.tar.gz...
2021-09-29 21:48:08 WARNING rasa.shared.utils.common - The UnexpecTED Intent Policy is cu
e removed in the future �Please share your feedback on it in the forum (https://forum.rasa
for production.
2021-09-29 21:48:14 INFO root - Rasa server is up and running.
Processed story blocks: 100%|████████████████████████████████████████| 3/3
Bot loaded. Visualisation at http://localhost:5006/visualization.html .
Type a message and press enter (press 'Ctrl-c' to exit).
? Your input ->
```

图7-30 交互式学习界面

2）接下来与机器人对话，用“hello”打招呼，系统将会分析用户语句中的意图和实体，其中意图是greet，并且没有实体，如图7-31所示。

```
Type a message and press enter (press 'Ctrl-c' to exit).
? Your input -> hello
? Your NLU model classified 'hello' with intent 'greet' and there are no entities, is this correct? (Y/n)
```

图7-31 系统分析用户语句中的意图和实体

3）系统会对对话过程进行询问，如果机器人对意图判断正确，则输入“Y”即可继续，若意图判断错误则输入“N”，重新手动选择正确的意图，如图7-32所示。在每个意图左侧的数字是系统给出的置信度，图中的数字“1.00”意味着系统认为用户的意图百分之百是greet。

```
? Your input -> hello
? Your NLU model classified 'hello' with intent 'greet' and there are no entities, is this correct? No
? What intent is it? (Use arrow keys)
 » <create_new_intent>
   1.00 greet
   0.00 goodbye
   0.00 request_weather
```

图7-32 修正意图

4）同样，在聊天时如果涉及实体，系统也会询问实体判断是否正确、是否有缺失，如图7-33所示。

```
 Your input -> Check the weather for tianjin tomorrow
 Is the intent 'request_weather' correct for 'Check the weather for [tianjin](address)
[tomorrow](date-time)' and are all entities
labeled correctly? (Y/n)
```

图7-33　系统检测到实体并询问是否正确

5）这里选择“Y”，系统会展示聊天历史以及当前槽位的状态，并让用户判断机器人下一步想执行的动作是否正确，这里机器人判断用户在询问天气，我们选择“Y”，如图7-34所示。

```
Chat History

 #    Bot                                                                          You
────────────────────────────────────────────────────────────────────────────────────────
 1    action_listen
────────────────────────────────────────────────────────────────────────────────────────
 2                                 Check the weather for [tianjin](address) [tomorrow](date-time)
                                                           intent: request_weather 1.00
────────────────────────────────────────────────────────────────────────────────────────
 3    slot{"date-time": "tomorrow"}
      slot{"address": "tianjin"}

Current slots:
        date-time: tomorrow, address: tianjin, session_started_metadata: None

------
 The bot wants to run 'weather', correct? (Y/n)
```

图7-34　执行动作前的对话历史界面

6）判断行为正确后，执行动作并返回天气信息，系统继续询问用户下一步的动作是否正确，这里机器人的下一步是等待用户输入，我们选择“Y”，如图7-35所示。图中对话历史第一栏中表示机器人在等待用户输入；第二栏中给出了用户的消息以及系统判断出的用户意图和置信度；第三栏中给出了目前槽位的值、系统判断的下一步动作和置信度，即下一步有98%的可能性执行“weather”动作，并且显示了“weather”动作返回的语句。

```
Chat History

 #    Bot                                                                          You
────────────────────────────────────────────────────────────────────────────────────────
 1    action_listen
────────────────────────────────────────────────────────────────────────────────────────
 2                                 Check the weather for [tianjin](address) [tomorrow](date-time)
                                                           intent: request_weather 1.00
────────────────────────────────────────────────────────────────────────────────────────
 3    slot{"date-time": "tomorrow"}
      slot{"address": "tianjin"}
      weather 0.98
      阴,20℃~23℃

Current slots:
        date-time: tomorrow, address: tianjin, session_started_metadata: None

------
 The bot wants to run 'action_listen', correct? (Y/n)
```

图7-35　执行动作后的历史对话界面

7）这里用户可以继续进行对话训练，训练足够后按<Ctrl+C>组合键中断训练，选择“Export&Quit”进行故事的保存并退出，系统会询问文件的保存名称，通常使用默认名称即可，一次交互训练就结束了，如图7-36所示。下次进行模型的训练时，使用新生成的文件训练就可以使模型的性能进一步提升。

```
Cancelled by user

? Do you want to stop? Export & Quit
? Export stories to (if file exists, this will append the stories) data/stories.yml
? Export NLU data to (if file exists, this will merge learned data with previous training examples) data/nlu.yml
? Export domain file to (if file exists, this will be overwritten) domain.yml
```

图7-36　训练完成

第二步：搭建Flask服务器。

1）安装Flask。在终端中输入“pip install flask”，如图7-37所示。

```
PS D:\Project\Project_02\Ex01> pip install flask
Collecting flask
  Using cached Flask-2.0.1-py3-none-any.whl (94 kB)

Requirement already satisfied: Jinja2>=3.0 in e:\anaconda\envs\chatingbots\lib\site-packages (from flask) (3.0.1)
Requirement already satisfied: itsdangerous>=2.0 in e:\anaconda\envs\chatingbots\lib\site-packages (from flask) (2.0.1)
Requirement already satisfied: Werkzeug>=2.0 in e:\anaconda\envs\chatingbots\lib\site-packages (from flask) (2.0.1)
Requirement already satisfied: colorama in e:\anaconda\envs\chatingbots\lib\site-packages (from click>=7.1.2->flask) (0.4.4)
Requirement already satisfied: MarkupSafe>=2.0 in e:\anaconda\envs\chatingbots\lib\site-packages (from Jinja2>=3.0->flask) (2.0.1)
Installing collected packages: flask
Successfully installed flask-2.0.1
```

图7-37　安装Flask

2）引入所需模块。

```
from flask import Flask
from flask import request
import requests
import json
app = Flask(__name__)
```

3）定义requestServer函数。该函数的主要作用是连接了Rasa服务，通过Post方法发送用户消息给Rasa服务并且接受回复。

```
def requestServer(userid, content):
# 用户id和文本
    params = {'sender': userid, 'message': content}
# 本地服务器
    botIp = '127.0.0.1'
    # 端口号
botPort = '5005'
# rasa的url地址
    rasaUrl = "http://{0}:{1}/webhooks/rest/webhook".format(botIp, botPort)
    # 使用requests.post进行数据发送
```

```
reponse = requests.post(
rasaUrl,
            # dumps将一个python数据结构转为json结构
            data=json.dumps(params),
# 服务器响应头
          headers={'Content-Type': 'application/json'}
     )
    # 返回json格式数据
    return reponse
```

4）定义ToBot函数。该函数的主要作用是连接UI界面，设置访问路径为http://localhost:port/ai/content={str}的格式，其中content={str}是用户想要输入的对话语句，本系统中用户的输入从UI界面的getContent()函数中获取并传输过来，因此访问路径中不需要说明content部分，只需要设定为http://localhost:port/ai。最后将用户的输入发送给requestServer函数进行Rasa处理。

```
# 路由，指定了访问路径是http://localhost:port/ai，使用POST/GET请求数据
@app.route('/ai', methods=['GET', 'POST'])
def ToBot():
# 获取用户输入的语句
     content = request.values.get('content')
     # 如果语句为空则跳出
     if content is None:
            return 'empty input'
# 语句非空则请求进行Rasa服务，response为对话机器人的答复
     response = requestServer('weather', content)
     # 返回字符串类型的答复
     return response.text.encode('utf-8').decode("unicode-escape")
```

5）开启服务。开启服务之后只需要将上一步中访问路径的port换成已开启的端口即可（只要是未被占用的端口都可以使用，这里使用8088）。

```
if __name__ == '__main__':
webIp = '127.0.0.1'
      webPort = '8088'
      # 启动服务
app.run(
          host=webIp,
          port=int(webPort),
# 开启多线程
          threaded=True,
# debug模式
         debug=True
   )
```

第三步：利用PyQt5编写界面。

1）引入所需模块。

```
from PyQt5 import QtCore, QtWidgets
from PyQt5.QtWidgets import QApplication, QDialog
import requests
import sys
import re
```

2）创建Ui_Dialog类。在该类中进行UI界面的设计，包括分组框、文本框、按钮、标签等组件的大小、位置、颜色等属性。

```
class Ui_Dialog(object):
      def setupUi(self, Dialog):
      #设置窗口组件名为"Dialog"
Dialog.setObjectName("Dialog")
          # 窗口大小设为800*600
Dialog.resize(800, 600)
          # 创建分组框
self.groupBox = QtWidgets.QGroupBox(Dialog)
          # 分组框起点设为（0，0），大小设为800*500
self.groupBox.setGeometry(QtCore.QRect(0, 0, 800, 500))
          # 分组框组件名称设为"groupBox"
self.groupBox.setObjectName("groupBox")
          # 创建输入文本框
self.chatEdit = QtWidgets.QPlainTextEdit(Dialog)
          # 输入文本框起点（50，520），大小600*40
self.chatEdit.setGeometry(QtCore.QRect(50, 520, 600, 40))
          # 输入文本框组件名称设为"textEdit"
self.chatEdit.setObjectName("textEdit")
          # 创建按钮
self.sendBtn = QtWidgets.QPushButton(Dialog)
          # 按钮起点和大小
self.sendBtn.setGeometry(QtCore.QRect(650, 520, 75, 40))
          # 按键组件名称
self.sendBtn.setObjectName("clearBtn")
          # 创建标签作为对话框
self.chatLable1 = QtWidgets.QLabel(self.groupBox)
          # 标签起点和大小
self.chatLable1.setGeometry(QtCore.QRect(50, 0, 750, 50))
          # 标签组件名称
```

```
self.chatLable1.setObjectName("chatLable1")
        # 使标签框自适应文字大小，自动换行
self.chatLable1.setWordWrap(True)
        # 设置CSS格式
self.chatLable1.setStyleSheet("color:blue")

       # Lable组件同理Lable1
self.chatLable2 = QtWidgets.QLabel(self.groupBox)
self.chatLable2.setGeometry(QtCore.QRect(0, 50, 750, 50))
self.chatLable2.setObjectName("chatLable2")
self.chatLable2.setWordWrap(True)
self.chatLable2.setStyleSheet("color:blue")

self.chatLable3 = QtWidgets.QLabel(self.groupBox)
self.chatLable3.setGeometry(QtCore.QRect(50, 100, 750, 50))
self.chatLable3.setObjectName("chatLable3")
self.chatLable3.setStyleSheet("color:blue")
self.chatLable3.setWordWrap(True)

self.chatLable4 = QtWidgets.QLabel(self.groupBox)
self.chatLable4.setGeometry(QtCore.QRect(0, 150, 750, 50))
self.chatLable4.setObjectName("chatLable4")
self.chatLable4.setStyleSheet("color:blue")
self.chatLable4.setWordWrap(True)

self.chatLable5 = QtWidgets.QLabel(self.groupBox)
self.chatLable5.setGeometry(QtCore.QRect(50, 200, 750, 50))
self.chatLable5.setObjectName("chatLable5")
self.chatLable5.setStyleSheet("color:blue")
self.chatLable5.setWordWrap(True)

self.chatLable6 = QtWidgets.QLabel(self.groupBox)
self.chatLable6.setGeometry(QtCore.QRect(0, 250, 750, 50))
self.chatLable6.setObjectName("chatLable6")
self.chatLable6.setStyleSheet("color:blue")
self.chatLable6.setWordWrap(True)

self.chatLable7 = QtWidgets.QLabel(self.groupBox)
self.chatLable7.setGeometry(QtCore.QRect(50, 300, 750, 50))
self.chatLable7.setObjectName("chatLable7")
self.chatLable7.setStyleSheet("color:blue")
self.chatLable7.setWordWrap(True)
```

```
self.chatLable8 = QtWidgets.QLabel(self.groupBox)
self.chatLable8.setGeometry(QtCore.QRect(0, 350, 750, 50))
self.chatLable8.setObjectName("chatLable8")
self.chatLable8.setStyleSheet("color:blue")
self.chatLable8.setWordWrap(True)

self.chatLable9 = QtWidgets.QLabel(self.groupBox)
self.chatLable9.setGeometry(QtCore.QRect(50, 400, 750, 50))
self.chatLable9.setObjectName("chatLable9")
self.chatLable9.setStyleSheet("color:blue")
self.chatLable9.setWordWrap(True)

self.chatLable10 = QtWidgets.QLabel(self.groupBox)
self.chatLable10.setGeometry(QtCore.QRect(50, 450, 750, 50))
self.chatLable10.setObjectName("chatLable10")
self.chatLable10.setStyleSheet("color:blue")
self.chatLable10.setWordWrap(True)

        # 窗口名称设为"Chatingbots"
Dialog.setWindowTitle("Chatingbots")
        # 组件框名称设为"Weather Require bots"
self.groupBox.setTitle("Weather Require bots")
        # 按钮显示文字"Send"
self.sendBtn.setText("Send")
        # 按钮连接方法
self.sendBtn.clicked.connect(Dialog.sendMessage)
```

3）创建MainDialog类。该类继承于官方给出的QDialog类，init函数用于创建对话框，并且将上一步创建好的界面设置在对话框中；getContent函数用于和ToBot函数进行交互，发送用户消息并接受返回的机器人回复；sendMessage函数将用于把输入和机器人的回复显示在UI界面上。

```
class MainDialog(QDialog):
      def __init__(self, parent=None):
      # 继承QDialog
super(QDialog, self).__init__(parent)
# 生成Ui_Dialog对象
self.ui = Ui_Dialog()
# 创建窗口
self.ui.setupUi(self)
    # 按钮连接的函数，每次按下按钮发送信息，就将所有Lable的文字上移一格
```

```
    def sendMessage(self):
    # 将下一个Lable的文字上移
        self.ui.chatLable1.setText(self.ui.chatLable3.text())
        self.ui.chatLable3.setText(self.ui.chatLable5.text())
        self.ui.chatLable5.setText(self.ui.chatLable7.text())
        self.ui.chatLable7.setText(self.ui.chatLable9.text())
        word = self.ui.chatEdit.toPlainText()
    # 根据文字长度加一些空格，美化界面
wordLength = len(self.ui.chatEdit.toPlainText())
            for wordLength in range(70 - wordLength):
                word = " " + word
            self.ui.chatLable9.setText(word)

            response = self.getContent(http://127.0.0.1:8088/ai?content={str}
.format(str=self.ui.chatEdit.toPlainText()))
self.ui.chatEdit.clear()

            self.ui.chatLable2.setText(self.ui.chatLable4.text())
            self.ui.chatLable4.setText(self.ui.chatLable6.text())
            self.ui.chatLable6.setText(self.ui.chatLable8.text())
            self.ui.chatLable8.setText(self.ui.chatLable10.text())
            # 正则表达式，提取需要的文字
            response = re.findall('"text":(.*?)}]', response, re.S)
            self.ui.chatLable10.setText(response[0])

    def getContent(self, url):
            header = {
                'Accept': 'image/webp,image/apng,image/*,*/*;q=0.8',
                    'User-Agent': 'Mozilla/5.0 (Windows NT 10.0; Win64; x64) AppleWebKit/537.36
''(KHTML, like Gecko) Chrome/78.0.3904.108 Safari/537.36'
            }
# 通过GET方式请求
            response = requests.get(url=url, headers=header)
# 编码方式为UTF-8
response.encoding = 'utf-8'
# 返回值为机器人的回复
            return response.text
```

4）创建界面。其中myapp用于保证程序不会show()之后就关掉。

```
if __name__ == '__main__':
    # myapp用于维持UI界面运行，防止show()之后就自动关闭
```

```
myapp = QApplication(sys.argv)
    # 创建界面
myDlg = MainDialog()
    # 显示界面
myDlg.show()
    # 当关闭界面时才会关掉myapp，从而结束程序
sys.exit(myapp.exec_())
```

目前的机器人界面还比较简陋，实现结果如图7-38所示，故事的数量也依然不足，导致对话时的准确率还不够高，后续可以通过交互学习来获取更多的故事用于训练。但到目前为止，就已经拥有了一个功能完备的机器人。

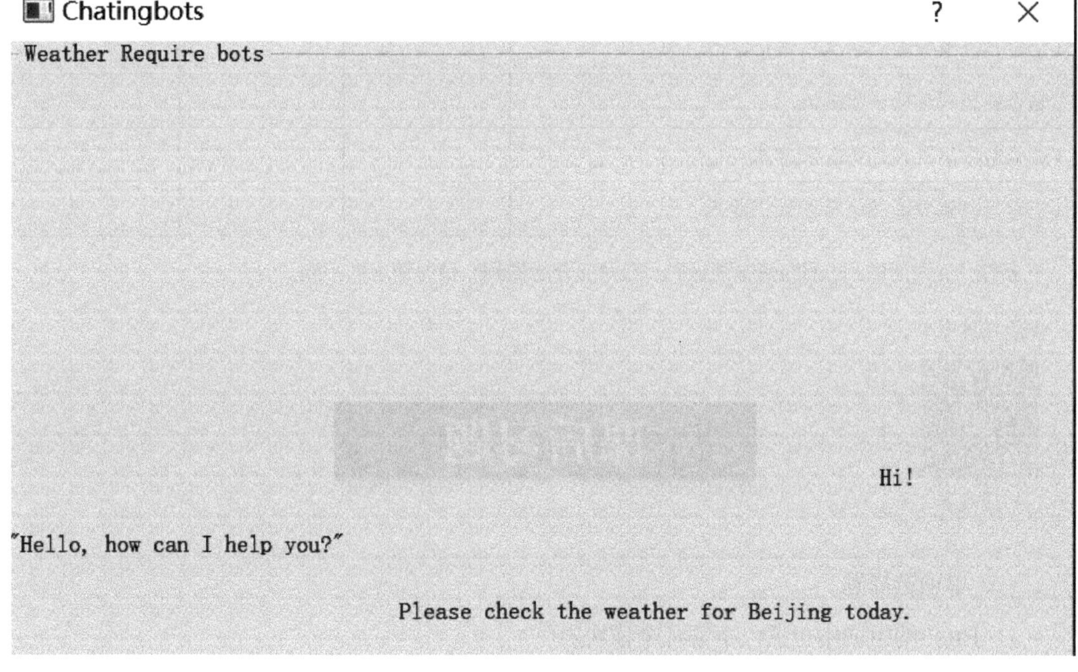

图7-38　实现界面

单元小结

通过本单元对于Rasa的学习，了解了Rasa的整体架构、Flask的使用场景和PyQt5的界面搭建方式，也理解了Rasa的RasaNLU模块和RasaCore模块的功能和消息处理流程，并且掌握了Rasa相关命令的使用方法、训练样本的书写方法、Rasa环境的搭建方法，具备了自己利用Rasa搭建聊天机器人并连接界面的能力。

单元评价

通过学习以上任务，看自己是否掌握了以下技能，在技能检测表中标出已掌握的技能。

评价标准	个人评价	小组评价	教师评价
什么是Rasa			
Rasa的组成			
能否自行搭建Rasa环境			
是否理解项目中各个文件的作用			
能否根据模板对项目文件进行修改			
是否能搭建起聊天机器人			
是否能用交互式训练扩充样本			
是否能搭建界面并连接聊天机器人			

备注：A为能做到；B为基本能做到；C为部分能做到；D为基本做不到。

素质拓展学习

扫码观看

课后习题

一、单项选择题

1．Rasa的组成中包括以下哪几个模块？（　　）

① Rasa X　② RasaNLU　③ RasaNLP　④ RasaCore

A．①②③　　B．①②④　　C．①③④　　D．①②③④

2．以下哪项是初始化项目时所使用的命令？（　　）

A．rasa initial　　B．rasa start

C．rasa begin　　D．rasa init

3．以下哪些选项需要写入Domain文件中？（　　）

① intents　② slots　③ actions　④ entities

A．①②③　　B．②③④　　C．①②④　　D．①②③④

4．在自定义动作文件中，创建新的动作需要创建一个新的类，而每个类中至少需要两个函数，它们是？（　　）

① initial　② name　③ action　④ run

A．①②　　B．②③　　C．②④　　D．③④

5．以下哪项是搭建聊天机器人的正确顺序？（　　）

① 构建训练样本　② 配置并启动服务　③ 搭建环境并创建初始化工程　④ 训练模型

A．①②③④　　B．②③①④　　C．③①④②　　D．③②①④

二、简答题

1．谈一谈在一次完整的对话中，Rasa进行消息处理的流程（见图7-39）。

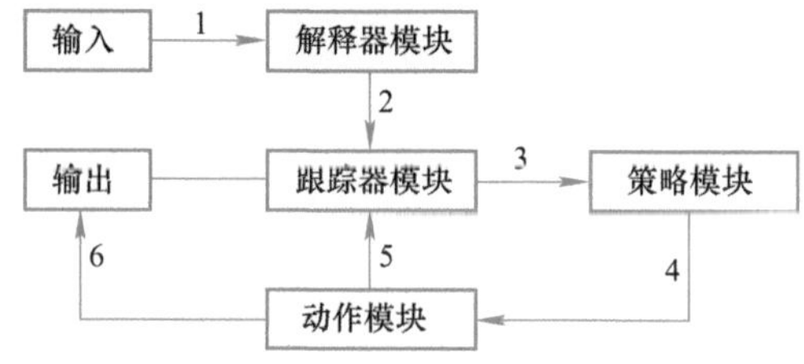

图7-39　Rasa进行消息处理的流程

2．谈一谈搭建聊天机器人的步骤。

三、实践操作

根据以下对话，写出相应的Stories文件。

#故事名称为"story_01"
#用户打招呼的意图是"greet"
#用户询问星期几的意图是"request_date"
系统打招呼的动作是"utter_answer_greet"
#系统回复日期的动作是"answer_date"
#对话中不涉及填槽
User：Hello!
Robot：What can I do for you?
User：What is the date today?
Robot：Oct 12.

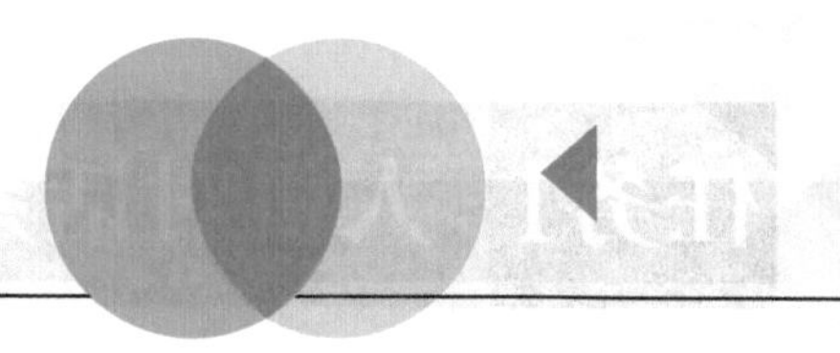

UNIT 8

单元 8 人机对话系统测评实战

学习目标

⇨知识目标

- 了解测试的基本概念
- 掌握腾讯云小微质量测试方法
- 理解软件测试的重要性
- 掌握单元测试框架的意义及基本方法
- 理解VUI测试的基础理论及实现方式

⇨技能目标

- 能够使用腾讯云小微平台对技能实现质量测试
- 能够使用Python测试框架Unittest进行测试
- 学会利用绿野仙踪测试法对腾讯云小微产品进行测试

⇨素质目标

- 遵循软件测试的原则
- 具有进行单元测试的能力

任务1 人机对话系统测评

任务描述

确保产品的稳定性和适应用户的需求是产品质量的基本要求，系统正式发布之前最重要的就是对系统进行详细的评测。本任务主要讨论如何科学地评测人机对话系统，介绍常用的评测标准，并基于腾讯云小微平台介绍人机对话系统的测评方法。

任务目标

通过本任务的学习了解问答系统、对话系统和闲聊系统的评测标准；熟悉准确率、召唤率和F值的计算方法；掌握使用腾讯云小微平台对技能的实现质量进行测试，并查看测评后的数据。

任务分析

使用腾讯云小微平台对“订餐系统”技能进行评测的思路如下：

第一步：对技能的初始语料进行填充。

第二步：创建测试语料集。

第三步：对技能进行质量测试并查看结果。

知识准备

一、人机对话系统评测标准

根据不同的设计目的，人机对话系统主要分为三类：问答系统、任务型对话系统和闲聊型对话系统。

三种类型对话系统的常用标准包括准确率、召回率和F值。其中，准确率和召回率是信息检索和统计分类领域中用来评价结果质量的两个重要指标。准确率是检索到的相关文档数与检索到的文档总数的比率（提取出的正确信息条数/提取出的信息条数），它衡量检索系统的查准率；召回率是指检索到的相关文档数与文档库中所有相关文档数的比率（提取出的正确信息条数/样本中的信息条数），它测量检索系统的查全率；准确率、召回率的值介于0和1之间，值越接近1，准确率或召回率越高。F值即为准确率和召回率的调和平均值（准确率×召回率×2/（准确率+召回率））。

示例：在某段进行语音识别的语句中有70个中文，20个英文，10个特殊字符。现在以识别出汉字为目的，识别出35个中文，10个英文，5个特殊字符。那么，准确率、召回率和F值分别为：

准确率=35/（35+10+5）×100%=70%

召回率=35/70×100%=50%

F值=70%×50%×2/（70%+50%）≈58.3%

如果将语句中所有的中文、英文和特殊字符识别出来，则准确率、召回率和F值分别为：

准确率=70/（70+20+10）×100%=70%

召回率=70/70×100%=100%

F值=70%×100%×2/（70%+100%）≈82.35%

由此可见，准确率是评估捕获的成果中目标成果所占比例；召回率，顾名思义是指召回目标类别在关注领域所占的比例；而F值则是综合这二者指标的评估指标，用于综合反映整体的指标。

二、基于腾讯云小微的人机对话系统测评

质量测试是衡量技能质量的测试，包括对技能意图识别、槽位提取、服务质量等几个方面的综合评估。如果一个公有技能的质量达到平台标准，就可以发布上线到技能中心，让更多的用户去体验。

语义识别质量测试即对话模型部分的效果测试。目的是为了验证技能的对话模型的效果，衡量对话理解的准确率。如果对话识别准确率太低，可能会极大影响到线上的语音交互体验，那么就需要重点去优化对话模型。通过质量测试，可以发现未识别的语料或者识别正确但槽位信息提取错误的语料。这些能帮助开发者进一步优化自己的技能。

目前腾讯云小微平台的语义识别质量测试支持单条测试和批量测试。

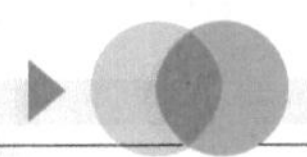

1. 单条测试方法

单条测试指的是通过单条语料测试对话模型的识别效果，即在技能页面右侧单击“快速体验”入口，打开弹出式悬浮窗逐条输入语料进行测试，如图8-1所示。

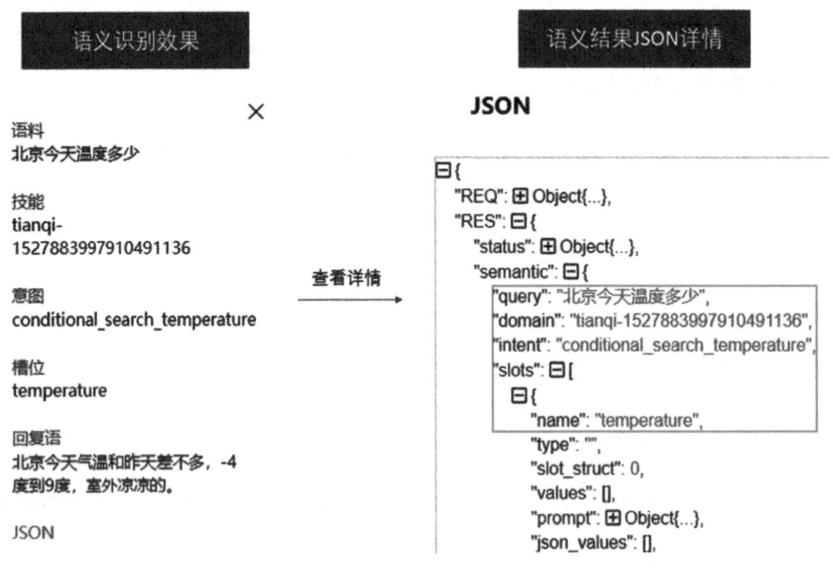

图8-1 “快速体验”测试

每条测试语料的结果会默认返回两个字段，第一个是技能的标识，第二个是识别的意图。例如图8-1中，用户询问“北京今天温度多少”，返回的是天气技能识别结果，其中技能标识是tianqi-1527883997910491136，意图标识是conditional_search_temperature。

同时还可以单击快速体验区中的JSON页面，查看返回结果的详情，包括槽位的识别是否正确，具体如图8-1右侧所示。其中有四个重要字段意义如下：

1）query：指的是用户的问法。

2）domain：指的是识别的技能。

3）intent：指的是识别的意图。

4）slots：代表的是提取出来的一个或多个槽位值。

2. 批量测试方法

批量对话测试指的是通过测试语料集测试对话模型的识别效果。测试流程分为准备测试语料集、执行测试任务、观察测试结果、优化badcase四个环节。

打开技能平台进入任意一个已经创建好的技能，之后单击左侧列表中的质量测试，如图8-2所示。

单击“创建测试任务”按钮，打开创建任务页面，如图8-3所示。

图8-2　质量测试

创建任务

点击添加测试语料

测试语料集　管理测试语料

请选择

任务说明

取消　创建

图8-3　创建任务

1）准备测试语料

如果没有可以选择的测试语料，需要单击“管理测试语料”入口创建一个专属的测试语料集，如图8-4所示。

创建一个名为“我的天气”的技能测试语料集，如图8-5所示。

语料集创建后，单击“我的天气”技能测试语料集的入口，添加测试语料。添加的测试语料是来自对该技能用户的常用问法，如图8-6所示。

添加的测试语料越丰富，越能覆盖更多用户的常用问法，对技能的测试效果也越好。针对“我的天气”技能，添加一些常用的问天气的语料，如图8-7所示。

图8-4　测试语料集

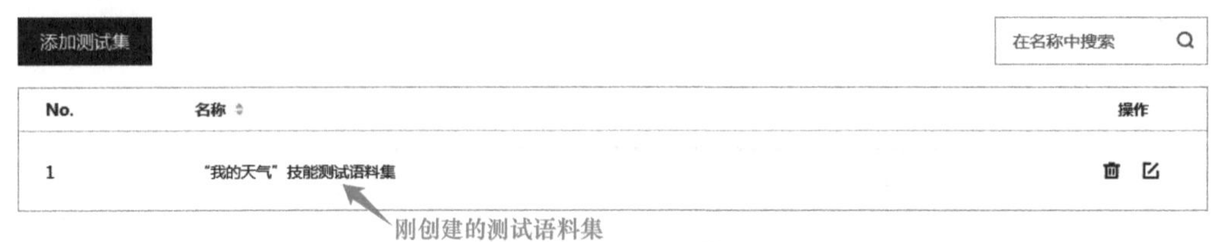

图8-5　创建测试语料集

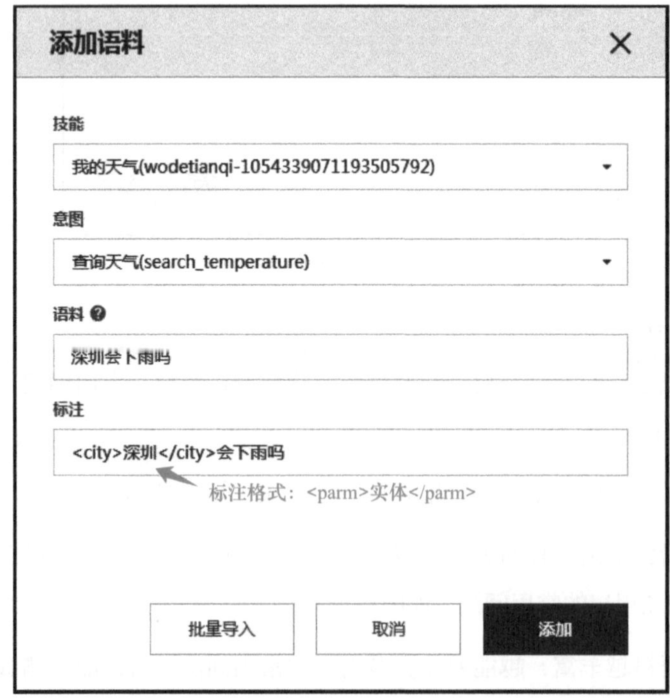

图8-6　添加测试语料

图8-7　测试语料页面

2）执行测试任务

在构建了一个该技能的测试语料集后，选择该技能的测试语料集并填写测试任务说明，即可开始质量测试，如图8-8所示。

图8-8　质量测试

3）观察测试结果

测试结果会在页面上展示，告诉测试的技能准确率、召回率、测试的状态，如图8-9所示。

4）优化badcase

测试结果出来后，出现一些未识别的语料，可以参考badcase常见解决方法文档进行自查与解决。

通过以上方式，开发者借助腾讯云小微平台可以不断完善意图和语料检测，加快开发效率。需要注意的是，默认情况下，如果没有勾选启动线上环境的复选框，测试验证的环境并不是正式环境，而是后台自动生成一个沙箱环境供开发者使用。要在正式环境生效，需要开发者到“技能发布”页面上提交技能发布。

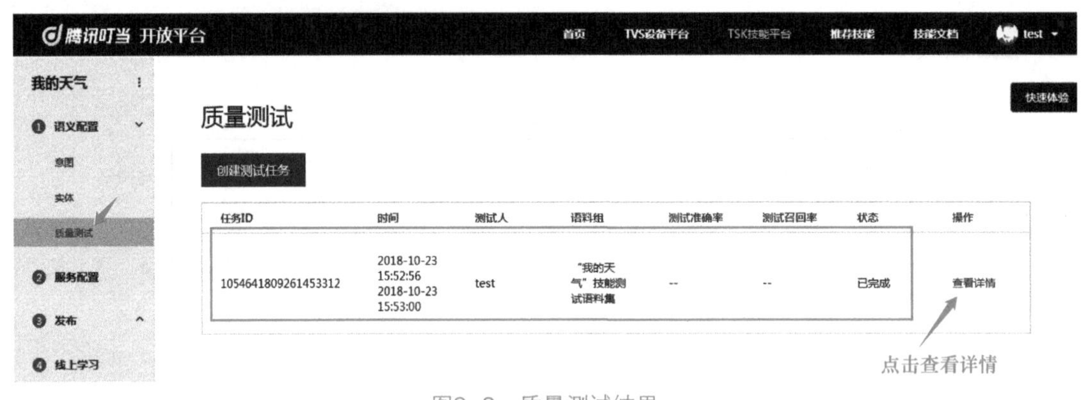

图8-9　质量测试结果

任务实施

针对对话系统中创建的应用和技能，需要分别进行技能评测和应用评测。

技能评测：

第一步：单击技能平台，进入在单元5任务1中制作的“订餐系统”，如果之前输入的初始用户语料很少，可以进行补充，例如，“两份水煮鱼”“来一份毛血旺”“我要吃口水鸡”“我要订购中餐”“我想要订购西餐”，具体如图8-10所示。

用户语料
两份水煮鱼
来一份毛血旺
我要吃口水鸡
我要订购中餐
你能帮我点餐吗？
我想点餐
你可以帮我点餐吗？
我想吃点东西我想尽快点餐
我想点中国菜
我想要订购西餐

图8-10　初始用户语料

第二步：进入技能平台的测试语料集，单击“添加测试集”按钮，创建两个测试语料集“订餐系统语料集1”和“订餐系统语料集2”，类型选择普通语料集，如图8-11～图8-13所示。

图8-11 添加测试集

图8-12 创建测试集

序号	名称	类型
1	订餐系统语料集2	普通语料集
2	订餐系统语料集1	普通语料集

图8-13 订餐系统语料集

第三步：进入订餐系统语料集1，单击左上角的“添加语料”按钮，按照图8-14的格式添加多条语料，其中有7条语料，分别是“来三份糖醋排骨”“我要吃毛血旺”“来三份口水鸡”“两份水煮鱼”“我要订购中餐”“我想要订购中餐”和“我想要订购西餐”具体如图8-15所示。这里可以按照原来的初始语料填写，也可以按照格式替换其中的数量和菜名。

第四步：进入订餐系统语料集2，步骤同第三步，内容为“1份”“口水鸡”“两份水煮鱼”和“我要订购中餐”，这组主要是进行对比，数量偏少，如图8-16所示。

第五步：进入订餐系统技能界面，单击左侧的“质量测试”按钮，再单击“创建测试任务”按钮，之后在测试语料集中选择“订餐系统语料集1”并单击“创建”按钮，如图8-17所示。

编辑语料 ×

技能

订餐系统(dingcanxitong-1381079378706870272)

意图

下单(place_order)

语料

来三份糖醋排骨

标注

来<shuliang>三</shuliang>份<caiming>糖醋排骨</caiming>

取消　保存

图8–14　编辑测试语料

订餐系统(dingcanxitong-1381079378706870272)	下单(place_order)	来三份糖醋排骨	来<shuliang>三</shuliang>份<caiming>糖醋排骨</caiming>
订餐系统(dingcanxitong-1381079378706870272)	下单(place_order)	我要吃毛血旺	我要吃毛血旺
订餐系统(dingcanxitong-1381079378706870272)	下单(place_order)	来三份口水鸡	来<shuliang>三</shuliang>份<caiming>口水鸡</caiming>
订餐系统(dingcanxitong-1381079378706870272)	下单(place_order)	两份水煮鱼	<shuliang>两</shuliang>份<caiming>水煮鱼</caiming>
订餐系统(dingcanxitong-1381079378706870272)	下单(place_order)	我要订购中餐	我要订购中餐
订餐系统(dingcanxitong-1381079378706870272)	下单(place_order)	我想要订购西餐	我想要订购西餐
订餐系统(dingcanxitong-1381079378706870272)	下单(place_order)	我想要订购中餐	我想要订购中餐

图8–15　订餐系统语料集1

订餐系统(dingcanxitong-1381079378706870272)	下单(place_order)	1份	<shuliang>1</shuliang>份
订餐系统(dingcanxitong-1381079378706870272)	下单(place_order)	口水鸡	<caiming>口水鸡</caiming>
订餐系统(dingcanxitong-1381079378706870272)	下单(place_order)	两份水煮鱼	<shuliang>两</shuliang>份<caiming>水煮鱼</caiming>
订餐系统(dingcanxitong-1381079378706870272)	下单(place_order)	我要订购中餐	我要订购中餐

图8–16　订餐系统语料集2

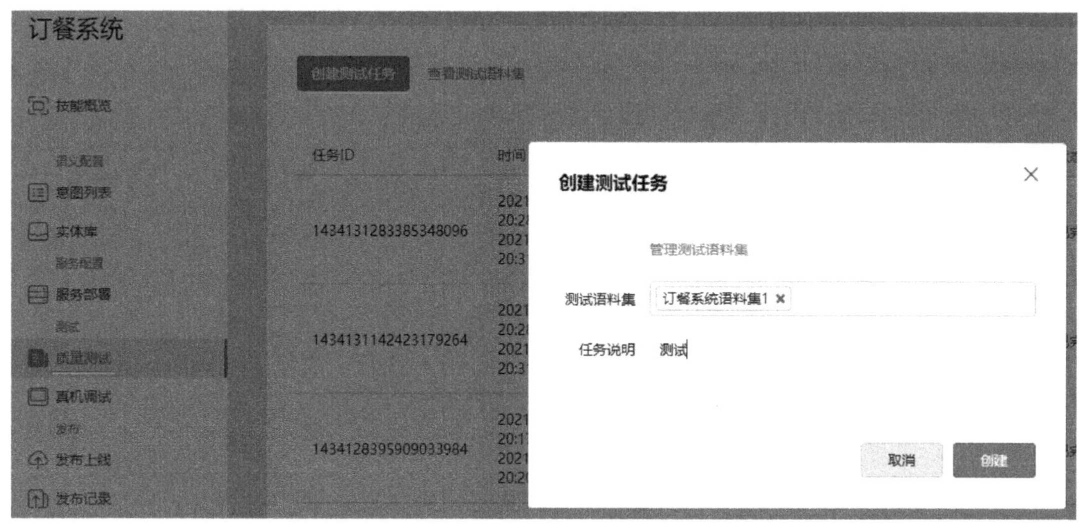

图8-17 创建测试任务

第六步：单击“详情”，查看测评详细结果，如图8-18和图8-19所示。

1434131142423179264	2021-09-04 20:28:03 2021-09-04 20:31:02	寂空灵	订餐系统语料集1	85.71%	85.71%	已完成	详情

图8-18 订餐系统语料集1测评结果

测试技能	整体质量		技能维度					意图维度		槽位维度	
	准确率(%)	召回率(%)	准确率(%)	召回率(%)	TP	FP	FN	准确率(%)	召回率(%)	总量	准确率(%)
订餐系统	85.71%	85.71%	100.00%	100.00%	7	0	0	100.00%	100.00%	7	85.71%

准确率 = 语义识别对的 / 模型总识别出来的　　召回率 = 语义识别对的 / 人标注出来总的

意图详情

测试意图	整体质量			意图维度					槽位维度			
	准确率(%)	召回率(%)	语料总量	准确率(%)	召回率(%)	TP	FP	FN	语料总量	准确率(%)	正确量	错误量
下单	85.71%	85.71%	7	100.00%	100.00%	7	0	0	7	85.71%	6	1

TP: True Positive，被判定为正样本，事实上也是正样本　　FP: False Positive，被判定为正样本，事实上是负样本
FN: False Negative，被判定为负样本，但事实上是正样本

图8-19 订餐系统语料集1测评详情

单击蓝色的数字可以查看哪些是正确的语料、哪些是错误的语料，如图8-20和图8-21所示。从测试中可以看出“订餐系统语料集1”的准确率是85.71%，召回率也是85.71%，F值

是85.71%。单击蓝色的数字，可以看到7个语料都被识别了，但有1个是错误的，“我要吃毛血旺”。

语料：两份水煮鱼

	技能	意图	槽位
人工标注	dingcanxitong-1381079378706870272	place_order	shuliang: 两 caiming: 水煮鱼
云小微识别结果	dingcanxitong-1381079378706870272	place_order	caiming: 水煮鱼 shuliang: 两

语料：我想要订购中餐

	技能	意图	槽位
人工标注	dingcanxitong-1381079378706870272	place_order	-- --
云小微识别结果	dingcanxitong-1381079378706870272	place_order	caiming:

语料：来三份糖醋排骨

	技能	意图	槽位
人工标注	dingcanxitong-1381079378706870272	place_order	shuliang: 三 caiming: 糖醋排骨
云小微识别结果	dingcanxitong-1381079378706870272	place_order	caiming: 糖醋排骨 shuliang: 三

图8-20　测试正确语料结果1

语料：我要吃毛血旺

	技能	意图	槽位
人工标注	dingcanxitong-1381079378706870272	place_order	-- --
云小微识别结果	dingcanxitong-1381079378706870272	place_order	caiming: 毛血旺 shuliang:

图8-21　测试错误语料结果1

第七步：对“订餐系统语料集2”进行测试，查看测试详情以作对比。如图8-22和图8-23所示。从测试中可以看出“订餐系统语料集2”的准确率是100%，召回率是50%，F值是66.67%。

1434131283385348096	2021-09-04 20:28:37 2021-09-04 20:31:51	寂空灵	订餐系统语料集2	100.00%	50.00%	已完成	详情

图8-22　“订餐系统语料集2”测试结果

测试技能	整体质量		技能维度					意图维度		槽位维度	
	准确率(%)	召回率(%)	准确率(%)	召回率(%)	TP	FP	FN	准确率(%)	召回率(%)	总量	准确率(%)
订餐系统	100.00%	66.67%	100.00%	66.67%	2	0	2	100.00%	100.00%	2	100.00%

准确率 = 语义识别对的 / 模型总识别出来的　　召回率 = 语义识别对的 / 人标注出来总的

意图详情

测试意图	整体质量			意图维度					槽位维度			
	准确率(%)	召回率(%)	语料总量	准确率(%)	召回率(%)	TP	FP	FN	语料总量	准确率(%)	正确量	错误量
下单	100.00%	66.67%	2	100.00%	100.00%	2	0	0	2	100.00%	2	0

TP: True Positive，被判定为正样本，事实上也是正样本　　FP: False Positive，被判定为正样本，事实上是负样本　　FN: False Negative，被判定为负样本，但事实上是正样本

图8-23 “订餐系统语料集2”测试详情

单击蓝色的数字，可以看到4个语料有2个被识别了，2个没被识别，2个被识别的都是正确的，没有被识别的是“1份”和“口水鸡”，如图8-24和图8-25所示。

语料：两份水煮鱼

	技能	意图	槽位
人工标注	dingcanxitong-1381079378706870272	place_order	shuliang: 两 caiming: 水煮鱼
云小微识别结果	dingcanxitong-1381079378706870272	place_order	caiming: 水煮鱼 shuliang: 两

语料：我要订购中餐

	技能	意图	槽位
人工标注	dingcanxitong-1381079378706870272	place_order	-- --
云小微识别结果	dingcanxitong-1381079378706870272	place_order	caiming:

图8-24　测试正确语料结果2

语料：1份

	技能	意图	槽位
人工标注	dingcanxitong-1381079378706870272	place_order	shuliang: 1
云小微识别结果	other	other	--

语料：口水鸡

	技能	意图	槽位
人工标注	dingcanxitong-1381079378706870272	place_order	caiming: 口水鸡
云小微识别结果	other	other	--

图8-25　测试错误语料结果2

第八步：发布技能。

在发布上线的面板上可以填写技能名称为“订餐系统”，技能亮点、技能图标和发布说明自行填写，公开方式选私有发布，如图8-26所示。

发布上线

技能名称 * 订餐系统

技能标识 dingcanxitong-1381079378706870272

技能场景 normal

调用名称 （选填）按回车键输入多个调用名称

技能分类 其他

其他信息 长度为1~255个字符

技能亮点 * 订餐

开发者名称 * jikongling

上线意图 * 下单

适配类型 * 无屏设备（如手环、耳机、无屏音箱等） 有屏设备（如电视、有屏音箱等）

停止供新端使用

支持PNG/JPG格式文件
图片大小不超过 100KB
建议固定 512*512像素

图8-26 技能发布界面

应用评测：

第一步：在应用平台新建一个应用“全能助手”，配置上“酒店预订系统”和“订餐系统”两个技能，如图8-27所示。

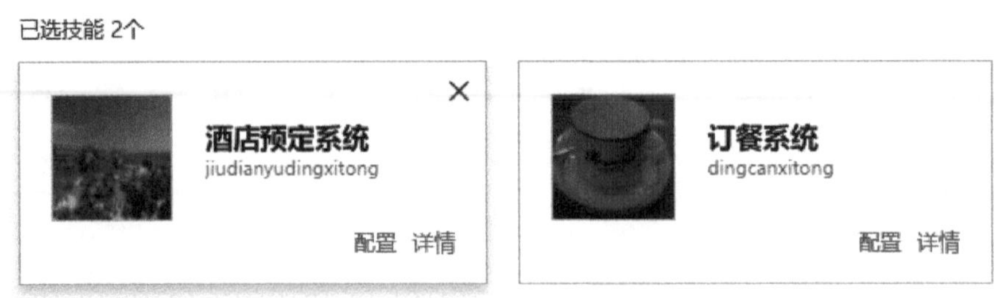

图8-27 已选技能

第二步：添加“酒店预订系统语料集”，具体内容如图8-28所示。

第三步：进入“全能助手”应用，单击“质量测试”按钮，创建测试任务，在这里可以选多个语料集进行测试，“订餐系统语料集1”和“酒店预订系统语料集”，终端版本配置为

1.0.0.0，如图8-29所示。

酒店预订系统语料集			普通语料集
技能	意图	语料	标注
酒店预订系统 (jiudianyudingxitong-1417438062286450688)	预订房间 (reserve_room)	我想订一间客房	我想订一间客房
酒店预订系统 (jiudianyudingxitong-1417438062286450688)	预订房间 (reserve_room)	你好，我想订房间	你好，我想订房间
酒店预订系统 (jiudianyudingxitong-1417438062286450688)	预订房间 (reserve_room)	我要订房间	我要订房间

图8-28　酒店预订系统语料集

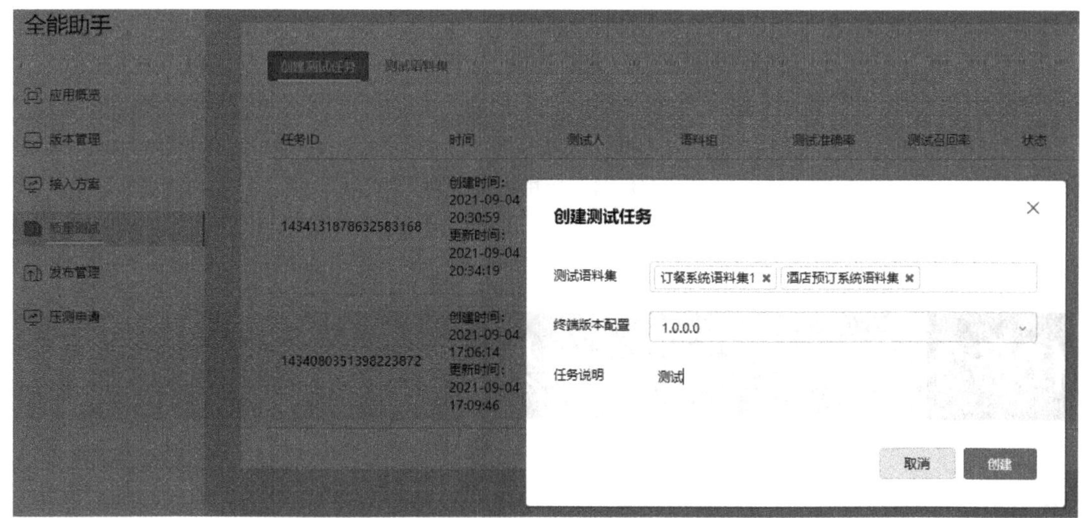

图8-29　创建测试任务

第四步：查看测试详情，在应用的测试总览中会显示应用里所有技能对应语料集的准确率与召回率，如图8-30和图8-31所示。

创建测试任务　测试语料集

任务ID	时间	测试人	语料组	测试准确率	测试召回率	状态	操作
1434131878632583168	创建时间：2021-09-04 20:30:59 更新时间：2021-09-04 20:34:19	寂空灵	订餐系统语料集1 酒店预订系统语料集	90.00%	90.00%	已完成	查看详情

图8-30　应用测试结果

测试总览

测试技能	整体质量		技能维度					意图维度		槽位维度	
	准确率(%)	召回率(%)	准确率(%)	召回率(%)	TP	FP	FN	准确率(%)	召回率(%)	总量	准确率(%)
闲聊	--	--	--	--	0	0	0	--	--	0	--
成语	--	--	--	--	0	0	0	--	--	0	--
号码查询	--	--	--	--	0	0	0	--	--	0	--
兜底问答对	--	--	--	--	0	0	0	--	--	0	--
订餐系统	100.00%	85.71%	100.00%	85.71%	6	0	1	100.00%	100.00%	6	100.00%
准确率 = 语义识别对的 / 模型总识别出来的			召回率 = 语义识别对的 / 人标注出来总的								
控制指令	--	--	--	--	0	0	0	--	--	0	--
帮助与引导	--	--	--	--	0	0	0	--	--	0	--
时间节日	--	--	--	--	0	0	0	--	--	0	--
十万个为什么	--	--	--	--	0	0	0	--	--	0	--
酒店预定系统	100.00%	100.00%	100.00%	100.00%	3	0	0	100.00%	100.00%	3	100.00%
准确率 = 语义识别对的 / 模型总识别出来的			召回率 = 语义识别对的 / 人标注出来总的								

图8–31 应用测试总览

任务2 搭建Unittest框架

任务描述

Unittest是Python自带的一个单元测试框架，它可以用于单元测试，也可以用于编写和运行重复的测试工作，它给自动化测试用例开发和执行提供了丰富的断言方法，判断测试用例是否通过，并最终生成测试结果。本任务主要学习Python中内置的单元测试框架Unittest，并利用该框架对之前的部分任务进行测试。

任务目标

通过本任务的学习了解单元测试的基本概念，掌握Unittest框架的原理，熟悉Unittest模块的各个属性，了解TestCase类的基础属性，学会Unittest框架的搭建流程。

任务分析

实现Unittest测试语音任务的思路如下：

第一步：构造一个测试类。

第二步：对构造的测试类进行单元测试。

第三步：针对测试需求编写测试用例。

第四步：运行程序，进行测试。

知识准备

一、单元测试概述

单元测试又称模块测试，属于白盒测试。它用来实现对软件的最小单元进行测试，以保证构成软件的各个单元的质量。

在单元测试活动中，强调被测试对象的独立性。通过单元测试，希望达到下列目标：

1）单元体现了其特定的功能，如果需要，返回正确的值。

2）单元的运行能够覆盖预先设定好的各种逻辑。

3）在单元工作过程中，其内部数据能够保持完整性，包括全局变量的处理、内部数据的形式、内容及相互关系等不发生错误。

4）可以接受正确数据，也能处理非法数据，在数据边界条件上，单元也能够正确工作。

5）该单元的算法合理，性能良好。

单元的质量是整个软件质量的基础，所以充分的单元测试是非常必要的。通过单元测试可以更早地发现缺陷，缩短开发周期、降低软件成本。多数缺陷在单元测试中很容易被发现，但如果没有进行单元测试，那么这些缺陷在后期测试时就会隐藏得很深而难以发现，最终导致测试周期延长、开发成本急剧增加。

其中，Java的单元测试框架有Junit和TestNg，类似的，Python自带的单元测试框架是Unittest，相当于Python版的Junit。Unittest测试框架提供了创建测试用例，测试套件以及批量执行的方案。

二、Unittest框架

Unittest是Python自带的单元测试框架，是对程序最小模块的一种敏捷化的测试，不仅适用于单元测试，还可用于Web、Appium、接口自动化测试用例的开发与执行，该测试框架可组织执行测试用例，并且提供丰富的断言方法，判断测试用例是否通过，并最终生成测试结果。

单元测试框架Unittest主要由6个部分组成，分别是：测试用例（TestCase）、测试集合（TestSuite）、测试载入器（TestLoader）、测试运行器（TestRunner）、测试结果（TestResult）和测试夹具（TestFixture）。Unittest结构如图8-32所示。

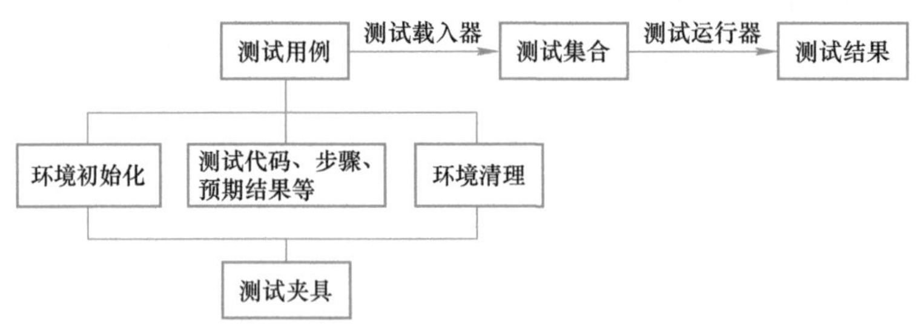

图8-32　Unittest结构图

1）测试用例：包括测试前环境的初始化，执行测试的代码、步骤、预期结果等，以及测试后环境的清理还原。

2）测试载入器：是将测试用例加载到测试集合中的模块。

3）测试集合：多个测试用例集合在一起构成了测试集合。

4）测试运行器：测试运行器是用来执行测试集合的模块。

5）测试结果：测试结果包含运行的测试用时、测试用例数目、执行成功的用例数目、执行失败的用例数目等信息。

6）测试夹具：测试夹具包括对一个测试用例环境的初始化和清理，主要通过覆盖测试用例的环境初始化和环境清理还原的方法来实现。

Unittest框架的整个流程就是首先要写好TestCase，然后由TestLoader加载TestCase到TestSuite，之后由TextTestRunner来运行TestSuite，运行的结果保存在TextTestResult中，整个过程集成在unittest. main模块中。

Unittest框架中有一些常见的类，类是一个抽象的概念，是对某一类事物的抽象。举一个简单的例子，可以把人类看作一个类，这个类的共性有：站立行走，和有一个很发达的大脑。上面这两点都是静态的，描述的是客观的属性。人类还需要吃饭、需要睡觉，上面这两点都是动态的行为，即方法。常见的几种Unittest框架中的类如下：

1）unittest. TestCase：该类作为一个基础类，也是测试用例类的父类，是最重要的类，通过对其进行继承操作，使得子类具备执行测试的能力，用法如下：

```
class TengxunTest(unittest.TestCase):            //TengxunTest是需要执行的测试类
```

2）unittest. TestSuite：Unittest框架的TestSuite类用来创建测试套件，即将多个测试用例集合在一起，通过它可以执行任何测试，而且TestSuite也可以嵌套TestSuite。TestSuite()可以被看作一个容器，通过addTest可以向测试套件里面增加用例。

3）unittest. TextTestRunner：通过该类下面的run()方法来运行TestSuite类所组装的测试用例，测试结果会保存到TextTestResult实例中。

4）unittest. defaultTestLoader：通过该类下面的discover()方法可自动根据测试目录start_dir匹配查找测试用例文件（test*. py），并将查找到的测试用例组装到测试套件，因此可以直接通过run()方法执行discover。用法如下：

```
discover=unittest.defaultTestLoader.discover(test_dir, pattern='test_*.py')
```

5）unittest. TestResult：该类被用来整理测试报告，unittest测试框架通过运行一系列测试生成的TestResult对象来实现测试报告的目的。

1. TestCase类

TestCase类是所有测试用例类需要继承的基本类。定义测试用例的流程如下：

1）导包：import unittest。

2）定义测试类：新建测试类必须继承unittest. TestCase。

3）定义测试方法：测试方法名称命名必须以test开头。

示例：定义一个实现加法操作的函数，并对该函数进行测试，示例代码如下：

```
#实现加法操作
def add(x,y):
      return x+y
#导包
import unittest
#定义测试类：必须继承

class TestAdd(unittest.TestCase):
#定义测试方法，必须以test开头
    def test01_add(self):
         result=add(1,1)
         print("result1=",result)
    def test02_add(self):
         result=add(0,0)
         print("result2=",result)
if __name__ == '__main__':
unittest.main()
```

通过使用PyCharm在代码上右击，只有“Run'Pythontestsforceshi.py'”，这是因为定义的函数开头为test，系统默认运行测试命令，此时需要依次单击File->Settings->Tools->PythonIntegrated Tools->Default test runner将其修改为“Unittests”，或者按快捷键<Alt+Shift+F10>选择保存的文件名来运行，运行结果如图8-33所示。

```
..F
======================================================================
FAIL: test03 (__main__.Test)
----------------------------------------------------------------------
Traceback (most recent call last):
  File "C:/Users/Administrator/PycharmProjects/pythonProject1/venv/ceshi.py", line 16, in test03
    self.assertNotIn(a,b,msg='报错原因，%s没有包含%s'%(a,b))
AssertionError: '安静' unexpectedly found in '测试-安静' : 报错原因，安静没有包含测试-安静

----------------------------------------------------------------------
Ran 3 tests in 0.001s

FAILED (failures=1)

Process finished with exit code 1
```

图8-33　函数测试示例结果

TestCase类常见的方法有setUp()、tearDown()、assert()。

1）setUp()：用于测试用例执行前的初始化工作。如果测试用例中需要访问数据库，可以在setUp中建立数据库连接并进行初始化。如果测试用例需要登录Web，可以先实例化浏览器。

2）tearDown()：用于测试用例执行之后的善后工作。如关闭数据库连接、关闭浏览器。

3）assert*()：断言方法。在执行测试用例的过程中，最终用例是否执行通过，是通过判断测试得到的实际结果和预期结果是否相等决定的。只有设置正确合适的断言才能获取正确的测试结果，如果断言成功则该条测试用例通过，断言失败则该条测试用例执行失败，且会抛出AssertionError错误。Unittest框架提供了自己的断言方法，见表8-1。

表8-1　Unittest测试框架断言方法

断 言 方 法	判 断 内 容
assertEqual(a,b)	判断a == b
assertNotEqual(a,b)	判断a != b
assertTrue(x)	判断 bool(x) is True
assertFalse(x)	判断 bool(x) is False
assertIs(a,b)	判断 a is b
assertIsNot(a,b)	判断 a is not b
assertIsNone(x)	判断 x is None
assertIsNotNone(x)	判断 x is not None
assertIn(a,b)	判断a in b
assertNotIn(a,b)	判断 a not in b
assertIsInstance(a,b)	判断isinstance(a,b)
assertNotIsInstance(a,b)	判断 not isinstance(a,b)

以上提供的断言方法中，都有一个msg参数，默认为None，如果msg参数有对应的值，则断言失败后该msg的值会作为失败信息返回，如assertEqual（a，b，msg=“a与b不相等！”）

示例：定义断言方法，并对该方法进行测试，示例代码如下：

```
# coding:utf-8
import unittest

class Test(unittest.TestCase):
    def test01(self):
        a = '111'
        b = '111'
        self.assertEqual(a,b)    #判断a=b
    def test02(self):
        a = '安静'
        b = '测试-安静'
        self.assertIn(a,b)  #判断a是否存在于b之中
    def test03(self):
        a = '安静'
        b = '测试-安静'
        self.assertNotIn(a,b,msg='报错原因，%s没有包含%s'%(a,b))#判断a是否不存在于b之中
if __name__ == '__main__':
unittest.main()
```

这里同样需要单击File->Settings->Tools->PythonIntegrated Tools->Default test runner命令将其修改为“Unittests”，右击选择“Run'Unittests for ceshi.py'”来运行，或者按快捷键<Alt+Shift+F10>选择保存的文件名来运行。

执行后结果提示2个通过，1个失败，失败的原因也打印出来了。这里打印了详细的报错信息，因为Unittest可以自行设置报错信息，可以直接在断言的后面添加想要的报错信息。执行结果如图8-34所示。

```
..F
======================================================================
FAIL: test03 (__main__.Test)
----------------------------------------------------------------------
Traceback (most recent call last):
  File "C:/Users/Administrator/PycharmProjects/pythonProject1/venv/ceshi.py", line 16, in test03
    self.assertNotIn(a,b,msg='报错原因，%s没有包含%s'%(a,b))
AssertionError: '安静' unexpectedly found in '测试-安静' : 报错原因，安静没有包含测试-安静

----------------------------------------------------------------------
Ran 3 tests in 0.001s

FAILED (failures=1)

Process finished with exit code 1
```

图8-34　断言测试示例结果

2. Unittest框架实现

在利用Unittest框架对代码进行测试时，需要进行一系列前期代码的编写，具体的步骤如下：

1）用import unittest导入Unittest包。

2）定义一个继承自unittest.TestCase的测试用例类，如class xxx（unittest.TestCase），然后定义setUp()方法和tearDown()方法，其会在每个测试case执行之前先执行setUp()方法，执行完毕后执行tearDown()方法。

3）定义测试用例，名字可以以test开头，Unittest会自动将test开头的方法放入测试用例集中。一个测试用例应该只测试一个方面，测试目的和测试内容应该很明确，主要是调用assertEqual、assertRaises等断言方法判断程序执行结果和预期值是否符合。

4）调用unittest.main()启动测试。

5）如果测试未通过，则会显示e，并给出具体的错误（此处为程序问题导致）。如果测试失败则显示为f，测试通过为t，如果有多个测试用例，则结果依次显示。

本任务利用Unittest框架测试一个词性标注类，分别用assertIsNotNone和assertIsNone断言方法进行测试。

第一步：在PyCharm中新建名为ceshi.py的文件并编写代码，利用jieba分词工具对输入的文本进行词性标注以及分词，代码如下：

```
import unittest
import jieba.posseg as pseg

class yuyin():
    def cixingbiaozhu(self):
        words = pseg.cut("我正在学习词性标注。")
        for word, flag in words:
                print('%s,%s' % (word, flag))
            return ('%s,%s' % (word, flag))
```

第二步：对yuyin类进行单元测试，接下来针对这个测试需求使用Unittest框架编写测试用例。后面的例子中，项目结构如图8-35所示。

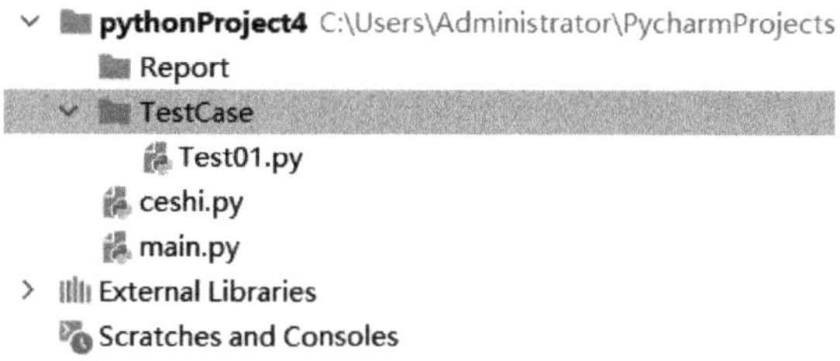

图8-35 项目结构图

第三步：针对测试需求编写测试用例，代码如下：

```
import unittest
from ceshi import yuyin

class Test(unittest.TestCase):
    '''测试yuyin类中的cixingbiaozhu函数'''
    def setUp(self):
        print("开始执行测试用例{}...".format(self))

    def test_tengxun01(self):
        m = yuyin()
        self.assertIsNotNone(m.cixingbiaozhu())
        #self.assertIsNone(m.cixingbiaozhu())


    def tearDown(self):
        print("测试用例{}执行结束...".format(self))
if __name__ == '__main__':
unittest.main()
```

第四步：分别利用assertIsNotNone和assertIsNone断言方法测试，断言失败后会返回一个AssertionError，记录报错的具体位置以及信息。运行程序，结果如图8-36和图8-37所示。

```
开始执行测试用例test_01 (Test01.Test)...
Loading model cost 0.549 seconds.
Prefix dict has been built successfully.


Ran 1 test in 0.551s

OK
我,r
正在,t
学习,v
词性,n
标注,v
。,x
测试用例test_01 (Test01.Test)执行结束...
```

图8-36 assertIsNotNone测试

```
开始执行测试用例test_01 (Test01.Test)...
Loading model cost 0.566 seconds.
Prefix dict has been built successfully.
我,r
正在,t
学习,v
词性,n
标注,v
。,x
测试用例test_01 (Test01.Test)执行结束...


Ran 1 test in 0.570s

FAILED (failures=1)

Failure
Traceback (most recent call last):
  File "C:\Users\Administrator\PycharmProjects\pythonProject4\TestCase\Test01.py", line 13, in test_01
    self.assertIsNone(m.cixingbiaozhu())
AssertionError: '。,x' is not None
```

图8-37　assertIsNone测试

任务3　VUI测试

任务描述

本任务主要通过介绍语音用户界面VUI测试的基本概念、常见的测试方法，来实现利用"绿野仙踪法"对腾讯云小微语音交互VUI进行测试。

任务目标

通过本任务的学习，掌握在开发的早期阶段快速执行用户VUI测试，以帮助开发人员继续完善后续的任务，了解VUI测试的基本方法以及利用其中之一的"绿野仙踪"测试法对腾讯云小微语音产品进行分析测试。

任务分析

实现腾讯云小微语音产品VUI测试任务的思路如下：

第一步：定义腾讯云小微产品测试任务。

第二步：确定腾讯云小微产品测试范围。

第三步：选择参与者。

第四步：准备测试任务。

第五步：测试人员执行测试并填写问卷。

知识准备

一、VUI测试概述

语音交互界面（Voice User Interface，VUI）类似于图形交互界面（Graphical User Interface，GUI），交互的形态是用户通过声音进行输入，系统通过声音或者视觉输出信息。现有针对VUI的测试技术远少于GUI，但已有众多基于GUI和其他系统（如VR语音应答系统）的测试方法被扩展开来，成为可用于VUI的测试工具。

二、VUI测试方法介绍

行业中通用的一些VUI测试工具包括对话遍历测试、系统质量保证测试、载荷测试、可用性测试、绿野仙踪测试、可用性走查、VUI评估测试、问卷评估、调取录音、调取日志等。这些评估工具被应用于VUI开发生命周期的不同环节，其中大多数被用于设计和评估阶段，而问卷评估、调取录音、调取日志则被应用于上线后的VUI评估。绿野仙踪测试作为VUI测试工具中最常用的一个测试方法，在本书中进行重点介绍。

三、绿野仙踪测试

“绿野仙踪”不仅是一部经典的电影，也是一种帮助你确认产品的设计的方向是否正确的工具。绿野仙踪测试适用于需求挖掘、设计、测试和分析阶段。“绿野仙踪”方法是允许一个用户在不知道响应是由人而不是计算机的情况下与界面交互的一个过程，在幕后有人拉动控制杆和拨动开关，如图8-38所示。

“绿野仙踪”方法允许测试人员测试一个概念，让一个实践者“主持人”与每个用户面对面地引导会话，而另一个实践者“向导”则控制通过所选设备发送给用户的响应，在上面的图片中，可以看到一个测试“监听打字机”概念的示例，用户坐在一个房间里对着麦克风讲话，而“向导”则坐在幕后输入用户所说的话，这样用户的屏幕上就会出现这种情况，就好像是由计算机完成的一样。

该方法起初源自工程领域，是1960年Nigel Cross最初模拟的一个类似实验，目的是验证CAD软件概念的可行性。这种方法的劣势在于缺乏计算机的速度和精确度，但也有明显优势：不需要投入开发资源，仅由一位“巫师”按照脚本模拟系统的应答，就能够对程序的基本流程和框架进行评估，与原型测试非常类似。

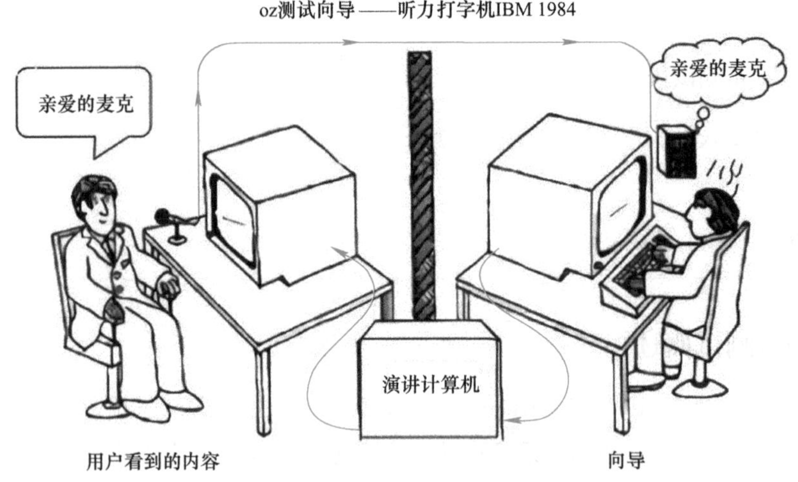

图8-38 “绿野仙踪”测试

“绿野仙踪”测试在亚马逊echo的VUI设计时被引入，成为经典测试范式，成功帮助echo进行3个主要维度的设计和优化：交互形式、响应速度、VUI的语言情感倾向。亚马逊echo的实验操作流程大致如下：用户在单向实验室中对计算机做出语音指令，单向镜后的主试（oz）人工返回相应结果；试验结束后，实验对象需要填写一份满意度问卷，并写出他们喜欢怎样的回复。大约会有50人次进行同样的测试，在测试过程中，回复方式和回复时间作为组间区分变量，直接验证用户对回复方式、回复时间和对语调的喜好倾向。虽然需要设计流程并记录提示，但不必写出系统代码——只需要一些简单的HTML文件，如图8-39所示。

前状态：获取邮政编码
现状态：获取电话号码
后状态：确认电话号码

初始提示：“请说出或输入您的 10 位电话号码。”

错误一：“对不起，我没听清楚。请说出或输入您的电话号码。”

错误二：“对不起，我仍然没有收到。请说出或输入您的 10 位电话号码。”

最大错误：“很抱歉给您添麻烦，请稍等，我帮您转接。”

帮助
客服人员
主菜单

图8-39 HTML流程记录

事实证明，绿野仙踪测试为产品带来的好处包括但不限于以下：

1）高效：快速验证概念可行性，保证功能策划阶段的快速迭代。

2）仿真：尽量还原真实产品的使用场景，能够通过用户行为数据获取有生态效用的数据，而不是用户凭空想象“我喜欢它，我不喜欢它”。

3）省力：研发资源投入低，几乎不需要研发资源的介入就可以通过产品和用户研究制作好概念模型。

任务实施

本任务主要利用“绿野仙踪法”实现基于腾讯云小微的语音交互VUI测试。

第一步：定义腾讯云小微产品测试任务，为了避免泄露过多信息，所以只提供必要信息，同时也应避免使用专业术语或透露关键指令。设计云小微测试任务的拉丁方阵（见表8-2），使得受试者用不同顺序循环做任务。

表8-2　云小微测试任务的拉丁方阵

	任务1	任务2	任务3	任务4	任务5
受试者1	A	B	E	C	D
受试者2	B	C	A	D	E
受试者3	C	D	B	E	A
受试者4	D	E	C	A	B
受试者5	E	A	D	B	C

第二步：确定腾讯云小微产品测试范围，见表8-3。

表8-3　腾讯云小微VUI测试范围

测试范围	测试概述
界面合理性	产品应有智能交互的应用场景，能使得用户与产品进行良好的交互，且界面美观，有足够的界面交互动画。包括但不限于用户唤醒时界面弹出指示性弹窗
云小微语音唤醒	产品应能在安静场景、外部噪声和自噪声场景下通过语音识别检测到语音输入中的唤醒词，并且做出相应的应答（软硬件形式不限）
云小微语音识别	产品应能在非极限环境下，将用户输入的语音信号转为文字信号，并且在语音信号转文字的过程中具备一定的容错能力
云小微自然语言理解	产品应对非规范的口语有一定的容错能力，根据用户查询（Query）、判断Query所属的领域、具体意图，并解析出用户Query所对应的辞藻，进而为用户意图的正确响应做准备
云小微语音合成	语音合成系统合成的语音的准确性、自然度、清晰度、连贯性等方面

第三步：选择参与者。

绝大多数用户研究应该是定性的，通过定性用户测试，就足以测试85%左右的可用性问题。语音助手关键任务测试旨在收集洞察力以推动设计进展，选择5名具有不同能力水平的参与者，见表8-4。

表8-4　定性用户测试

参与人员	年　龄	职业&性别	最常用的语音助手	使用频率	使用目的
受试者1	23	作家　男	Siri	一天数次	听音乐
受试者2	30	工人　女	小爱同学	一月数次	在线搜索问题，听音乐
受试者3	26	公务员　男	小爱同学	一周数次	日程规划，控制家居
受试者4	25	设计师　男	腾讯云小微　Siri	一天数次	听音乐，玩游戏
受试者5	22	研究生　女	天猫精灵	一天数次	听音乐

第四步：准备测试任务场景，见表8-5。

表8-5　任务描述

任务1	使用腾讯云小微订餐
场景描述	上班没时间做饭，利用腾讯云小微预订餐食
任务2	使用腾讯云小微查询天气
场景描述	不方便点屏幕，利用语音唤醒腾讯云小微进行天气的查询
任务3	利用腾讯云小微变声
场景描述	想体验语音合成的功能，在腾讯云小微产品上打字，选择想要合成的音调并尝试
任务4	使用腾讯云小微查询百科
场景描述	不方便点屏幕，利用语音唤醒腾讯云小微进行百科知识的查询
任务5	使用腾讯云小微控制家居
场景描述	双手被占用，无法腾出手来控制家居，利用语音指挥腾讯云小微控制智能家居

第五步：创建示例对话。在完成之前的步骤之后，创建示例对话，示例对话是VUI和用户之间的对话，这个对话不需要详尽无疑，但它应该展示出最常用的会话路径以及一些不常见但非常重要的会话路径，如错误矫正。示例对话就像一个电影脚本，系统和用户轮流在此讲话。

例如：跟企鹅公仔聊天。

企鹅公仔坐在一把红色的椅子里，面对着用户，玩具厂就在他的身后，呈现出一片繁忙的景象。

企鹅公仔：嗨！春节快乐，小家伙！欢迎来到南极！你叫什么名字？

用户：我叫小虎。

企鹅公仔：好可爱的名字，你多大了？

用户：我八岁了。

企鹅公仔：真好，春节就快到了，你开心吗？

用户：我很开心！

企鹅公仔：我也是。

当你编写完几段示例对话后，最好与其他人做一下剧本模拟，一个人扮演VUI系统，另一个人扮演用户，这些对话听起来如何，有重复吗，感觉呆板吗？

之后还要与开发人员一起朗读示例对话，设计中可能有一些项目（例如，处理代词或引用用户先前的表述）需要更复杂的功能开发，重要的是从一开始就得到开发人员的认可，而不是在开发后期再给他们"惊喜"。

第六步：测试人员执行测试并填写问卷，见表8-6。

表8-6 测试问卷调查

	非常不同意	不同意	较为不同意	没意见	较为同意	同意	非常同意
这个系统容易使用							
这个系统理解我说的话							
玩这个系统很有趣							
有时系统提供的建议似乎无关紧要							
对话让我感觉很奇怪							
这个系统很混乱							
这个系统让我心情愉悦							
对话听起来很生硬							
我对系统提供的建议很满意							
感觉就像我在和真人谈话							
我很喜欢这种互动的形式							
我很乐意一直使用这个系统							

单元小结

本单元主要介绍了腾讯云小微测试、Unittest以及VUI测试的相关知识。通过本单元内容的学习，能够熟练地对云小微平台进行测试，能够利用Unittest框架对之前语音任务的代码进行测试，能利用VUI测试对腾讯云小微产品的交互性进行测试，从而完成了测试的一整套流程，能够熟悉腾讯云小微系统评测的基本概念和方式方法，以及Unittest框架的搭建方法和"绿野仙踪"VUI测试的基本步骤。

单元评价

通过学习以上任务，看自己是否掌握了以下技能，在技能检测表中标出已掌握的技能。

评价标准	自我评价	小组评价	教师评价
熟练掌握腾讯云小微系统测试方法			
了解问题系统评测标准			
熟悉准确率、召唤率和F值的计算方法			
了解VUI测试基本概念			
掌握“绿野仙踪”测试方法的使用			
理解单元测试概念			
掌握Unittest测试框架使用方法			

备注：A为能做到；B为基本能做到；C为部分能做到；D为基本做不到。

素质拓展学习

扫码观看

课后习题

一、选择题

1．（多选）系统测试的策略有哪些？（　　　）

A．负载测试　　　　B．易用性测试

C．强度测试　　　　D．安全测试

2．（多选）下面关于软件测试，描述正确的是（　　　）。

A．软件测试是使用人工操作或者软件自动运行的方式来检验它是否满足规定的需求或弄清预期结果与实际结果之间的差别的过程

B．软件测试的测试目标是发现一些可以通过测试避免的开发风险

C．软件测试的原则之一是测试应该尽早进行，最好在需求阶段就开始介入

D．软件测试的主要工作内容是验证和确认

3．（单选）下面描述测试工具的功能不正确的是（　　）。

A．unittest：基于Python的测试工具

B．Junit：黑盒测试工具：针对代码测试

C．LoadRunner：负载压力测试

D．TestLink：用例管理工具

4．（多选）使用软件测试工具的目的有哪些？（　　　）

A．帮助测试寻找问题　　　　B．协助问题的诊断

C．节省测试时间　　　　D．提高Bug的发现率

5．（单选）软件质量的定义是（　　）。

A．软件的功能性、可靠性、易用性、效率、可维护性

B．满足规定用户需求的能力

C．最大限度达到用户满意

D．软件特性的总和，包括满足规定的和潜在的用户需求

二、填空题

1．Unittest是Python内置的单元测试框架，具备编写用例、__________、执行用例、__________等自动化框架的条件。

2．testLoader是加载TestCase到TestSuite中的，其中__________方法用于寻找TestCase，并创建它们的实例并添加到TestSuite中，返回TestSuite实例。

3．进行“绿野仙踪”测试最简单的方法是构建一个简单易用的__________。

4．JUnit、__________和FindBug都是单元测试工具。

5．单元测试是对软件测试按__________或__________划分中的一种测试。

三、简答题

1．什么是软件测试，其目的是什么？

2．软件测试类型有哪些，区别与联系是什么？

参考文献

[1] 王昊奋，邵浩，等．自然语言处理实践：聊天机器人技术原理与应用 [M]．北京：电子工业出版社，2018．

[2] 刘鹏，张燕．数据标注工程 [M]．北京：清华大学出版社，2019．

[3] 刘欣亮．数据标注实用教程 [M]．北京：电子工业出版社，2020．

[4] 马延周．新一代人工智能与语音识别 [M]．北京：清华大学出版社，2019．

[5] 乔冰琴，郝志卿，王冰飞，等．软件测试技术及项目案例实战 [M]．北京：清华大学出版社，2020．

[6] 刘宇，崔燕红，郭师光，等．聊天机器人：入门、进阶与实战 [M]．北京：机械工业出版社，2019．

[7] 杜振东，涂铭．会话式AI自然语言处理与人机交互 [M]．北京：机械工业出版社，2020．